BIOLOGIE CELLULAIRE

536

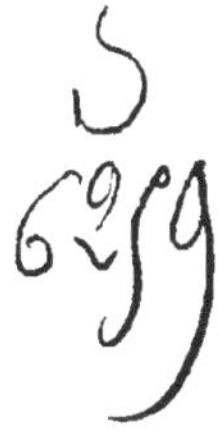

LA

BIOLOGIE CELLULAIRE

ÉTUDE COMPARÉE
DE LA CELLULE DANS LES DEUX RÈGNES,

PAR

LE CHANOINE J. B. CARNOY

DOCTEUR EN SCIENCES NATURELLES,
PROFESSEUR DE BOTANIQUE ET DE BIOLOGIE GÉNÉRALE
A L'UNIVERSITÉ CATHOLIQUE DE LOUVAIN.

Eum (Deum) expergefactus transeuntem a tergo vidi et obstupui! Legi aliquot ejus vestigia per creata rerum in quibus omnibus, etiam in minimis, ut fere nullis, quæ vis! quanta sapientia! quam inextricabilis perfectio!

LINNÉ.

LIERRE
JOSEPH VAN IN & Cie, IMPRIMEURS-ÉDITEURS

PARIS
O. DOIN, ÉDITEUR

AIX-LA-CHAPELLE
R. BARTH, ÉDITEUR

1884

Typ. de Joseph VAN IN & Co, a Lierre.

ENCYCLOPÉDIE SCIENTIFIQUE DES SCIENCES BIOLOGIQUES.

Biologie

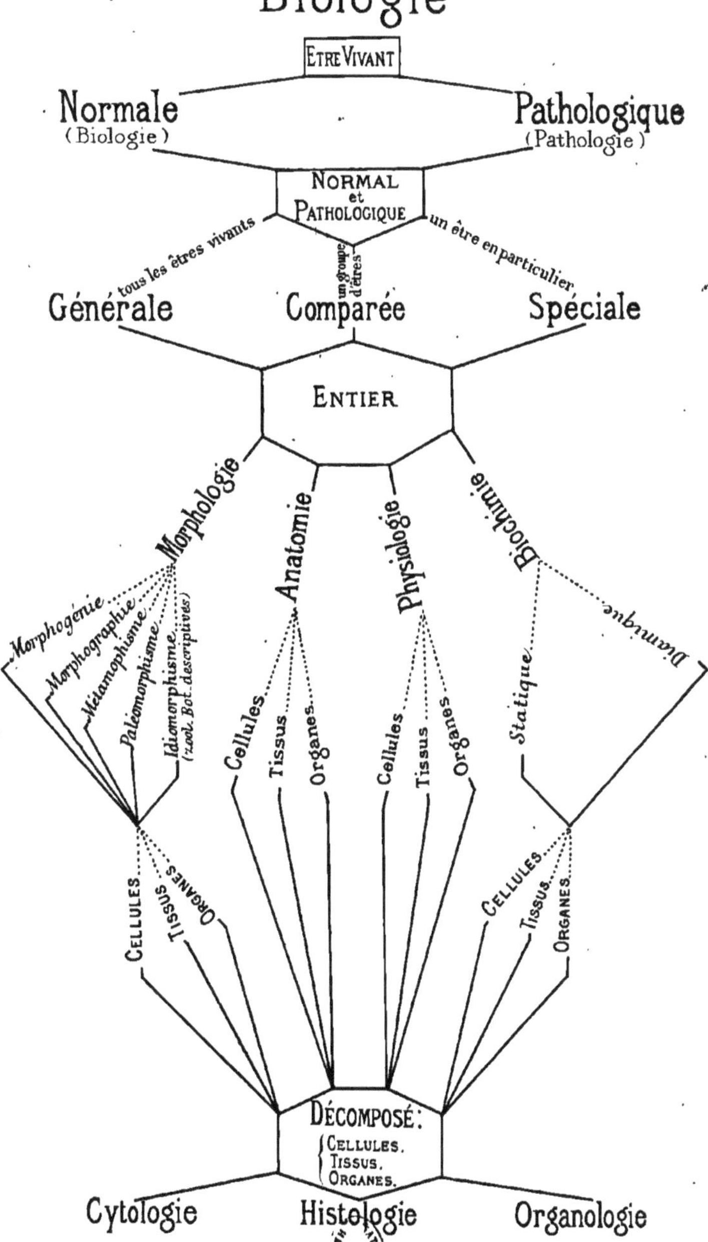

BIOLOGIE CELLULAIRE

INTRODUCTION

En 1876 nous vînmes fonder à l'Université Catholique de Louvain, un laboratoire de microscopie appliquée à la **biologie cellulaire.** Grâce à la sollicitude éclairée de NN. SS. les Évêques et à la fermeté de Mgr NAMÈCHE, alors Recteur de l'Université, notre entreprise put être menée à bonne fin. Depuis trois ans, près de deux cents étudiants, belges et étrangers, se pressent autour de nous, avides de science et ardents au travail.

Le cours à peine installé, nous reconnûmes la nécessité de rassembler les données éparses de la technique microscopique concernant la microchimie. A cet effet nous avons édité (1), pendant les vacances de 1879, un *Manuel* destiné à faciliter les travaux micrographiques des étudiants. Cette ébauche est naturellement demeurée inconnue. Le résumé plus restreint de M. POULSEN ne parut qu'une année après le nôtre (2), et l'ouvrage que M. BEHRENS vient de publier (3) se montre, surtout en ce qui concerne *la recherche des principes chimiques dans la cellule végétale*, d'une ressemblance frappante avec notre *Manuel* aujourd'hui épuisé.

Le moment nous semble venu de compléter et d'étendre cette première publication ; nous voudrions en faire un essai de **Cytologie générale**, aussi complet que possible dans l'état actuel de la science.

(1) *Manuel de Microscopie* à l'usage des étudiants qui fréquentent l'institut micrographique de l'Université catholique de Louvain, 1879.

(2) *Microchimie botanique;* publié en danois à Copenhague en 1880, et traduit depuis en allemand et en français.

(3) *Hilfsbuch zur ausführung mikr. untersuch.*; Braunschweig 1883. Le chapitre V, le seul important et dont M. BEHRENS dit : « *Da eine derartige umfassende « Darstellung zur zeit* nicht existirt, *so haben wir hier von Fondament aus zu « construiren,* » nous l'avons traité *ex professo* et assez largement, p. 78 à 154.

I.

NÉCESSITÉ DE LA BIOLOGIE CELLULAIRE.

A notre connaissance, un cours autonome de biologie cellulaire, n'existe qu'à Louvain : de traité complet sur ce sujet, il n'en existe point. Ce n'est pas cependant que la nécessité d'un pareil enseignement et d'un pareil livre ne se fasse vivement sentir partout, en France comme en Allemagne. M. O. GRÉARD dit à ce sujet : « Notre génie « d'analyse s'exerce aujourd'hui sur les infiniments petits. La gloire « qu'un NEWTON, un LAPLACE a due à la découverte du système du « monde, la science moderne la trouve dans l'étude des plus imper- « ceptibles phénomènes de la vie. Le ciron, ce raccourci d'atomes, « ne suffit plus à ses recherches. Elle a pénétré dans ces abîmes « de petitesse qui frappaient l'imagination de Pascal d'admiration, « presque d'épouvante, et elle travaille à en *faire sortir les lois de l'exis- « tence et de la mort.* (1). »

C'est donc jusqu'aux cellules, « ces abîmes de petitesse, » qu'il faudra descendre pour saisir la vie dans sa source matérielle et lui dérober quelques-uns de ses secrets.

Selon M. SIEBECK (2) « *il faut exiger* que l'étudiant en médecine « ou en sciences naturelles ne connaisse pas seulement un nombre plus « ou moins considérable de faits et l'art du praticien, mais qu'il ap- « prenne aussi à réfléchir sur les problèmes de l'organisme et de la « vie...... qu'il atteigne à cette profondeur où toutes les questions « scientifiques se ramènent à une seule question » : *à la vie de la cellule.*

Dans son dernier ouvrage (3), M. W. FLEMMING est plus explicite encore. Il y fait remarquer avec infiniment de raison que c'est à la cellule qu'il faudra recourir tôt ou tard, pour trouver la clef de tous les phénomènes biologiques normaux ou pathologiques. Il y a longtemps que nous sommes convaincu de cette vérité. Nous écrivions en 1879 (4) : « La connaissance approfondie, la science positive de l'orga- « nisation, ne peut s'acquérir que par l'étude patiente et convenablement « dirigée de la cellule..... L'anatomie et la physiologie, traitées sérieu- « sement, ne sont que la longue et difficile histoire de la cellule. »

D'ailleurs la nature même des choses nous indique assez qu'il ne peut en être autrement.

La vie organique d'un être supérieur qu'est-elle, à tout prendre, dans l'état de maladie comme dans l'état de santé, sinon la résul-

---

(1) O. GRÉARD : *Mémoire prés. au conseil académ. de Paris sur l'enseignem. supérieur*; dans la Revue intern. de l'enseignem., 15 juin 1882, p, 618.

(2) SIEBECK, prof. à l'Univ. de Bâle : *Discours inaug. prononcé le* 9 *novembre* 1882; dans la même Revue, 15 février 1883, p, 176.

(3) *Zellsubstanz, Kern und Zelltheilung*, Leipzig 1882. Einleit., p. 4.

(4) *Manuel de microscopie*, p. 55.

tante de la vie individuelle de ces innombrables cellules? Or, disserter sur une résultante sans connaître la valeur précise de ses composantes, si ce n'est tenter l'impossible c'est du moins s'imposer la dure obligation de marcher à tâtons, presque en aveugle, vers une solution telle quelle et tout empirique du problème. Qui de nous ne s'est représenté le naturaliste ou le médecin plongé dans l'obscurité la plus profonde, essayant péniblement de s'orienter, s'obstinant parfois à marcher d'un pas ferme au milieu d'un labyrinthe sans issue? Mais vains efforts!.... Sans le fil conducteur qu'Ariane lui tendit, Thésée eut-il revu le jour?.....

Aussi, que voyons-nous depuis quelque vingt ou trente ans? La littérature scientifique et médicale s'est enrichie, il est vrai, d'un nombre immense de notes, de mémoires, d'ouvrages volumineux (1). Mais la science et l'art de guérir ont-ils progressé en raison de cette production exubérante? Hélas non, il faut bien l'avouer. C'est le fil qui a manqué pour s'orienter dans ce dédale.

En parcourant cette littérature encombrante, ce qui frappe, ce ne sont point les innombrables contradictions dont elle est semée et qui ont pu faire dire à nos ennemis que deux savants sont rarement d'accord sur les questions les plus fondamentales; ce n'est pas non plus le nombre toujours croissant « d'articles, grands ou petits, connus « ou non, qui vont augmenter continuellement la collection des maté- « riaux, qu'on a qualifiés de « superlativement médiocres, d'extrait « quintessentiel de médiocrité (2); » non, car tout cela doit être. Mais ce qui étonne surtout l'observateur attentif c'est cette accumulation désordonnée, chaotique, de faits et de détails infinis que rien ne relie dans l'esprit de l'auteur, et dont la véritable signification lui échappe lorsqu'il n'en fausse point l'interprétation rationnelle. Oui; voilà bien ce qui nous frappe et nous émeut, parce que rien peut-être ne marque mieux l'absence d'idées générales et de synthèse chez un grand nombre de publicistes, et n'accuse davantage l'ignorance profonde où ils sont encore aujourd'hui des principes les plus élémentaires de la biologie cellulaire!

L'ignorance que nous signalons ici est assez répandue, parce qu'elle provient d'une lacune, ou plutôt d'un vice dans l'éducation universitaire. Cette ignorance est surtout sensible chez les savants qui s'occupent spécialement de zoologie, d'embryologie ou de pathologie. En général les botanistes connaissent beaucoup mieux la cellule que les zootomistes : ils se souviennent qu'ils sont les fils des SCHLEIDEN, des H. VON MOHL,

(1) D'après M. BILLINGS, l. c., p. 587, on a publié, en 1879, plus de 1600 livres et brochures et plus de 20,000 articles originaux sur la médecine seulement! Une bagatelle, comme on le voit! Parmi ces publications, il y a 167 livres et 1543 articles sur la partie biologique ou scientifique de la médecine. En ajoutant à ces derniers chiffres ceux de la biologie proprement dite, on arrive pour cette dernière à un nombre bien plus considérable encore que pour la médecine tout entière.

(2) BILLINGS, l. c., p. 590.

des NŒGELI, etc., ces illustres fondateurs de la cytologie. Aussi leurs travaux sont-ils mieux étayés que ceux des zoologistes et des médecins.

Il y a longtemps déjà que le vice dont nous parlons a été signalé. Is. GEOFFROY St HILAIRE, dans sa belle dissertation sur « *la méthode en histoire naturelle* (1) », se plaint amèrement de ce qu'on ait été obligé, dès le commencement, de procéder, en biologie, contrairement à cette règle de logique qui est le premier principe de toute méthode scientifique : *aller du simple au composé*, règle qui a été d'ailleurs suivie dans toutes les autres sciences. « On a procédé, dit-il, de l'homme aux animaux et aux végétaux « qui l'entourent, et de l'état adulte à l'état fœtal; et plus tard, par « l'extension et le perfectionnement graduel des notions obtenues, des « animaux et des végétaux les plus élevés en organisation aux types « les plus simples des deux règnes et du fœtus aux états embryonnaires « antérieurs. Toujours du *plus composé* au *moins composé* et au *simple.* » La biologie s'est donc avancée « en sens contraire de ce que la « logique veut partout ailleurs et de ce qu'indiquait ici même l'ordre « de la nature procédant généralement pour l'ensemble des règnes « organiques, comme elle procède dans la formation de chaque être « en particulier : *du simple au composé,* » de l'œuf, — simple cellule, — à « l'état embryonnaire et à l'état adulte. Puis il ajoute en note ces paroles frappantes : « Il est heureusement plusieurs ordres de questions « où l'on peut marcher du simple au composé, et *il en sera ainsi* « *de plus en plus à mesure que la science se perfectionnera.* »

Or la science a marché rapidement depuis l'époque de ce grand savant. La cytologie surtout, *l'étude des simples* par excellence, a fait des pas de géant. C'est donc vers elle qu'il faut se tourner aujourd'hui si l'on veut appliquer aux sciences biologiques le premier principe des autres sciences, le premier principe de toute méthode scientifique : *aller du simple au composé*, si l'on veut copier la nature, qui suit toujours cette loi fondamentale dans les formations organiques.

Sans doute, la cytologie est encore loin d'être une science parfaite; mais elle forme cependant un corps de doctrine fort respectable, et suffisant pour servir de point de départ aux études biologiques ultérieures, à la condition toutefois qu'on lui fasse une part convenable dans l'enseignement universitaire. Cette part doit être large et vaste comme la cytologie elle-même, et elle doit occuper sa place naturelle dans le cadre des études.

1° Pour être à la hauteur de la science, le cours de cytologie doit être un cours de *cytologie générale*, c'est-à-dire qu'il doit comprendre l'étude de la cellule animale et de la cellule végétale. En effet un des faits les plus considérables qui se dégage tous les jours

(1) Is. GEOFFROY St HILAIRE, *Histoire naturelle générale des règnes organiques.* Paris, MASSON, 1854, tome I, p. 375.

davantage des travaux micrographiques modernes, c'est l'identité des cellules animale et végétale. Les caractères essentiels de l'organisation et les lois biologiques fondamentales, sont les mêmes pour tous les êtres vivants. A ne considérer que les phénomènes généraux, « il n'y « a donc pas deux physiologies, l'une animale et l'autre végétale..... « Il n'y a qu'une physiologie comme il n'y a qu'une cellule (1) ».

S'il en est ainsi, il est évident que l'étude de la cellule doit être essentiellement une étude comparée : ce ne sera qu'après avoir fouillé les deux règnes, après avoir suivi l'élément organisé pas à pas et à travers toute la série des êtres vivants, qu'il sera possible de s'en former une notion exacte, réellement scientifique et féconde.

2° L'enseignement cytologique doit être *complet* et *approfondi*.

Pour être complet, il doit envisager la cellule sous toutes ses faces, au point de vue de la morphologie, de l'anatomie, de la physiologie et de la biochimie (2); car c'est sous ces aspects divers qu'il doit servir de fondement aux études subséquentes. En disant qu'il doit être approfondi, nous nous gardons bien d'exiger qu'il soit encyclopédique : un cours qui se perd dans les détails ne saurait être approfondi. Ce que nous voulons c'est que l'on fasse pénétrer l'étudiant dans l'intimité de la cellule; qu'on lui fasse toucher du doigt la constitution chimique essentielle et accidentelle de la matière vivante, la constitution organique fondamentale des divers parties de la cellule : membrane, protoplasme, noyau; qu'on s'appesantisse longuement sur les phénomènes physiologiques principaux : aliments indispensables, élaboration, digestion, assimilation et désassimilation; sur les mouvements généraux de la cellule : la segmentation, la fécondation, les mouvements divers du *reticulum* plasmatique; sur la différentiation, le géotropisme et l'héliotropisme cellulaires, etc. etc. Ces exemples suffisent pour faire comprendre notre pensée.

3° Enfin, nous croyons inutile de faire observer qu'aucune leçon de cytologie ne pourra se faire *en dehors du laboratoire* de microscopie, et sans que chaque étudiant prépare lui-même, au microscope, les objets sur lesquels doit rouler l'enseignement du professeur.

Elle serait vraiment trop puérile la prétention de faire, selon l'expression consacrée en Belgique, des leçons théoriques de cytologie devant des élèves qui n'ont jamais vu une cellule et qui n'en verront peut-être point durant ces leçons. Nous allons voir du reste, à propos des méthodes d'enseignement, que le temps de ces cours est passé pour les sciences naturelles. Pour mieux faire saisir notre pensée sur un sujet aussi important, qu'il nous soit permis de faire connaitre la méthode que nous suivons dans nos leçons au laboratoire de cytologie.

---

(1) *Manuel de microscopie*, p. 54.

(2) Voir plus loin, p. 21, *Encyclopédie de la biologie*.

Le sujet de la leçon est annoncé brièvement. Les matériaux sont distribués et l'on donne quelques indications sommaires sur la manière de les préparer.

Aussitôt commence le travail personnel des élèves.

Le professeur passe avec ses assistants à tous les microscopes, contrôlant, corrigeant, répondant aux questions qui sont posées; en un mot dirigeant les manipulations et les travaux de chacun. On s'efforce de développer en eux l'esprit d'observation, le goût du travail et des recherches, et de les initier aux méthodes scientifiques.

En même temps chaque étudiant dessine, d'après sa préparation, l'objet désigné.

Habituellement, on exécute ainsi deux, trois ou même quatre préparations, sur des matériaux préalablement choisis, de façon à embrasser tout le sujet qui est à l'ordre du jour.

A la fin de la leçon, quelques minutes suffisent pour réunir en un corps de doctrine et compléter, s'il y a lieu, ce qui a été vu, revu et dessiné par les étudiants. C'est dans cette synthèse finale que se résument toutes nos leçons théoriques. Malgré le grand nombre de travailleurs, — il y en a jusqu'à 120 à la fois, — nous trouvons cette méthode facile. Si elle fatigue parfois, les fruits qu'elle porte sont si abondants que nous nous réjouissons tous les jours d'avoir pris, en arrivant à l'université, la ferme résolution de ne jamais faire une leçon de cytologie ou de botanique en dehors d'un laboratoire.

4° Quant à la *place* que le cours de cytologie doit occuper dans le programme des études, elle est indiquée naturellement. Il serait insensé d'aborder cet enseignement vis-à-vis d'étudiants qui n'auraient point fait un cours de physique et de chimie (1). D'un autre côté il doit précéder, en bonne partie du moins, les études anatomiques et physiologiques auxquelles il doit servir de fil conducteur. Il serait donc convenablement inscrit dans la deuxième année d'études.

Or, est-ce bien ainsi qu'on a compris jusqu'ici l'étude de la cellule?

Il est permis d'en douter. Le botaniste, le zoologiste, l'histologiste, le physiologiste même, donnent, à leur façon, en guise de *préliminaires*, quelques notions générales ou un chapitre écourté sur la cellule. A notre avis, cette méthode introduit le chaos dans les études et les frappe de stérilité. Qui ne voit aujourd'hui, outre les erreurs auxquelles il est enclin, la pauvreté et les contradictions d'un pareil enseignement? Aussi, dans de telles conditions, quoi qu'on fasse et quel que soit d'ailleurs le mérite des professeurs, les études biologiques et médicales manqueront toujours de leur enchaînement naturel et de leurs base indispensable : nous voulons dire la *connaissance approfondie de la biologie cellulaire.*

II. L'érection d'une chaire de cytologie générale, à l'instar de

(1) Voir plus loin, p. 28, *Connaissances préliminaires.*

celle de Louvain, s'impose donc à l'enseignement supérieur, au début des études biologiques.

La chose serait facile si nos universités étaient, comme celles d'Allemagne, un collège de professeurs, une réunion de savants qui se partagent, un peu comme ils l'entendent, le travail de l'enseignement et le modifient suivant le progrès de la science (1). Malheureusement il n'en est pas ainsi. En Belgique comme en France, les universités sont plutôt des collections de chaires ou de *professures* établies, dirait-on, à perpétuité. Cette organisation présente de graves inconvénients. D'abord elle engendre la momification traditionnelle des cours; elle empêche l'enseignement d'être, à chaque époque, l'expression même du progrès scientifique : « car les sciences marchent et se transfor« ment rapidement avec le temps, et, tour à tour, chaque branche « y prend une importance dominante ou disparaît (2). » Ensuite elle rend difficile et alarmante la création d'un enseignement nouveau, alors même que sa nécessité n'est plus sujette à contestation. « On « pourrait, dit M. Pouchet (3), citer telles branches de la biologie qui « ne sont peut-être point cultivées en France pour cette seule raison « qu'elles n'ont aucune place dans le cadre des titres officiels des *professures*. « Sans doute, ajoute le même savant, l'inévitable loi du temps finit « par imposer d'utiles modifications, mais qui s'accomplissent alors par « voie détournée et comme subrepticement. Mais ces changements « heureux ne sauraient suffire. ».

Non, ils ne sauraient suffire!

Et en effet, l'érection dans nos universités, d'une chaire de biologie cellulaire, si nécessaire soit-elle, serait bien illusoire si l'enseignement du professeur qui y est appelé devait être frappé de stérilité. Or, c'est ce qui arriverait inévitablement en Belgique et en France, si l'on s'obstinait plus longtemps à maintenir les anciens programmes et les anciens cours sans les simplifier, et surtout, sans y apporter de profondes modifications.

Tous les hommes désintéressés et au courant des méthodes scientifiques et pédagogiques sont d'accord pour signaler comme un grand mal la surcharge des programmes. Ils ne le sont pas moins pour stigmatiser ces cours imperturbablement dictés et interminables, « véritables encyclopédies à apprendre par cœur », ainsi que les examens abrutissants qui en sont le digne couronnement. Citons quelques témoignages à l'appui de nos assertions.

H. Siebeck, en parlant des gymnases et des universités, s'exprime ainsi.

(1) En Allemagne, dit M. Pouchet, chaque professeur, y garde en somme sa pleine liberté, et l'idée d'un règlement quelconque pour délimiter des attributions de chaire plongerait à coup sûr nos voisins dans le plus sérieux étonnement. *Rapport sur une mission en Allemagne*; dans la Revue intern. de l'enseign 15 Mai 1881, p. 493.

(2) Pouchet : l. c.

(3) L. c., p. 492.

« Il est juste qu'elles envisagent comme leur tâche essentielle, « non de bourrer l'élève d'une grande quantité de connaissances spéciales, « mais d'éveiller dans le cœur et l'esprit de la jeunesse le goût et « l'intérêt de la recherche méthodique, à supposer même qu'une infime « minorité arrive seule, un jour, à se livrer aux recherches personnelles « et indépendantes [1]. »

Et plus loin, il ajoute :

« On doit, à propos de la surcharge des programmes, se souvenir « de cette vérité pédagogique que la vraie méthode permet de laisser « de côté une partie du programme, et cela sans aucun préjudice sé« rieux, à la condition toutefois que la perte en extension soit com« pensée par l'intensité de travail dans les matières qui sont maintenues. « Car, ce qui importe, ce n'est pas d'acquérir tout un gros bagage de « connaissances spéciales dans toutes les disciplines possibles, mais l'apti« tude à s'assimiler par un libre travail tout ce qui sollicite l'activité intel« lectuelle.... Il est bon, sans doute, d'enrichir le plus qu'on peut la « mémoire, mais ce trésor ne doit consister autant que possible que dans « ce que l'élève a compris et repensé par lui-même. Il devrait pour « ainsi dire, non pas recevoir l'instruction, mais la gagner par ses « propres efforts. »

Ne pourrait-on pas appliquer à la plupart de nos épreuves ce que M. Bernheim dit du baccalauréat ès sciences [2] ?

« Je suis de ceux qui désirent la suppression de ces vastes examens « encyclopédiques.... ils sont une véritable torture imposée à la mé« moire, au détriment des autres facultés de l'esprit. Pendant deux ans « l'élève s'est livré à ce travail fiévreux, hâtif, sans haleine, qu'exige « la préparation d'un examen aussi compréhensif... Après l'examen, on « dirait que chez quelques-uns le cerveau surmené... saturé... se refuse « à une nouvelle absorption hâtive de nouvelles sciences mal digérées » — à peu près comme une cellule gorgée d'eau se refuse à une nouvelle absorption de liquide. — « Ce qui importe, ce n'est pas que l'élève « ait la mémoire assez compréhensive pour embrasser à un moment « donné tous les détails de toutes les questions; c'est qu'il se rappelle « les faits principaux, l'esprit général, c'est qu'il fasse preuve de bonnes « études, d'une somme moyenne de connaissances acquises, et d'une « *culture scientifique* qui le rende apte à poursuivre ses études. »

M. Berthelot, dont le témoignage ne paraîtra suspect à personne, n'est pas moins explicite. Dans son rapport au ministre sur l'enseignement supérieur pendant le premier semestre de 1882, le savant inspecteur général de l'enseignement supérieur parle comme suit [3] :

« Les professeurs, entraînés par une ardeur, excellente en principe, « réclament des aspirants à la licence non seulement les connais-

---

(1) *Discours prononcé* le 9 novembre 1882, à la séance annuelle de l'université de Bâle.

(2) Revue intern. de l'ens., 15 août 1882, p. 118.

(3) Publié dans la Revue int. de l'enseign., 15 mai 1882, p. 507 et 599.

« sances générales indispensables pour leur permettre soit d'enseigner « dans les lycées, soit de pousser eux-mêmes la science plus avant, mais « les connaissances techniques dont le détail indéfini relève plutôt des « savants spéciaux. Il en résulte que la préparation de cette licence « exige jusqu'à trois années, au moins deux.... Un si long stage ne « fournit cependant aucune garantie exceptionnelle d'intelligence ou « d'aptitude à l'enseignement des sciences naturelles, ou de capacité « pour les recherches scientifiques. Il est toujours à craindre que les « professeurs de chaque science particulière, pénétrés de l'importance de « leur spécialité, n'en exagèrent le rôle dans les examens. Si ces pré- « tentions devenaient communes à tous les examinateurs, il en résulterait « pour les élèves des difficultés excessives et l'obligation d'acquérir une « multitude de connaissances détaillées, *quoique peu utiles au fond pour* « *la culture de l'esprit....*

« L'un des remèdes, continue-t-il, consisterait à remanier les pro- « grammes en les simplifiant, et à engager par des circulaires les pro- « fesseurs à plus de modération. Mais il est à craindre qu'on ne se « heurte ici à des habitudes prises, peut-être même à des préjugés « absolus de spécialistes. »

Ce langage est frappant de vérité et d'actualité.

Mais là où les hommes éclairés et soucieux des intérêts de l'enseignement supérieur se rencontrent avec la plus éloquente unanimité, c'est lorsqu'ils réclament un changement radical dans les méthodes d'enseignement. Ils demandent tous, en effet, qu'on restitue aux universités le but pour lequel elles ont été créées. Ce but, il avait été parfaitement déterminé par J. G. FICHTE, il y a quarante ans, lorsqu'il disait que l'université n'est point un établissement d'instruction, mais une école — un véritable *laboratorium* — destinée à faire des étudiants des *habiles*, des *artistes* dans l'art d'apprendre « Künstler im lernen », par le *travail commun du professeur avec ses élèves* (1).

Voici ses propres paroles :

« L'université ne doit pas être un établissement d'instruction, mais « une école où s'apprenne l'art de la pensée scientifique, où l'esprit « soit rendu apte à s'assimiler d'une manière facile et sûre, toutes « les connaissances qu'il lui conviendra d'acquérir; en un mot, elle doit « faire de l'étudiant un « Künstler im lernen ».

D'après lui aussi, « les étudiants et le corps professoral doivent former « une communauté, et travailler en commun : c'est le seul moyen pour « les professeurs d'exercer une action éducatrice sur la jeunesse. »

En Allemagne on n'a jamais perdu de vue ce but élevé.

« Les *séminaires*, dit M. CH. GRAUX (2), forment le cœur de l'Université « allemande. S'agit-il de sciences physiques ou naturelles, le séminaire

(1) FICHTE, J. C. : *Deducirter Plan einer in Berlin zu errichtenden höheren Lehranstalt;* 3e édition, 1846, p. 97 et suivantes.

(2) CH. GRAUX, l'*Université de Salamanque*; Revue int. de l'enseig., 15 mai 1883, p. 533.

« s'appelle alors « *le laboratoire.* » L'élève manie les instruments, verse « les réactifs, dissèque de sa propre main. Au laboratoire, il est journelle- « ment exercé d'une façon toute pratique aux divers procédés de la « science. C'est là qu'il recueille l'enseignement ésotérique du maître. Ce « contact intime du maître avec l'élève est le seul qui permette à celui-là « de former de vrais disciples rompus à sa méthode, dépositaires de « sa tradition, et cela sans compromettre aucunement leur initiative « personnelle ou leur originalité propre. Ces laboratoires où les recherches « sont faites en commun par des groupes de travailleurs, habitués à « une même dicipline, à manœuvrer ensemble sous une direction unique, « ce sont les foyers les plus ardents de découvertes et de progrès, soit « en philosophie, soit en histoire, soit dans les sciences physiques « ou naturelles. »

En France, où l'on travaille activement depuis quelques années à la reforme de l'enseignement, on est entré dans la même voie. Nous nous contenterons de rapporter ici les paroles de M. O. Gréard [1] membre de l'Institut et vice-recteur de l'Académie de Paris, et de donner un extrait de la circulaire extrêmement remarquable que M. J. Duvaux, ministre de l'instruction publique et des beaux-arts, vient d'adresser aux professeurs des facultés de France [2].

Voici ce que dit M. O. Gréard :

« Aujourd'hui on décompose, on analyse, on passe tout au creuset; « on veut voir, on veut toucher. Du cabinet du maître ces méthodes « de travail sont descendues dans le laboratoire de l'étudiant. A l'école « de médecine, on exige que tout élève ait étudié sur le corps humain « les mystères de la maladie; qu'il ait pratiqué de ses mains les « démonstrations de la physique, les manipulations de la chimie; qu'il « se soit, en un mot, rendu compte des théories qu'on lui enseigne, « à la lumière d'une expérience qui lui soit propre......

« On ne se borne plus à entretenir les élèves des résultats de la « science faite et vulgarisée. On leur apprend à remonter aux sources, « à s'élever à la conception des méthodes. »

En un mot, pour ce qui regarde les sciences, on leur apprend, au laboratoire, à travailler par eux-mêmes.

C'est dans les termes suivants que M. J. Duvaux caractérise les devoirs du professorat à notre époque.

« La préparation aux grades est utile, mais y borner son am- « bition serait méconnaître les devoirs les plus élevés de l'enseignement « supérieur. Les maîtres ont d'autres obligations envers l'état : une des « premières est le progrès de la science et de la haute culture in- « tellectuelle; ils doivent y concourir par leurs travaux et ceux de « leurs élèves.... Il faut voir au delà de la simple préparation aux

(1) O. Gréard, l'*Enseignement supérieur à Paris en* 1881; l. c.

(2) Cette *circulaire* a été publiée dans la Revue int. de l'enseign., 15 mai 1883, p. 330.

« examens, considérer le temps où l'étudiant affranchi de la pour-
« suite des titres professionnels, voudra travailler pour lui et par lui
« seul. Les maitres doivent s'efforcer de toutes les manières de former
« le plus tôt possible des disciples qui deviennent pour eux des colla-
« borateurs, et soient, avec le temps, leurs égaux.

« Apprendre (aux élèves) la méthode et la critique est une oc-
« cupation d'un ordre élevé...... Beaucoup de professeurs auraient
« préféré, s'ils n'avaient tenu compte que de leurs loisirs, des leçons
« générales — nos cours dits théoriques — où la science de celui
« qui parle n'est pas sans cesse sollicitée par toutes les curiosités
« d'élèves exigeants appelés rapidement à devenir les juges de ceux
« qu'ils écoutent. Cependant quels que soient les mérites de cet en-
« seignement on ne peut songer à s'y borner.... Ce sont les travaux
« personnels des élèves auxquels il faut maintenant songer. »

Le ministre indique ensuite, dans cette direction, trois moyens d'action sur les élèves.

L'exemple : les professeurs doivent publier des *travaux originaux*, et chaque année ils rendront compte de leurs recherches personnelles.

La création de *revues scientifiques* lorsqu'elles deviennent possibles.

Le travail *personnel* du maître avec les étudiants.

Cette circulaire ne fait du reste que traduire les exigences de l'esprit public en France; comme on peut s'en convaincre par la lecture des nombreux mémoires et rapports qui ont été publiés sur la reforme de l'enseignement supérieur.

En voici un exemple entre mille.

« Le métier de professeur de faculté, autrefois traité de *sinécure*,
« est devenu très lourd pour qui l'exerce en conscience, dit M. Petit
« de Julleville [1]. Rappelons tout ce que l'on demande aujourd'hui des
« maîtres de l'enseignement supérieur. Avant tout je crois qu'ils se
« doivent à la science et que chacun d'eux est obligé de lui apporter
« quelque chose de nouveau, une découverte ou un travail personnel;
« tous ne peuvent pas découvrir un monde, mais chacun peut défricher
« une lande, ouvrir un sentier.... Les travaux *scientifiques* sont le premier
« devoir des maîtres de l'enseignement supérieur; ils doivent être des
« savants et préparer de futurs savants qui soient des maîtres après
« eux; ils doivent allumer et nourrir le feu sacré dans l'âme d'un
« petit nombre d'élèves choisis, auxquels ils feront part de leur doc-
« trine et découvriront leur méthode et leurs instruments de travail. »

Nous ne pouvons nous étendre davantage sur ces réformes dont l'urgence saute aux yeux. Nous avons dû les signaler, car elles sont indispensables pour rendre possible la tentative d'un enseignement biologique sérieux et fort, élevé au niveau des besoins les plus impérieux des sciences et de la médecine. Au milieu de cette mul-

---

(1) L. Petit de Julleville : *Le Jury du baccalauréat ès lettres*; — Dans la Revue int. de l'enseignement, 15 avril 1881, p. 350.

titude de cours sans fin, sans lien comme sans but commun, dont il doit se bourrer la mémoire, l'étudiant finit par se perdre, « par ne plus « savoir ce qu'il est, pas devenir indifférent à tout ce qu'on lui sert [1] » Et c'est alors que vous exigeriez de lui qu'il vienne passer de longues heures au laboratoire pour devenir un *habile* en biologie! C'est lorsqu'il est en proie à ce travail fiévreux d'assimilation que vous voudriez l'initier aux méthodes scientifiques, éveiller ses aptitudes, susciter dans son cœur et dans son esprit le goût et l'intérêt des recherches, lui infuser ce feu sacré, « ce démon de la science » sans lequel pourtant il ne sera jamais qu'un prosaïque praticien ou un chasseur d'or!...... Tenter une pareille entreprise ne serait-ce point échouer avant d'avoir levé l'ancre?

III. Ce n'est point tout encore.

Pour porter tous ses fruits, l'enseignement biologique, fût-il fait dans les meilleures conditions de succès, ne peut rester confiné dans un ou deux cours des candidatures. Il faut, au contraire, qu'il se complète et s'étende dans ses applications jusqu'aux dernières années du séjour universitaire. C'est dire, qu'il doit former un ensemble harmonisé, une école véritable « où chaque professeur comprenne le « rôle qui lui est échu et en quoi il concourt à la culture générale, « au but commun [2], et qu'il s'attache à le remplir fidèlement par l'excellence des méthodes, et par ce zèle ardent qui doit faire du professorat la grande occupation de sa vie.

L'enseignement biologique doit donc être gradué, continué jusqu'à la fin des études médicales et donné par un corps professoral doué d'un zèle ardent. Toutefois n'oublions pas qu'une qualité du zèle, c'est d'être *secundum scientiam*. La science requiert une direction, une préparation. Comprendra-t-on cette dernière idée? Nous osons l'espérer. Les exemples ne nous manquent pas : ainsi nous avons lu avec une satisfaction profonde les conclusions de l'enquête qui a été faite récemment en France concernant le doctorat spécial ès sciences médicales qu'on songe à y établir. La plupart des facultés, dit la *circulaire ministérielle* du 17 février 1883, opinent que ce doctorat doit être un doctorat ès sciences biologiques, ou, ce qui est la même chose, un doctorat ès sciences anatomo-physiologiques [3]. Nous formons les vœux les plus ardents pour la création de ce grade dans notre pays, à la condition toutefois qu'il soit très sérieux et qu'il devienne un titre indispensable pour remplir une chaire de biologie ou de médecine dans nos universités. Trouvera-t-on un autre moyen d'établir un

(1) Dr Otto Willmann, professeur de philosophie et de pédagogie à l'université de Prague. — Dans la Revue int. de l'enseignement, 15 avril 1881, p. 377.

(2) Willmann, l. c.

(3) Revue int. d'enseign., 15 mars 1883, p. 344.

Voyez aussi l'article de Mr Bernheim, qui est écrit dans le même sens; 15 janvier 1883, p. 19.

enseignement biologique et médical sérieux et régulier pendant toute la durée des études ? Il est permis d'en douter. Ce qui est certain, c'est qu'on arriverait ainsi à former un corps professoral plus homogène, *un collège* de savants se vouant avant tout au professorat et aux travaux scientifiques, se comprenant et s'aidant mutuellement pour donner de l'unité aux études, éviter les surcharges et les doubles emplois, combler les lacunes inhérentes aux meilleurs programmes, former les élèves et maintenir l'enseignement à ces hauteurs lumineuses où l'ont placé, d'une manière incontestée, les savants de l'Allemagne et des pays étrangers.

II.

ENCYCLOPÉDIE DE LA BIOLOGIE.

Dans les pages qui précèdent nous avons souvent prononcé les mots *biologie, sciences* et *études biologiques*. Plus d'un lecteur s'est sans doute demandé quel sens précis la science attachait à ces expressions. Il ne sera donc pas inutile de nous y arrêter quelques instants. Ne convient-il pas, du reste, que l'étudiant en biologie prenne, au début de ses études, une idée générale de l'*encyclopédie de la biologie* (1), comme l'étudiant en droit ou en philologie le fait en abordant ses matières ?

BIOLOGIE NORMALE.

I. Le mot *biologie* a été créé par TRÉVIRANUS en 1802 (2), et employé par LAMARCK également en 1802, puis en 1803, dans son *Hydrogéologie* et dans son *Discours d'ouverture sur l'espèce*, comme synonyme d'*histoire naturelle organique* (3). C'est bien là d'ailleurs le sens que lui assigne son étymologie : βιος, vie et λόγος, doctrine. D'après cela, faire l'histoire naturelle d'un être vivant quelconque, animal ou végétal, c'est faire de la biologie. Étudier une cellule, un tissu, un organe, un simple phénomène dans un ou plusieurs êtres organisés, c'est se livrer à une étude biologique, tout aussi bien que si l'on s'adonnait à l'étude comparée d'un groupe étendu d'animaux ou de végétaux, ou de tous les êtres vivants à la fois.

II. Cette définition de la biologie va nous permettre de fixer le sens rationnel de certaines expressions peu précises dans la bouche

(1) On entend par *encyclopédie*, la détermination des matières qui constituent le cycle des études dans une branche étendue du savoir humain; ou, ce qui est la même chose, la délimitation de l'objet d'une science vaste par l'indication des matières qui le composent.

(2) TREVIRANUS, *Biologie oder Philosophie der lebenden Natur.* Göttingen 1802; tom. I, p. 4.

(3) J. B, LAMARCK, *Hydrogéologie.* Paris, an X, pp. 8 et 188.

des auteurs, telles que : biologie générale, biologie comparée et biologie spéciale.

Puisque le mot biologie s'applique à tous les êtres vivants, l'expression « *biologie générale* » implique à plus forte raison l'idée d une étude comparée poursuivie à travers les deux règnes; elle revêt donc un caractère encyclopédique qu'il convient de lui garder. C'est ainsi du reste qu'elle a été comprise tout d'abord : « l'étude comparée des « êtres *qui vivent* ou ont vécu à la surface du globe, est du domaine « de cette science supérieure » disait Is. GEOFFROY St HILAIRE (1). Ainsi, l'étude comparée de la cellule animale et végétale, l'étude de la respiration, de la digestion, de la spermatogénèse, envisagées à la fois dans les animaux et les végétaux, appartiennent à la biologie générale.

La « *biologie comparée* » suppose un travail comparatif, soit sur un groupe d'êtres plus ou moins étendu, soit sur un phénomène ou un détail d'organisation envisagé dans un nombre plus ou moins considérable d'êtres vivants. Telle serait l'étude des légumineuses, des vers, etc.. Telle serait également l'étude du tissu cartilagineux dans les poissons, ou l'étude de la respiration dans les batraciens etc. etc. La botanique et la zoologie ne sont elles-mêmes que des études de biologie comparée.

On réserve le mot « *biologie spéciale* » à l'étude d'un être en particulier, l'homme par exemple. L'anthropologie appartient donc à la biologie spéciale. Il en serait de même de l'histoire naturelle de la noctiluque, du microbe de la tuberculose, etc.

On doit laisser de côté les termes surannés et fort mal définis de biologie *abstraite* et biologie *concrète*. Le premier correspondait vaguement à la biologie générale, le second, à la biologie comparée et spéciale à la fois.

III. Or, pour faire l'histoire naturelle ou la biologie *complète* d'un être vivant, il est nécessaire de l'envisager sous divers aspects; car cette histoire est fort compliquée. Pour mieux fixer nos idées, considérons un être vivant *in concreto*, la Noctiluque, ce charmant infusoire phosphorescent de nos mers (fig. **1** et **2**).

Ce qui frappe tout d'abord l'observateur dans ce petit animal, c'est à coup sûr sa forme générale, sorte de sphère profondément sillonnée d'un côté, *s*, et rappelant grossièrement la forme de l'abricot. En plongeant plus attentivement du regard dans le sillon médian il y découvre une bouche ovalaire, *b*, près de laquelle s'élève un long tentacule, *t*, sorte de cylindre aplati, ondulé et souvent recourbé. C'est-à-dire qu'il étudie en premier lieu la forme extérieure générale, ainsi que la forme des organes et leurs rapports mutuels. Qui sait si, peut-être, il ne se demandera pas si la noctiluque a toujours eu

(1) Is. GEOFFROY St HILAIRE, *Hist. nat. génér.*, tom. I, p. 167.

cette forme? Et aussitôt de se lancer à la poursuite des individus plus jeunes, embryonnaires même, dans le but de s'en assurer. Ne voudra-t-il pas aussi assister à la naissance de la bouche et du tentacule?... N'ira-t-il pas jusqu'à soumettre le petit être aux influences extérieures, en le plaçant dans l'eau demi-salée, dans l'eau douce, à l'effet d'enregistrer les variations qui pourraient en résulter ....?

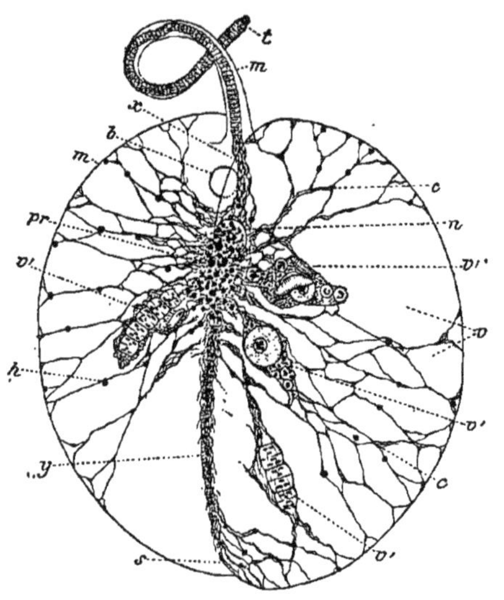

Fig. 1. — Gr. : DD, I.

Noctiluque représentée avec son sillon vu de face et un peu obliquement : *s*, sillon; *b*, bouche; *t*, tentacule; *m*, membrane cellulaire se continuant à l'entour du tentacule; *pr*, protoplasme central portant comme enclaves de nombreux globules graisseux, *h*, colorés en noir par l'acide osmique, et contenant le noyau, *n*; *c*, *c*, cordons plasmatiques réticulés; *v*, vacuoles aqueuses; *v'*, inclusions; *x*, bande plasmatique réticulée reliant *t* à *pr*.

En agissant ainsi notre savant a fait la **morphologie** complète de l'animalcule qu'il observe.

Mais cet examen, que l'on pourrait appeler superficiel, est loin de le satisfaire.

La main appuyée sur la vis micrométrique, il s'efforce de lire à l'intérieur de cette perle vivante. Après avoir contemplé son admirable *reticulum* plasmatique et les granules brillants de son *enchylema* transparent, il tourne ses regards vers la masse centrale de protoplasme, *pr*, où il découvre un noyau, *n*, renfermant des corps brillants, irréguliers et fragmentés. Puis, il s'efforce de pénétrer ces masses sombres, *v'*, à contours déchiquetés, pour en débrouiller le contenu et en saisir la nature : les cellules d'algues et les carapaces de diatomées qui s'y trouvent éveillent son attention, et bientôt il arrive à la conviction qu'elles ne sont que des vacuoles remplies d'inclusions. Enfin, après avoir essayé de découvrir quelques détails de structure dans la mince membrane périphérique, *m*, il couronne son étude par l'examen des organes, la bouche et le tentacule. Il n'est pas peu étonné de décrouvrir dans ce dernier des stries transversales rappelant celles des fibres musculaires des animaux supérieurs et de constater ses rapports, *x*, avec le protoplasme central de la cellule.

Cette exploration intime de la noctiluque s'appele son **anatomie**.

Ce n'est point tout.

Chemin faisant notre observateur aura remarqué que la noctiluque se meut. L'anatomie qu'il vient d'en faire lui permet maintenant d'aborder l'étude de ses mouvements. Et d'abord il soumet à l'observation son mouvement le plus sensible, celui de translation. Il en étudie la modalité, puis il s'efforce, en s'aidant d'expériences s'il le faut, d'en saisir le mécanisme, les lois et la cause. Mais le tentacule ne pourrait-il servir aussi à la préhension des aliments ?... Nouveau champ ouvert à son observation.

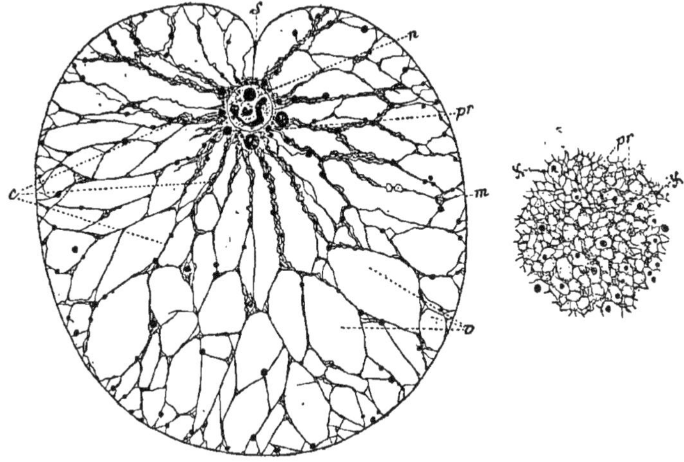

Fig. 2. — Gr. : DD, I.

Coupe optique de la *noctiluque*, perpendiculaire au sillon, *s*, et passant par la masse de protoplasme central, *pr*. Même légende qu'à la fig. 1.

A droite, on a représenté un lambeau du *reticulum* plasmatique blotti contre la membrane périphérique : *pr*, trabécules du *reticulum*; χ, *enchylema* remplissant les mailles du *reticulum* : on y voit des globules graisseux.

Son exploration cinétique ne serait pas complète s'il ne tournait ses regards vers les mouvements internes du protoplasme. Quelle vie, qu'elle activité !... Les mailles du *reticulum* disparaissent pour se reformer aussitôt par l'émission de nouvelles expansions pseudopodiques; les petits granules de l'*enchylema* se promènent de maille en maille avec une vitesse variable à tous les instants..... Enfin, s'il lui arrive d'exciter la noctiluque en frappant de l'aiguille le couvre-objets ou en faisant passer un courant électrique à travers la préparation, il est frappé de voir tout le *reticulum* périphérique se rétracter subitement vers l'intérieur, emportant dans son sein les granules de l'*enchylema* et expulsant l'eau des vacuoles plasmatiques.

En scrutant tous ces mouvements l'observateur s'est adonné à l'étude **physiologique** de la noctiluque.

Enfin il viendra peut-être à l'esprit de notre micrographe de vouloir s'éclairer sur la constitution chimique des diverses parties de ce curieux infusoire. L'acide osmique lui apprend, par la coloration noir d'ébène qu'il leur imprime, que les granules les plus volumineux de l'*enchylema* sont de nature graisseuse. Le vert de méthyle lui marque que les corps fragmentés du noyau sont formés de nucléine. D'autres réactifs lui font connaître aussi que le *reticulum* se compose de plastine et la membrane cellulaire, d'une espèce d'élastine. Après avoir recueilli sur un filtre une grande quantité de noctiluques, il en fait l'analyse macrochimique qui lui révèle la présence de plusieurs ferments solubles, la diastase et la pepsine. La disparition de la graisse après une nuit de séjour des animaux dans un bocal, la digestion rapide des inclusions après leur ingurgitation, et le rejet de leurs débris par la bouche sont aussi de nature à piquer vivement sa curiosité. Mais arrêtons-nous.... Ces détails suffisent pour montrer au lecteur ce que la science moderne appelle la **biochimie** de la noctiluque.

Or, ce que nous venons de faire pour cette infime créature, nous pouvons le répéter sur chaque être, sur chaque groupe d'êtres et sur l'ensemble de tous les êtres vivants. Ajoutons qu'il serait difficile d'imaginer un autre genre de recherches auquel on puisse les soumettre. Il en résulte que pour faire une étude biologique *complète* des êtres organisés, il est nécessaire de les soumettre à quatre genres de recherches qui correspondent à autant de propriétés particulières : les propriétés morphologiques, anatomiques, physiologiques et chimiques. Ces recherches donnent lieu à quatre groupes fondamentaux de sciences biologiques : les sciences morphologiques, anatomiques, physiologiques et chimiques, qu'il nous sera maintenant facile de caractériser en nous rappelant l'histoire de la noctiluque.

A. La morphologie, de μορφή forme, et de λόγος doctrine, a été définie pendant longtemps : « l'étude des formes extérieures », ou « l'étude de la forme extérieure des organes. » Cette définition est incomplète, car elle assimile la morphologie à l'organographie.

En 1840, Aug. SAINT-HILAIRE y introduisit un nouvel élément [1].

Pour lui, la morphologie végétale est « l'organographie expli« quée par les transformations auxquelles sont soumises les parties « des végétaux; » en effet, dit-il, des influences différentes amènent dans les organes qui auraient pu être semblables, des modifications diverses.

Malgré les progrès qu'elle réalise, cette définition est encore insuffisante, car elle ne tient pas compte du développement, sans lequel pourtant la plupart des formes ne sont que des énigmes, et elle ne s'explique pas sur la nature des influences modificatrices qu'elle met en jeu.

---

(1) Aug. SAINT-HILAIRE. *Morphologie végétale*, p. 17. Paris, 1840.

Les travaux modernes nous ont fait mieux comprendre la morphologie. On pourrait aujourd'hui la définir : « l'histoire des modi« fications que subissent les formes organiques dans l'espace et dans « le temps. »

1° *Dans l'espace.*

a) La morphologie étudie la genèse et l'évolution des formes embryonnaire, larvaire, adulte, que prennent successivement les êtres vivants durant leur développement; ainsi que la genèse et l'évolution de leurs diverses parties constituantes, mais plus spécialement de leurs organes, à ces mêmes périodes, dans le but de connaître leur signification et de saisir leurs rapports mutuels. — *Morphogénie* (1).

b) Elle décrit la configuration et les caractères extérieurs de ces diverses formes et de ces diverses parties durant les mêmes périodes. — *Morphographie.* L'organographie n'en est qu'un chapitre.

c) Elle examine ensuite les modifications et les variations qui peuvent y être déterminées par les causes les plus diverses : les milieux et les agents physiques extérieurs, l'action de l'homme et en général des autres êtres vivants, (sélection artificielle et naturelle, hybridation, fécondation croisée), l'hérédité, l'accoutumance, etc. — *Métamorphisme* (2).

N'était cette circonstance que les causes internes exercent aussi une influence modificatrice sur la forme des êtres vivants, le terme *Mésomorphisme*, de μέσος, milieu, eût convenu parfaitement pour désigner cette partie de la morphologie.

2° *Dans le temps.*

La morphologie recherche la succession de ces formes aux différentes époques géologiques, les lois et les causes de cette succession. — *Paléomorphisme* (3).

3° Comme conséquence de cette double étude et d'après les rapports naturels que l'analyse morphologique à révélés, elle fixe la place qui revient à chaque être et à chaque groupe d'être vivants et fossiles dans la série animale et végétale, et elle en décrit les *caractères distinctifs* (classification et diagnoses, ou *biotaxie*). On donne souvent à cette partie de la morphologie le nom de *morphologie descriptive.* La botanique et la zoologie descriptives viennent donc prendre place ici (4).

(1) « *Ontogénie* » dans la théorie de la descendance et de l'évolution. On dit aussi *embryogénie* et *organogénie*; mais ces mots ont une signification trop restreinte.

(2) Cette partie de la morphologie traite les questions les plus controversées et les plus délicates : le darwinisme, le transformisme, la théorie de la descendance, la mutabilité et l'immutabilité des espèces, leur origine première à la surface de la terre et leur apparition successive aux diverses époques géologiques, etc. etc.

(3) « *Phylogénie* » dans la théorie de la descendance et de l'évolution. Le mot *paléontologie*, que l'on emploie souvent dans ce sens, est trop étendu.

(4) On tient compte aussi en *biotaxie* des caractères anatomiques et physiologiques; mais dans les idées actuelles les caractères morphologiques priment tous les autres. Il convient donc de ranger les sciences biologiques descriptives dans la morphologie.

Le mot *Idiomorphisme*, de ἴδιος, propre, spécial, pourrait être employé avec avantage, pour nommer cette dernière branche des sciences morphologiques.

La morphologie, comme telle, n'a donc pas dans ses attributions de traiter *ex professo* de la structure intérieure ni du jeu des organes. Ces questions sont réservées à l'anatomie et à la physiologie.

Le moyen d'étude de la morphologie est, avant tout, l'observation. Dans l'examen des organes il faut souvent recourir à la dissection. Enfin pour apprécier l'influence des causes extérieures, l'expérimentation devient nécessaire.

B. L'anatomie, de ἀνατομή dissection, s'occupe de la structure intérieure, intime, des êtres et de leurs parties constituantes, à toutes les périodes de leur existence.

Or, ces parties constituantes sont : les cellules, les tissus et les organes. De là, la division de l'anatomie en trois branches spéciales :

1° La *cytotomie*, de κύτος, outre, cellule, ou, anatomie de la cellule;

2° L'*histotomie*, de ἱστός, tissu, ou, anatomie des tissus;

3° L'*organotomie*, de ὄργανον, organe, ou, anatomie des organes.

Il ne faut pas oublier que l'anatomie fait toujours abstraction de l'action des éléments qu'elle étudie; elle les considère exclusivement à l'état de repos ou à l'*état statique*.

Le grand procédé d'investigation dont elle dispose est l'observation microscopique, souvent aidée de la dissociation, de la pratique des coupes minces et de l'application des réactifs.

C. La physiologie de φυσιολογία, de φύσις, nature (¹), considère les êtres vivants et leurs diverses parties à l'état d'action, à l'*état dynamique* ou cinétique. Elle traite donc des mouvements physiques dont ils sont le siège aux diverses époques de leur vie, de leurs lois et de leurs causes; en d'autres termes plus connus mais moins précis, elle étudie le jeu, l'action ou les fonctions des éléments que l'anatomie nous y a fait découvrir.

Ces éléments, nous venons de le voir, sont les cellules, les tissus, les organes. On pourrait donc envisager comme les rameaux naturels de la physiologie :

1° La physiologie *de la cellule*.

2° La physiologie *des tissus*.

3° La physiologie *des organes*.

Ses moyens d'étude sont l'observation, mais surtout l'expérimentation.

On aura remarqué que, contrairement a l'usage reçu, nous avons restreint l'objet de la physiologie aux mouvements physiques, — *Kraftwechsel*, transformation des forces, des allemands —. La raison en

(¹) Le mot *physiologie*, comme l'indique son étymologie, a d'abord été employé pour désigner la science de la nature; mais avec le temps il a perdu ce sens général et sa signification s'est de plus en plus restreinte.

est que les mouvements chimiques, — *Stoffwechsel* —, d'ailleurs invisibles, dans l'état actuel de la science, doivent plutôt rentrer dans le quatrième groupe des sciences biologiques dont il nous reste à parler.

D. **La biochimie**, de βίος vie, est la chimie des êtres vivants. Cette science a un double objet.

D'abord, pénétrant plus avant encore que l'anatomie dans l'organisation des êtres vivants, elle cherche à déterminer la nature des composés chimiques qui entrent, soit comme éléments essentiels, soit comme éléments accessoires, dans la constitution de leurs cellules, de leurs tissus et de leurs organes, à leurs diverses périodes : elle en fait pour ainsi dire la *chimie statique*.

Ensuite elle étudie les mouvements ou phénomènes chimiques si nombreux qui se passent en eux pendant la vie — *Stoffwechsel*, transformation de la matière —. Ce second chapitre de la biochimie pourrait très bien s'intituler la *chimie dynamique* ou cinétique des êtres organisés. Le nom de chimie physiologique qu'on lui donne habituellement lui est assez peu approprié.

La biochimie, suivant les éléments qu'elle considère, peut se diviser ainsi :

1° La *cytochimie* ou chimie de la cellule.

2° L'*histochimie* ou chimie des tissus.

3° L'*organochimie* ou chimie des organes.

Les procédés de la biochimie sont l'analyse et l'expérimentation. L'analyse est double.

L'analyse *microchimique* se fait à l'aide de réactifs, au microscope et sous l'œil de l'observateur : elle est tout-à-fait indispensable pour faire la biochimie sur place, c'est-à-dire dans les cellules vivantes elles-mêmes, et pour s'assurer de l'endroit précis où tel corps se trouve et où tel phénomène se passe.

L'analyse *macrochimique* se fait de la façon ordinaire.

Dans la chimie physiologique, il est souvent indispensable de recourir à l'expérimentation dans le but de constater l'origine, le rôle et les transformations des composés chimiques dans l'organisme.

IV. Nous avons vu plus haut que la biologie, suivant les objets qu'elle considère, se divise en biologie générale, comparée et spéciale. Il va de soi qu'il en est ainsi pour les quatre groupes de sciences qui la composent et que nous venons de passer en revue. Nous dirons donc qu'il y a une morphologie, une anatomie, une physiologie, une biochimie générale, comparée et spéciale, suivant qu'elles s'occupent d'un être, d'un groupe d'êtres ou de tous les êtres vivants à la fois. Nous pourrons traiter de même les divers rameaux de ces branches principales. C'est ainsi que nous pourrons avoir, par exemple, une cytomorphologie, une cytotomie, une cytophysiologie, une cytochimie générale, comparée et spéciale; et ainsi de suite pour toutes les autres sciences secondaires.

V. Avant d'aller plus loin, il ne sera pas inutile de nous arrêter un instant sur la valeur du mot « *logie* » de λόγος, doctrine, qu'on emploie si souvent dans toutes les sciences. Le mot λόγος signifie la doctrine, c'est-à-dire la doctrine *complète* de l'objet qui est désigné par le substantif qui le précède. Sa compréhension est donc très grande.

Or, nous venons de voir que pour faire l'*étude complète* d'un être vivant en particulier, ou d'un groupe d'êtres quelconque, il est nécessaire de l'envisager sous quatre aspects différents. La terminaison « logie » appliquée à un substantif qui sert à déterminer cet être ou ce groupe d'êtres, signifiera donc qu'on doit l'étudier sous le point de vue morphologique, anatomique, physiologique et chimique. Tel est en effet le sens usuel des mots anthropologie, zoologie, biologie, embryologie, pathologie, etc. Tel devrait être aussi, pour rester correct, le sens des mots cytologie, histologie, organologie. Ces mots expriment par eux-mêmes que l'on fait l'histoire naturelle *complète* de la cellule, des tissus ou des organes. Cette histoire comprendra donc nécessairement les quatre chapitres que nous connaissons.

Il faut dire la même chose des expressions morphologie, physiologie, ainsi que des vocables anatomie et biochimie. Tous ces noms marquent une étude *complète*, portant à la fois sur toutes les branches secondaires que nous avons signalées dans chacun de ces groupes. Ainsi, le mot « physiologie » désigne une étude complète de tous les mouvements physiques de l'objet considéré en lui-même et dans chacune de ses parties constituantes. Ainsi encore, « la morphologie humaine » comprend la morphogénie, la morphographie, le mésomorphisme, le paléomorphisme et l'idiomorphisme de l'homme, et ainsi de suite.

C'est en s'inspirant des mêmes idées que M. Bertillon [1] a créé le terme *mésologie*. Pour lui, ce mot résume la « science des milieux », c'est-à-dire qu'il implique l'étude *complète* des divers modes d'action des milieux extérieurs sur les êtres organisés.

Malheureusement on emploie encore actuellement, en zoologie et en médecine, des termes consacrés par l'usage, il est vrai, mais dont la signification est loin de répondre aux exigences rigoureuses du langage scientifique moderne; tels sont particulièrement les suivants : anatomie comparée, anatomie générale, histologie générale et histologie spéciale.

Comme elle a été pratiquée jusqu'ici, l'*anatomie comparée* des animaux est bien plutôt de la morphologie et surtout de l'organographie comparée que de l'anatomie proprement dite. Celle-ci exigerait en effet qu'on étudiât d'une manière comparative la structure intime des tissus et des organes dans la série animale, chose qui se fait encore bien peu. Les botanistes sont plus exacts; leur anatomie comparée est une anatomie véritable.

---

(1) Bertillon : *Dictionnaire de médecine*, par Litré et Robin, 12e édit., art. *Mésologie*.

D'après nos définitions, l'*anatomie générale* signifie : l'anatomie comparée des deux règnes organiques. Or, on donne généralement ce nom à l'histotomie comparée des animaux, souvent même à l'histotomie spéciale de l'homme. L'expression *histologie générale*, souvent employée comme synonyme de la précédente, fait naître également l'idée d'une étude comparée des tissus animaux et végétaux. Pour être vrai, il faudrait dire, d'une part, « histotomie comparée » des animaux, et, d'autre part, « histotomie humaine. »

Quant au terme *histologie spéciale*, nous savons qu'il doit être réservé à l'étude complète des tissus d'un être vivant en particulier; tandis que, dans nos cours de médecine, il est pris dans un sens qui en fait une partie de l'organotomie humaine.

Il existe encore beaucoup d'autres expressions peu précises, si l'on tient compte de la valeur qu'elles devraient avoir dans le cadre général des sciences biologiques. Mais là où la confusion est portée à son comble, c'est dans les sciences morphologiques. Il est vrai que c'est une des branches que la science moderne a le plus transformée. Ainsi, le plus souvent, le mot morphologie est employé comme synonyme d'organographie qui n'est qu'un chapitre spécial et secondaire de la morphologie. D'autre fois, au contraire, on donne à ce mot une extension exagérée : c'est ainsi que J. SACHS (1) fait rentrer l'anatomie cellulaire tout entière dans le chapitre qu'il intitule « morphologie de la cellule. » Nous nous bornerons à ces deux observations générales.

VI. On a souvent parlé, et on parle encore, en biologie, des sciences d'*expérimentation* et des sciences d'*observation*, des sciences *descriptives* et des sciences *comparatives*. Ces divisions sont fondées, non plus sur la nature des objets ou des phénomènes étudiés, mais sur celle des moyens ou procédés, soit matériels, soit intellectuels mis en œuvre dans cette étude. Cette manière de parler est illogique et vicieuse; car il n'est pas une branche de la biologie qui ne requière l'emploi simultané de tous nos moyens d'observation, d'expérimentation et de comparaison. « Les sciences où l'on expérimente le plus sont « aussi des sciences d'observation; et celles qui recourent le plus « généralement à l'observation s'aident souvent d'expériences (2). » La différence entre ces sciences, envisagées à ce point de vue, porte principalement sur le nombre et sur la variété des expériences, ou bien sur la manière dont elles sont instituées et les instruments qui sont employés. D'ailleurs, n'oublions pas qu'il n'existe pas de limite tranchée entre l'observation et l'expérimentation. Comme on l'a fort bien dit, l'expérimentation n'est qu'une « observation préparée ou commencée. » Il n'y a donc en réalité que des sciences d'observation.

VII. Aux expressions précédentes se rattachent les deux suivantes, souvent employées pour désigner les deux divisions fondamentales de

(1) J. SACHS : *Lehrbuch*, in principio.

(2) IS. G. SAINT-HILAIRE, *Hist. natur. génér.*, tom. I, p. 207.

la biologie : nous voulons dire la *biologie statique* et la *biologie dynamique*. Plusieurs auteurs les font synonymes de *sciences d'expérimentation* et de *sciences d'observation*. Nous venons de voir ce qu'il faut penser de la valeur de cette distinction. Mais nous pouvons leur attribuer un autre sens.

Ces deux expressions ne correspondent à aucune propriété objective particulière des êtres vivants. C'est pourquoi elles ne figurent pas dans notre classification (1). Elles supposent dans ces êtres deux états, deux modes d'existence distincts, l'un, de repos, l'autre, de mouvement. Mais de fait ces modes coexistent toujours, même dans la période de vie latente. Elles ne représentent donc que des abstractions de l'esprit. D'un côté, dans la biologie statique, nous considérons les êtres à l'état de repos, en faisant abstraction de leurs nombreux mouvements; de l'autre, dans la biologie dynamique, nous nous détournons de leur constitution morphologique, anatomique et chimique, pour ne voir que leurs mouvements. Ainsi entendues, ces expressions sont excellentes et doivent être maintenues dans le langage scientifique : on ne pourrait même s'en passer. Nous nous en sommes servi, on se le rappelle sans doute, pour séparer plus nettement encore les branches principales de la biologie, déjà si distinctes par leur objet. Cette division est aussi très utile dans l'enseignement et dans les publications : elle fournit en effet un moyen facile de délimiter plus clairement les objets dont on parle, d'éviter les redites inutiles et d'écarter toute confusion. Aussi, nous comptons bien l'appliquer dans cet ouvrage.

On a déjà compris que la biologie statique comprend la morphologie, l'anatomie et la biochimie de constitution; tandis que la biologie dynamique renferme la physiologie et la biochimie dynamique.

VIII. Quant à la *mésologie*, il faut se garder de lui assigner une place spéciale dans les cadres de la biologie. La science des milieux n'est pas une science autonome. Les milieux agissent sur les êtres organisés, c'est incontestable; mais, c'est dans ces êtres qu'il faut étudier leur action. S'ils y donnent lieu à des mouvements ou à des phénomènes chimiques, c'est au physiologiste et au biochimiste qu'il appartient d'enregistrer ces faits; tandis que le morphologiste et l'anatomiste porteront leur attention sur les modifications finales qu'ils pourraient introduire dans la forme et dans la constitution des êtres soumis à leur influence.

Terminons par une réflexion que suggère l'emploi du mot *bionomie*, de βίος et νόμος, loi; c'est que les mots qui ont tous les sens n'en ont aucun et doivent être supprimés. Ce mot « bionomie » a reçu en effet toutes les significations possibles. Tantôt on le fait synonyme de physiologie, tantôt on l'identifie avec la biologie dynamique dans la-

(1) Pages 21 et suiv.

quelle on fait rentrer la mésologie, etc. Récemment, M. Preyer[1] la employé dans le sens de physiologie générale qui s'applique à la fois, comme on le sait, aux animaux et aux végétaux. Enfin, pour Littré, bionomie et biologie sont synonymes; mais cet auteur ajoute avec raison que le mot « bionomie » est suranné et doit être abandonné.

Il est vivement à désirer que les jeunes savants, s'inspirant des progrès si considérables qui ont été réalisés en biologie depuis plusieurs années déjà, prennent de bonne heure les habitudes d'un langage rigoureusement exact. Comme le fait justement remarquer M. Billings[2], c'est pour tout savant un devoir impérieux de donner à ses publications un titre convenable, et d'user constamment dans ses travaux, de termes scientifiques clairs et précis. Le lecteur, en effet, devrait toujours pouvoir dire avec Condillac : « la science est un langage bien fait. »

BIOLOGIE PATHOLOGIQUE.

Jusqu'ici nous n'avons envisagé les êtres vivants qu'à l'état *normal*; il nous reste à les considérer à l'état *pathologique*.

C'est à tort, à notre avis, que certains auteurs voudraient exclure la pathologie du domaine de la biologie. Il sera toujours vrai de dire qu'il y a une biologie normale et une biologie pathologique; mais ces deux biologies ont les rapports les plus intimes. La première sert de fondement à la seconde; sans celle-là, tout le monde en convient aujourd'hui, celle-ci serait inabordable et resterait une énigme. En outre, les *processus* généraux de ces deux vies sont identiques. Il en résulte que l'ensemble des sciences médicales rentre dans le cadre des études biologiques. La clinique, science pratique par excellence, fait partie de la biologie au même titre que l'anatomie et la physiologie qui, du reste, lui servent de base et dominent tout son avenir. Néanmoins il faut dire avec M. Bernheim,[3] « qu'on ne range habituellement « parmi les sciences biologiques que les branches de la médecine « qui sont d'un ordre plus spéculatif, plus théorique, qui ont en vue « l'étude de l'homme physiologique, considérée en elle-même plutôt « que dans son application immédiate à l'art de guérir. »

Or, ces branches plus théoriques dont parle M. Bernheim, sont précisément les correspondantes de celles que nous avons rencontrées, il n'y a qu'un instant, se partageant le domaine de la biologie normale: le lecteur a déjà nommé la morphologie, l'anatomie, la physiologie, et la chimie pathologiques. C'est assez dire que la biologie pathologique présente à l'étude les mêmes côtés que la biologie normale; et c'est l'ensemble des sciences résultant de cette quadruple investigation qui

(1) W, Preyer. *Elem. der allgem. Physiologie*, p. 69. Leipzig, 1883.
(2) Billings : *La bibliog. méd.;* Revue scientifique, 1882, 15 mai, p. 594.
(3) Revue intern. de l'enseign., 15 janvier 1883, p. 19.

constitue la partie scientifique de la médecine (¹). Les autres branches qu'on y étudie sont plutôt des sciences d'application ou des arts mécaniques.

En résumé, l'arbre de la vie a deux troncs, un tronc normal et un tronc pathologique. Les branches principales et les branches secondaires de ces troncs sont disposées parallèlement et se correspondent avec exactitude. L'histoire naturelle des unes et des autres constitue, d'une part, la biologie normale, et de l'autre, la biologie pathologique.

On a coutume, lorsqu'on met en regard ces deux biologies, de les désigner par les mots plus simples de *biologie* et de *pathologie.* Ces abréviations sont heureuses. Elles nous permettent de désigner toutes les branches de la biologie pathologique par les termes de la biologie normale en y ajoutant, au besoin, le qualificatif « pathologique. »

C'est ainsi que nous pourrons tout d'abord parler d'une pathologie générale, comparée et spéciale. Vue de ces hauteurs, la médecine fait partie de la *pathologie spéciale*; car elle n'est que la pathologie d'un être en particulier, de l'homme. En envisageant la pathologie dans divers animaux, MM. BOULEY et SERVOLES ont fait de la *pathologie comparée.* (²) Le savant, encore à venir et que nous appelons de tous nos vœux, qui étudierait comparativement les maladies des animaux et des plantes, s'occuperait de *pathologie générale.*

On remarquera combien le sens que nous attribuons à cette dernière expression diffère de celui qu'on lui donne en médecine. Au fond, le cours qui porte ce nom dans le programme des études médicales n'est, ou plutôt ne devrait être, que la *physiologie pathologique* de l'homme.

Ensuite il sera question, nous l'avons déjà vu, de morphologie, d'anatomie, de physiologie et de chimie pathologiques, lesquelles se diviseront, comme les branches normales correspondantes, en diverses sciences secondaires générales, comparées ou spéciales, suivant l'extension de leur objet.

Ainsi, par exemple, l'anatomie pathologique du doctorat en médecine est l'anatomie pathologique *spéciale* de l'homme. Au contraire l'étude complète de la cellule ou des tissus malades, conduite à travers les deux règnes, constituerait la cytologie ou l'histologie pathologique *générale.* Et ainsi du reste.

Nous en avons dit assez pour caractériser les diverses sciences biologiques et fixer leurs rapports mutuels. Il ne nous reste plus qu'à synthétiser les résultats de notre étude dans un tableau synoptique qui permettra au lecteur d'embrasser d'un coup d'œil l'encyclopédie biologique comme nous l'avons conçue.

(¹) Celles-là même que nous voudrions voir figurer dans le programme du doctorat spécial ès sciences biologiques, dont il a été question plus haut, p. 16.

(²) H. BOULEY, *Leçons de pathologie comparée.* Paris, 1882.
SERVOLES, *Étude de pathologie eomparée*, etc. Paris, ASSELIN. 1883.

III.

CONNAISSANCES PRÉLIMINAIRES; PROGRAMMES DES ÉTUDES BIOLOGIQUES.

I. Après avoir parcouru le domaine des *sciences biologiques* il convient, avant de nous éloigner, de jeter un coup d'œil rapide sur ses rapports avec le domaine voisin des *sciences physiques et chimiques*. Ces rapports sont en effet des plus intimes. Les sciences physiques disait déjà Is. Geoffroy Saint-Hilaire (¹) sont les *initiatrices* et les *tutrices* des sciences biologiques comme celles-ci le sont des sciences médicales. Et plus loin (²) il ajoute ces paroles remarquables « Plus ou resserre leurs liens, « plus les fruits en sont heureux. Le mouvement de la science tend « de plus en plus à ramener les *faits biologiques* à des lois physiques, « comme autrefois les faits physiques à des lois mathématiques; et le « moment n'est pas très éloigné où la physiologie tout entière, la fonc« tion exceptée du système nerveux, méritera ce nom de *physique ani« male* et *végétale* ou de *physique organique*, qu'elle a si longtemps porté « chez les anciens, qu'elle portait encore dans le XVIIIe siècle, et « qu'elle n'a complètement perdue que de nos jours, au moment même « où elle allait enfin le justifier. »

Elle le justifie en effet, de plus en plus. Sans vouloir prétendre que la biologie n'est qu'un problème complexe de physique et de chimie, comme on le dit si volontiers aujourd'hui, en ce sens que les forces physiques et chimiques agiraient *seules* dans les êtres vivants, il n'en est pas moins vrai cependant que c'est à la physique et à la chimie qu'il incombe exclusivement de nous fournir l'*explication mécanique* des phénomènes biologiques. On ne peut donc plus songer à aborder la biologie sans posséder des connaissances très sérieuses dans ces deux branches.

Néanmoins il ne faudrait pas se méprendre sur le caractère de ces connaissances préliminaires.

Ce ne sont pas les détails infinis de ces sciences, de la chimie surtout, qui intéressent le biologiste, mais bien leurs *procédés généraux* et leurs *principes fondamentaux* qu'il devra appliquer à tous moments. Quant aux connaissances spéciales et détaillées, c'est en biologie qu'il doit les cueillir chemin faisant, spécialement dans les cours de cytologie et de biochimie. Aussi bien, la plupart de celles qu'il aurait puisées de mémoire dans le cours de chimie lui seraient pratiquement inutiles, et n'auraient d'ailleurs contribué en rien à lui donner la *science* ni à élever son esprit.

L'éducation technique est bien plus importante pour l'étudiant que ces connaissances détaillées. Il faut, comme le dit très bien

(¹) L. c., p. 271.
(²) Ibid., p. 275.

Mr Gréard (1), qu'il sache manier les principaux instruments de physique et qu'il se soit familiarisé avec les manipulations de la chimie : sinon, il ne sera qu'un *autodidacte* qui, arrivé en biologie, sera arrêté à tout instant dans son travail, et perdra un temps considérable et précieux à s'instruire lui-même.

La biologie cellulaire, sujet qui nous touche de plus près, a des exigences particulières, d'ailleurs peu redoutables.

1° L'étude comparée de la cellule dans les deux règnes suppose, chez celui qui l'entreprend, les notions les plus générales d'histoire naturelle.

Il est facile d'en donner les raisons. D'abord le cytologiste est amené à employer certains termes techniques qui sont en usage en botanique et en zoologie; exiger de lui qu'il définisse ces termes, à mesure qu'ils se présentent, ce serait rendre sa tâche impossible. Ensuite, il est forcé, en choisissant ses exemples, de nommer différents groupes de végétaux et d'animaux : l'étudiant ou le lecteur qui serait tout à fait étranger aux classifications naturelles, aurait parfois de la peine à s'orienter. Mais qu'il ne s'effraie point! Les connaissances les plus générales, celles que tout homme instruit doit posséder aujourd'hui, sont habituellement suffisantes. Dans les cas particuliers, les éléments qu'il possède lui permettront toujours de recourir avec fruit aux traités de botanique et de zoologie (2) pour élucider un point obscur ou se familiariser avec un objet inconnu. Il n'en faut pas davantage au cytologiste ni au médecin.

2° La cytologie requiert en outre quelques notions élémentaires des principaux tissus des animaux et des plantes.

En effet, si les cellules sont libres dans les protozoaires et les protophytes, il n'en est plus de même dans les êtres plus élevés; chez ces derniers, elles sont souvent engagées dans les tissus, et c'est là que le cytologiste doit aller les chercher. Il n'est donc pas étonnant qu'il soit parfois dans la nécessité de nommer ces tissus ou de relever certaines de leurs particularités : ici pour faciliter la résolution des préparations, là pour faciliter l'intelligence de la cellule elle-même. Aussi, la lecture d'un manuel très élémentaire d'histologie animale et d'histologie végétale ne peut-elle être que très profitable au cytologiste débutant, pour le diriger dans ses études.

En deux mots : des connaissances sérieuses de physique et de chimie; des notions élémentaires de morphographie et de biotaxie animale et végétale : telles sont les connaissances préliminaires indispensables, mais suffisantes, pour aborder la cytologie et les études biologiques ultérieures.

---

(1) L. c, plus haut, p. 13.

(2) Il consultera surtout les ouvrages les plus récents, par exemple :

Ph. Van Tieghem, *Traité de botanique*; Paris, Savy, 1883.

Claus, *Traité de zoologie*, traduit sur la 4me édition allemande par Moquin-Tandon; Paris Savy, 1883.

II. S'il en est ainsi, le programme de la *candidature en sciences naturelles*, préparatoire à la médecine [1] s'impose de lui-même.

1° La *physique* expérimentale (cours annuel);

2° La *chimie*, dans ce qu'elle a de plus général (cours annuel);

3° Les éléments de *botanique* (cours semestriel);

4° Les éléments de *zoologie* (cours semestriel).

Ces deux derniers cours étant faits dans le sens que nous venons d'indiquer : voilà tout ce qui nous semble naturellement requis pour cet examen.

Nous jugeons inutile, après ce que nous avons dit, pages 12 et suivantes, d'insister sur la nécessité de réduire les cours théoriques de physique et chimie et de les remplacer par des leçons pratiques faites par le *professeur* lui-même.

A notre avis, une leçon hebdomadaire de botanique et de zoologie devrait aussi être sacrifiée et consacrée aux démonstrations objectives, sinon aux travaux personnels des élèves.

La simplicité de ce programme est peut-être de nature à alarmer certains esprits timides ou prévenus. Mais qu'ils veuillent bien se rassurer.

Pour le justifier, nous pouvons d'abord citer l'exemple de l'Allemagne, exemple qui est toujours d'un grand poids dans les questions d'enseignement. D'après le décret du 2 juin 1883 [2], qui a réglé définitivement les examens de médecine, la partie du « tentamen physicum » [3] correspondante à notre candidature en sciences naturelles, comprend seulement la *physique*, la *chimie*, la *zoologie* et la *botanique* ; c'est-à-dire précisément les matières que nous avons inscrites dans cette épreuve. En outre il y est dit que, dans la délibération, la zoologie et la botanique *réunies* ne jouissent que d'un suffrage, tandis que la physique et la chimie ont droit, *chacune*, à un suffrage entier.

Nous avons réservé le complément obligé de notre programme pour la candidature en médecine, ou plus correctement, pour la *candidature en biologie*. Voici, en effet, comment nous comprenons cette épreuve.

Elle comporterait une année et demie d'études, et un seul examen [4].

---

(1) En y ajoutant les éléments de minéralogie et de géologie, ce programme convient également à la candidature en sciences naturelles proprement dite. Il est juste de laisser aux doctorats le soin d'approfondir les matières de leur programme.

(2) *Centralblatt für das deutsche Reich*, 1883, n° 25, p. 191.

(3) Le « *tentamen physicum* » comprend, comme on le sait, nos deux candidatures en sciences et en médecine. Voici les matières qu'on y voit figurer : la *chimie*, la *physique*, la *botanique*, la *zoologie*, l'*anatomie* et la *physiologie*. Cet examen se fait après trois semestres. Du reste, en Allemagne, les études de médecine ne durent que quatre ans. C'est peu, nous semble-t-il,

(4) La multiplicité trop grande des examens étouffe toute originalité sous une érudition factice et d'emprunt. — BERNHEIM, *Dipl. de Dr ès sc. médicales;* l. c., ci-dessus, p. 16.

Son programme serait le suivant(1) :

1° Partie générale.

a) La *cytologie* et l'*histologie générales* (2).

b) La *morphologie comparée* des animaux.

2° Partie spéciale : l'anthropologie.

a) *Morphologie* et *anatomie* de l'homme (cours annuel).

b) *Physiologie* humaine (cours annuel).

c) *Biochimie* spéciale de l'homme (cours semestriel).

d) *Psychologie* (cours semestriel).

La partie générale remplirait à elle seule le premier semestre; la partie spéciale, les deux derniers.

Nous avons déjà dit que nous avions renoncé à faire des leçons théoriques de cytologie (3). On devrait agir de même en biochimie. Quant aux autres cours, les démonstrations et les travaux pratiques y occuperont une place aussi large que possible.

En ce qui concerne la psychologie, nous devons avouer qu'elle serait peut-être mieux placée dans le doctorat. Quoiqu'il en soit, nous trouvons qu'elle est indispensable au biologiste aussi bien qu'au médecin.

Un mot seulement, pour finir, sur le *doctorat spécial* ès sciences biologiques(4).

Les matières fondamentales de ce grade élevé seront, sans contredit, celles qui constituent la partie scientifique de la médecine(5). Cependant il ne serait pas inutile de revenir sur les branches principales de la candidature, en particulier sur la physiologie et sur la partie générale de notre programme. Mais nous ne pouvons traiter plus longuement ce sujet, sans sortir du cadre que nous nous sommes tracé. Le lecteur comprend du reste notre pensée.

IV.

CARACTÈRE DE CE LIVRE.

Les considérations qui précèdent nous ont paru nécessaires pour marquer le caractère spécial du livre que nous offrons au public scientifique. Le sujet qu'il traite ressortit de la *biologie générale*, puisqu'on poursuit l'étude de la cellule à travers les deux règnes organi-

(1) Voyez pour la signification des termes, l'*encyclopédie biologique*, p. 17, et suiv.

(2) Pour éviter les redites et la perte du temps, ces deux cours devraient se trouver dans la même main. Le professeur de cytologie rencontre partout les tissus et il lui est facile d'appeler sur eux l'attention des étudiants : l'expérience nous a appris qu'il peut enseigner l'histologie générale sans augmenter notablement ses leçons et sans surcharger les élèves. — Ces notions d'histologie ont une très grande importance pour les études subséquentes.

(3) Plus haut, p. 9.

(4) Ci-dessus, p. 16.

(5) Item, p. 28.

ques. Il fait en outre présager l'étude *complète* de la cellule : son étude morphologique, anatomique, chimique et physiologique. Il s'annonce donc comme un véritable traité de « *cytologie générale.* » Aussi, n'eut été la crainte de ne pas être compris par un certain nombre de lecteurs, nous lui aurions maintenu ce titre. Plaise à Dieu qu'il réponde, dans une certaine mesure, au but que nous nous sommes proposé en l'écrivant !

Observons, en finissant, avec M. W. FLEMMING (¹), que la synthèse complète de la cellule envisagée sous toutes ses faces, est une tâche au-dessus des forces d'un seul homme. Loin de nous la pensée d'avoir réalisé ce travail herculéen : nous en avons vu de trop près toute l'étendue et toutes les difficultés. Néanmoins nous osons espérer pour notre œuvre, malgré ses lacunes et ses imperfections, un accueil favorable près des savants et près des étudiants en sciences et en médecine.

Nous croyons n'avoir rien négligé pour rendre notre livre digne des lecteurs auxquels il s'adresse. On y trouvera consignés les résultats intéressants et inédits de nombreuses recherches personnelles, qui auraient pu faire l'objet de mémoires spéciaux. Nous avons consacré plusieurs années à contrôler les principales données des auteurs qui nous ont précédé et surtout celles des micrographes mordernes. Ce travail de révision a été, on le comprendra sans peine, la partie la plus rude et la moins agréable de notre entreprise. C'est par milliers qu'il faut compter les dissections et les préparations que nous avons dû faire et patiemment analyser. C'est ici le lieu de dire que, dans cette besogne si longue, si aride et si délicate, nous avons été généreusement secondé. L'un de nos meilleurs élèves, M. G. GILSON, a mis au service de nos recherches, une sagacité, une habileté et une patience, auxquelles nous nous plaisons à rendre publiquement hommage.

Un mot sur les nombreuses figures qui sont intercalées dans le texte. Elles ont été dessinées à la chambre claire, avec les meilleurs objectifs de C. ZEISS : **DD**, **G** et **L** à immersion et surtout 1/12 et 1/18 à immersion homogène, sur une ou plusieurs préparations combinées. C'est assez dire qu'elles sont toutes **originales**. Nous les avons fait graver sur pierre, par un artiste d'Anvers bien connu, M. VAN AKEN, et reporter sur métal par M. GILLOT, de Paris, dont la réputation n'est plus à faire.

Autant que possible, dans le choix de nos gravures, tout concourt à ce but : mettre successivement sous les yeux du lecteur les figures qui ont trait au même objet, de façon qu'on puisse suivre dans toutes ses étapes le phénomène qu'on y étudie : témoin la fécondation des *Nématodes*.

(³) *Zellsub.*, etc.; Einleit., p. 6.

Dans la rédaction nous avons visé à la clarté et à la concision, élaguant soigneusement les détails insignifiants, sans écourter cependant les choses essentielles ou importantes. Il nous a paru utile de faire une juste part à la critique ainsi qu'à la *littérature* moderne. Toutefois nous pensons n'avoir pas dépassé les bornes qui nous étaient naturellement imposées par le caractère et la généralité du sujet traité. Du reste, à chaque paragraphe, des renvois réguliers indiquent les auteurs qui ont donné la bibliographie *in extenso*, et nous complétons s'il y a lieu.

Au congrès médical tenu à Londres en 1881, BILLINGS citait ce verset du Talmud qui rappelle l'« *ars longa, vita brevis* » d'HIPPOCRATE : « La journée est courte; le travail est grand; le salaire aussi est « grand. Mais l'ouvrage est pressant. Ce n'est pas à toi de le terminer; « mais tu ne dois pas cependant cesser de travailler. » Souhaitons aux savants et à ceux qui veulent le devenir, de comprendre et d'appliquer les conseils d'HIPPOCRATE et du Talmud.

J. B. CARNOY.

Louvain, le 1 *décembre* 1883.

LA

BIOLOGIE CELLULAIRE.

PREMIÈRE PARTIE.

LA TECHNIQUE MICROSCOPIQUE.

Préliminaires.

La microscopie est un art. On peut la définir : l'art d'étudier méthodiquement à l'aide du microscope et des nombreux instruments qui lui sont adaptés.

L'ensemble des procédés de cet art constitue sa *technique*. Or, ces procédés sont nombreux et leur emploi n'est pas sans difficultés, surtout en biologie. C'est pourquoi on ne saurait assez insister sur la nécessité où se trouve aujourd'hui le jeune biologiste de faire un stage micrographique sérieux. On peut naître artiste, on ne naît pas micrographe. Le micrographe se forme peu à peu par le travail patient et méthodique du laboratoire, exécuté sous l'œil du maître (1). « Ce » n'est, dit SCHACHT, qu'après avoir acquis une grande habileté pratique « dans le maniement des *instruments* et des *objets* d'étude, et appliqué « d'une manière intelligente une *méthode* sûre, qu'on est à même de « se livrer à des recherches de valeur, à l'aide du microscope (2) ».

(1) *Manuel de microscopie*, etc., p. 13.
(2) H. SCHACHT, *Das Mikroskop*, Einl. — Traduction française, Introd., p. 3.

Ce langage autorisé de l'un des plus habiles micrographes de son temps, nous dispense d'insister sur l'importance exceptionnelle des travaux pratiques en micrographie. Ces travaux occupent une large place dans notre laboratoire, et c'est surtout pour venir en aide aux étudiants qui le fréquentent que nous allons résumer les données les plus importantes de la technique microscopique dans ses applications à la cytologie.

Cette première partie de notre ouvrage comprend trois livres.

Livre I. Des *instruments* et du laboratoire du cytologiste.

Livre II. Des *objets* ou matériaux d'étude et de leur préparation.

Livre III. De la *méthode* à suivre dans les observations microscopiques, ainsi que dans les recherches et les publications scientifiques.

LIVRE I.

Des instruments et du laboratoire du micrographe.

Les instruments dont le micrographe biologiste devra se servir dans le cours de ses travaux sont assez nombreux et coûtent cher. L'étudiant les trouve au laboratoire; mais le savant qui n'habite point un centre universitaire doit se les procurer et se monter un laboratoire particulier : s'il veut faire des recherches sérieuses et les publier, il ne peut reculer devant une dépense nécessaire. Disons tout de suite que cette dépense peut être réduite de beaucoup en se bornant à l'acquisition des instruments les plus indispensables. Quant au laboratoire intime, chacun peut l'établir sans grands frais dans une pièce de sa demeure.

Les principaux instruments du cytologiste peuvent se ramener à trois groupes :

1° Les *instruments d'observation* : tels sont les microscopes et les divers appareils qu'on leur a adaptés, le spectroscope, l'appareil de polarisation, etc.

2° Les *instruments de mensuration* : le micromètre, le gonimètre, etc.

3° Les *instruments de reproduction des images microscopiques*. Nous voulons parler de la chambre claire et des appareils à photographier.

De là les trois chapitres qui vont suivre.

Dans un quatrième chapitre nous parlerons brièvement du laboratoire lui-même.

CHAPITRE I.

LES INSTRUMENTS D'OBSERVATION.

Le Microscope et ses annexes.

BAKER : *The Microscope made easy*; London, 1769, 5e éd. (commencement de l'histochimie). — J. VOGEL : *Anleitung zum Gebrauche der Mikroskope*; Leipzig, 1841. — C. Chevalier : *Manuel du Micrographe*; Paris, 1839. La 3e édit., par A. CHEVALIER, intitulée « *L'étudiant micrographe* », est de 1882. — DUJARDIN : *Manuel de l'observateur au microscope*; Paris, 1843. — HUGO VON MOHL : *Micrographie*; Tubingen, 1846. — QUEKETT : *A practical treatise on the use of the Microscope*; London, 1848. — H. SCHACHT : *Das Mikroskop*; 3e édit., 1862. Trad franc., par J. DALIMIER en 1865. — HARTING : *Das Mikroskop*, édit. allem. en 3 v.; Braunschweig, 1866. Le troisième volume est consacré à l'historique du microscope. — FREY : Das Mikroskop und die mikr. Thechnik; Leipzig, 1871, 4e edit. — C. NAEGELI und SCHWENDENER : *Das Mikroskop*, 2e édit., Leipzig, 1877, — CH. ROBIN : *Traité du Microscope*; 2e édit., Paris, 1877. — DIPPEL : *Das Mikroskop*, 2e éd., 1883, (en voie de publication). — Le *Journal de Micrographie* de M. PELLETAN, paraissant depuis le 15 mai 1877, un vol. par an, (Paris, bureau du journal), est riche en renseignements. — On trouve aussi des indications, çà et là, dans les *Revues* qui publient des travaux micrographiques.

Le microscope a été inventé, vers 1609, par le hollandais JANSSEN (1), le même qui a aussi imaginé le télescope. Mais c'est à deux de ses compatriotes, LEEUWENHOEK et HARTSOEKER, au premier surtout, que revient l'honneur de l'avoir appliqué à l'étude des sciences naturelles. Ces deux savants opérèrent par leurs travaux micrographiques toute une révolution dans le monde savant. « A l'instant même et dès l'annonce « des premiers résultats, dit Is. G. SAINT-HILAIRE, les naturalistes, « comme il arrive après toutes les grandes découvertes, se divisèrent « en deux camps, les hommes du passé et ceux de l'avenir; les uns « aussi empressés de nier le progrès que les autres d'y applaudir et « d'y prendre part. Mais l'opposition rétrograde et envieuse dut tomber « bientôt devant des faits que chacun pouvait voir, pourvu qu'il voulût « les regarder (2). »

C'est alors que prirent date les sciences biologiques.

Le microscope est en effet l'instrument par excellence du biologiste. En général notre œil, sans le seconrs du microscope, ne peut voir les cellules; dans aucun cas, il ne peut en scruter ni l'organisation ni le contenu, et il ne peut être témoin des phénomènes biologiques si nombreux dont elles sont le siège incessant. « A l'heure qu'il est, il « ne paraîtra téméraire à personne d'affirmer que celui qui n'est pas « micrographe doit renoncer à traiter sérieusement les questions d'ana- « tomie ou de physiologie. Il pourra bien puiser dans les livres et

(1) Voyez BORELLUS, *De vero telescopii inventore*; la Haye, 1655.

(2) *Hist. natur. gén.*, tome I, p. 55.

« apprendre par cœur une foule de choses souvent inexactes ou « surannées; mais il n'y a rien dans ce travail de compilation qui « ressemble à la science. En sciences naturelles on ne sait que ce « que l'on a vu et manipulé cent fois, ce que l'on a vérifié ou « contrôlé par des observations personnelles [1]. »

Tout le monde connaît le microscope. On donne ce nom à toute lentille et à tout système de lentilles destiné à amplifier les objets trop petits pour être vus à l'œil nu.

Il y a deux sortes de microscopes : les microscopes *simples* et les microscopes *composés*.

Microscopes simples.

On appelle ainsi une loupe, un doublet ou un triplet. Ces lentilles donnent une image amplifiée, virtuelle et droite de l'objet. Le nom de *loupe*, dans le langage ordinaire, est réservé à la loupe à main; tandis qu'on donne le nom de *microscope à dissection* à la loupe montée sur un *stativ* quelconque.

La loupe à main nous est bien moins utile qu'à ceux qui font de la grosse anatomie ou de la botanique et de la zoologie systématique. En tout cas, l'objectif **A** peut remplacer la meilleure des loupes.

On ne pourrait pas tenir le même langage à l'égard du microscope à dissection, bien que, à notre avis, on ait souvent exagéré sa nécessité ou son importance.

Cet instrument, dont on a varié la forme à l'infini, consiste essentiellement en une loupe assez forte, ou en plusieurs loupes de rechange donnant des grossissements de 6 à 120 fois et plus. On l'adapte sur un bras mobile ou sur un *stativ* fixe, au-dessus d'une table également fixe. Comme exemple de ce dernier genre, nous nous contenterons de mentionner le petit modèle de C. Zeiss, fig. **3**. Une loupe qu'on place dans un œillet, une table sur laquelle on dissèque pendant qu'on tient l'œil sur la loupe, deux coussinets pour appuyer les mains pendant l'opération et leur donner plus de sûreté : tel est l'instrument complet. Ce modèle est fort commode. Les différentes loupes de rechange, toutes achromatiques et excellentes, sont à long foyer, et celle qui donne un grossissement de 120 fois permet encore de disséquer assez commodément.

Néanmoins, pour ce qui nous regarde, nous préférons nous servir du microscope composé dont nous parlerons tout à l'heure. Armé d'un objectif faible, de l'objectif **A** par exemple, dont la distance frontale est très grande, d'un centimètre environ, et des différents oculaires **1** à **5**, il donne des amplifications de 40 à 175 diamètres sans diminuer de distance frontale : ce qui présente un immense avantage dans les dissections à l'aide de forts grossissements. Il est vrai que

---

(1) *Manuel de microscopie*, p. 12.

dans le microscope composé les images sont renversées; mais l'habitude obvie à cet inconvénient, au point qu'on finit par ne plus le remarquer. Du reste, en adaptant le *prisme redresseur* au-dessus de l'oculaire, on renverse l'image renversée, c'est-à-dire que l'image redevient droite comme dans le microscope simple. Avec le microscope composé on évite la fatigue qui est inhérente à tout travail exécuté au microscope simple, et qui provient de ce que l'œil doit être placé trop près de la loupe montée. C'est à chacun de choisir le système qu'il trouve le plus commode; la science est tout à fait désintéressée dans ces sortes de questions. Il faut, à l'occasion, pouvoir disséquer ou dissocier un objet à l'aide d'un grossissement suffisant : voilà tout.

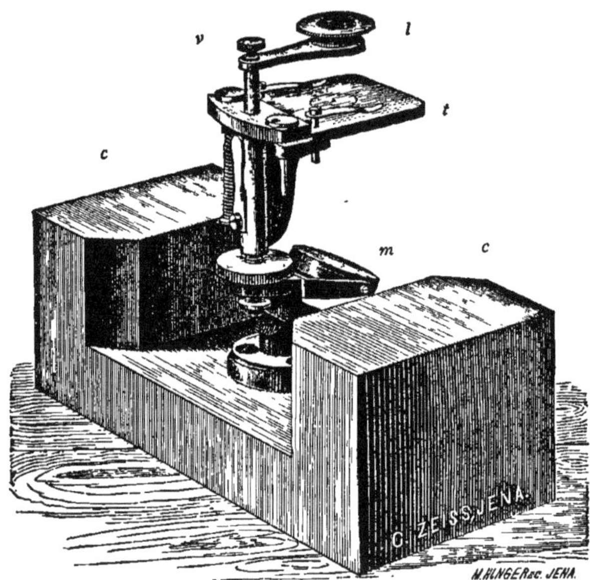

Fig. 3.

Microscope à dissection : l, loupe; *t,* table portant deux valets et un diaphragme central; *v,* vis micrométrique destinée à élever et à abaisser la loupe pour obtenir la mise au point; *m,* miroir qui éclaire l'objet; *c,c,* coussinets pour soutenir les mains.

Il y a plus. Au risque de passer pour téméraire, nous conseillons à ceux qui doivent disséquer beaucoup, en particulier à ceux qui s'occupent d'anatomie cellulaire et qui ont de bons yeux, de s'habituer de bonne heure à le faire à l'œil nu : l'observateur est plus libre, il se fatigue moins, il a la main plus sûre, il va plus vite; avec l'habitude il arrive à voir et à respecter les objets les plus ténus et les plus délicats, et il finit bientôt par ne plus recourir au microscope que dans les cas extrêmes.

Il est inutile d'insister sur la manière de se servir du microscope à dissection. On dépose l'objet au milieu d'une lame de verre qu'on transporte sur la table du microscope où elle est fixée à l'aide de deux valets. C'est là que l'objet est disséqué ou dissocié, suivant le cas, avec les aiguilles et en s'aidant, au besoin, d'un scalpel très tranchant. On débarrasse ensuite l'objet de sa gangue, et on le place sous le microscope composé pour l'étudier, soit directement, soit après l'avoir traité par les réactifs appropriés.

MICROSCOPES COMPOSÉS.

§ I. DESCRIPTION DE L'INSTRUMENT.

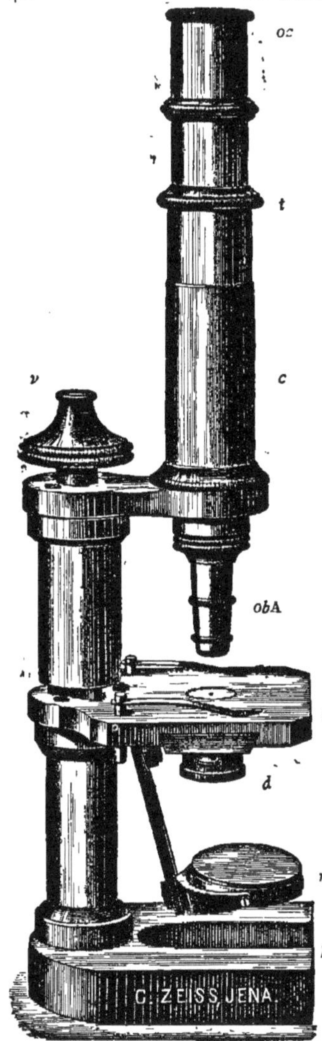

Fig. **4.**

Stativ VII de Zeiss, construit sur nos indications pour le laboratoire de cytologie de Louvain : *oc*, oculaire; *t*, tube; *c*, manchon où le tube glisse à frottement doux; *ob*, objectif *A* installé; *v*, vis micrométrique; *t*, table portant deux valets et un diaphragme cylindrique, *d*; *m*, miroir; *p*, pied du microscope.

Ces instruments, fig. **4**, sont formés de deux systèmes optiques grossissants, portés par un *tube* métallique, *t*, de longueur variable. Le système supérieur, *oc*, a reçu le nom d'*oculaire* parce qu'il est placé près de l'œil regardant au microscope. Le système inférieur, *ob*, s'appelle l'*objectif* parce qu'il est tourné vers l'objet à examiner.

L'objectif donne une image réelle, renversée et grossie des objets; cette image est reprise et amplifiée par la lentille supérieure de l'oculaire agissant à la façon d'une loupe : l'image demeure donc renversée.

Le tube qui porte les systèmes optiques est adapté à une partie mécanique que l'on désigne sous le nom de *stativ* ou de *monture*, et dont la légende de la fig. **4** donne l'explication.

Parlons d'abord de la partie optique de l'instrument.

I.

Partie optique du microscope.

Nous venons de le voir, cette partie comprend deux systèmes grossissants, l'oculaire et l'objectif.

A. Oculaires.

L'oculaire, fig. **5**, a été appliqué au microscope par Huyghens, en 1670.

On a varié beaucoup les systèmes d'oculaires. Celui qu'on emploie habituellement aujourd'hui est l'oculaire de Huyghens. Il se compose de deux lentilles plan-convexes, dont les faces planes sont tournées vers l'œil. Il n'est pas achromatique.

La lentille inférieure, *verre de champ* ou *collecteur*, a un double effet : elle agrandit le champ du microscope et elle augmente la quantité de lumière qui arrive à l'œil en recueillant et faisant converger plus tôt les rayons marginaux qui, sans elle, resteraient inutiles.

La lentille supérieure, *verre de l'œil* ou *frontal*, sert de loupe : c'est elle qui grossit l'image donnée par l'objectif, image qui vient se former près de son foyer à l'intérieur du tube de l'oculaire.

Fig. **5**.
Oculaire.

C'est au niveau de cette image que se trouve le *diaphragme oculaire*. Ce petit rebord circulaire est destiné à arrêter les rayons marginaux extrêmes qui nuiraient à la netteté de l'image et, en même temps, à servir de support au micromètre oculaire dont nous parlerons au chapitre suivant, et qui est représenté fig. **17**.

Il est bon de posséder un *oculaire réticulé*. On désigne ainsi un oculaire ordinaire à l'intérieur duquel sont tendus deux fils d'araignée croisés à angle droit, le point de croisement occupant l'axe optique de l'instrument.

Dans certains cas, on use aussi d'un oculaire portant un *cercle gradué* sur lequel on peut lire, à l'aide d'un index, la quantité angulaire dont on a tourné l'oculaire, fig. **18**.

Les oculaires, on le conçoit, peuvent avoir les pouvoirs grossissants les plus divers. En général les oculaires très forts sont à éviter, car ils absorbent beaucoup de lumière et donnent des images irisées. M. Zeiss en fabrique cinq, marqués par des chiffres arabes, **1**, **2**, **3**, **4**, **5**. Nous verrons plus loin, p. 68, commant on calcule leur pouvoir grossissant.

B. Objectifs.

L'objectif est formé de deux à quatre lentilles plan-convexes, à faces planes tournées vers l'objet.

1° *Achromatisme des objectifs*,

Aujourd'hui ces lentilles sont en crown-glass et en flint-glass, et leurs courbures ainsi que leurs distances sont combinées de façon à obtenir un achromatisme aussi parfait que possible. C'est M. CHARLES CHEVALIER qui construisit, en 1823 et 1824, le premier objectif achromatique digne de ce nom (1). Depuis lors l'achromatisme est devenu la qualité recherchée dans un objectif, et chaque opticien s'efforce d'y atteindre par des procédés particuliers.

Une seule chose importe au micrographe, c'est de posséder des objectifs dont toutes les aberrations soient corrigées ; car c'est de là surtout que dépend la première de leurs qualités indispensables, leur *pouvoir définissant.*

On désigne par « pouvoir définissant » la propriété de donner des images à contours nets et tranchés, dépourvus de toute indécision et de toute coloration.

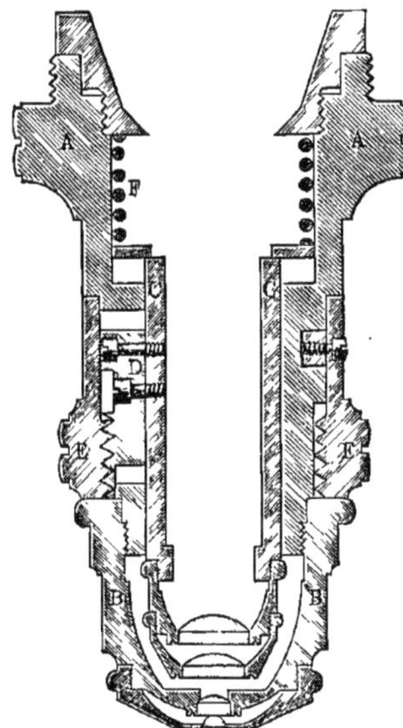

Fig. 6.
Objectif à correction.

Les opticiens ne peuvent corriger parfaitement les objectifs que pour une épaisseur déterminée du couvre-objets (2), ce qui amène de graves inconvénients dans la pratique du microscope. Heureusement ils ont trouvé le moyen d'y remédier en construisant les objectifs dits *à correction.* Ces objectifs, fig. **6**, portent un collier molleté, *E*, sur lequel sont serties les deux lentilles supérieures à l'aide de la pièce, *C*, et qui est mobile de gauche à droite et de droite à gauche. En faisant tourner ce collier on écarte ou on rapproche ces lentilles de la lentille frontale et l'on parvient ainsi par tâtonnements à annuler l'influence d'un verre-à-couvrir d'une épaisseur quelconque.

Cette correction n'est nécessaire que pour les objectifs forts. Pratiquement, elle a aussi peu d'effet utile sur les objectifs à immersion homogène dont il sera question plus loin.

2° *Angle d'ouverture des objectifs.*

L'achromatisme n'est pas la seule qualité d'un bon objectif; il faut encore qu'il possède un *angle d'ouverture* considérable. C'est JACKSON LISTER qui appela le premier l'attention sur ce point, en 1830 (3).

(1) Voyez ARTHUR CHEVALIER, *L'étud. microg.*, 3e éd., 1882, p. 77 et suiv.
(2) Voir plus loin.
(3) Philosophical transactions, 1830.

L'angle d'ouverture est l'angle formé par les rayons les plus obliques émanant de l'objet à examiner, qui peuvent être utilisés dans la formation de son image. Plus cet angle est grand, plus l'obliquité des rayons lumineux actifs peut devenir considérable. Or, la théorie et l'expérience démontrent que c'est là une condition indispensable pour *résoudre* les objets, c'est-à-dire pour amener la perception de leurs détails les plus fins et les plus délicats, tels que : les stries, les granulations, les trabécules, les mamelons, les irrégularités et les accidents qui se trouvent à leur surface ou dans leur intimité. C'est ainsi qu'un objectif relativement faible peut faire apparaître nettement sur un objet des détails de structure dont un objectif fort, mais à petit angle d'ouverture, ne laisserait pas même soupçonner l'existence.

A ce premier avantage des objectifs à grand angle, il faut en ajouter un second qui est aussi très important, surtout pour les forts grossissements : en utilisant beaucoup plus de rayons lumineux, ils donnent à l'image une *clarté beaucoup plus grande*.

Pour se convaincre de ces avantages, il suffit d'examiner une préparation difficile avec les objecfifs D et DD de Zeiss, objectifs qui ont le même pouvoir grossissant, mais qui ont des angles d'ouverture fort différents, — 74° pour le premier et 110° pour le second. —

L'étude de la cellule, toujours si compliquée et si difficile, exige l'emploi des objectifs possédant un angle d'ouverture très considérable. Avec les meilleurs objectifs de cette sorte, l'observateur est encore bien souvent arrêté et obligé de confesser son impuissance en présence de ce microcosme aussi désespérant que merveilleux. C'est pourquoi on a cherché de bonne heure à apporter de nouvaux perfectionnements dans la fabrication des objectifs.

3° *Immersion des objectifs.*

La fabrication — Amici, 1844, — des objectifs à *immersion dans l'eau*, mais surtout celle — C. Zeiss, 1878, — des objectifs à immersion dans l'huile ou à *immersion homogène*, (¹) réalisent un progrès considérable. Ces objectifs sont dits à *immersion* parce que leur lentille frontale plonge dans une goutte d'eau, ou dans une goutte d'huile, préalablement déposée sur le couvre-objets.

Pour comprendre l'importance de cette double invention, il faut se rappeler que les rayons lumineux envoyés par le miroir du microscope, pour arriver à l'objectif, doivent traverser des milieux différents : le porte-objets, le liquide de la préparation, le verre-à-couvrir et enfin la couche d'air interposée entre ce dernier et la lentille frontale. Ces rayons subissent donc, dans leur trajet, une série de réflexions et de réfractions diverses, — particulièrement dans la couche d'air dont l'indice de réfraction diffère notablement de celui du verre, — qui altèrent l'image à la fois dans sa netteté et dans son éclat. S'il était

(¹) Abbe, *Ueber Stephenson's System der homog. Immers.*; *Sitz. ber. d. Jen. Gesellsch. f. Med. u. Naturw.*, 1879.

possible de remplacer ces milieux divers par un milieu homogène, on supprimerait, du même coup, toutes les déviations lumineuses et la double altération de l'image qui en résulte.

On arrive à ce résultat, d'une manière assez satisfaisante, en substituant à la couche d'air une goutte d'eau dont l'indice de réfraction est plus rapproché de celui du verre. Cette goutte d'eau agrandit, d'ailleurs, l'angle d'ouverture de l'objectif.

Mais c'est surtout avec les nouveaux objectifs à *immersion homogène* que le but est merveilleusement atteint. A l'aide de certains mélanges on parvient à donner aux huiles essentielles, particulièrement à l'huile de cédre, non seulement le même indice de réfraction, mais encore le même pouvoir dispersif que ceux du crown-glass. Lorsqu'on se sert du condensateur Abbe (1), on dépose également une goutte de cette huile sur la surface plane de la lentille, de manière à ce que le porte-objets, placé sur la platine, y adhère par dessous la préparation. Dans la plupart des cas, on peut aussi monter la préparation (2) dans le baume du Canada, la laque de Dammar, etc., en un mot, dans un milieu dont l'indice de réfraction se rapproche beaucoup de celui du crown-glass. De cette façon, le condensateur, la préparation, la couche d'air et la lentille frontale de l'objectif ne forment plus, au point de vue optique, qu'un milieu homogène ayant sensiblement le même indice de réfraction, 1,510 à 1,515, et le même pouvoir dispersif, 0,0060. On conçoit que l'on obtienne, par cet artifice, des images d'une netteté et d'une clarté inconnues jusqu'à ce jour. Aussi, les objectifs à immersion homogène sont-ils devenus indispensables, plus encore pour le cytologiste que pour les diatomistes.

Les opticiens construisent des séries d'objectifs ayant un pouvoir grossissant de plus en plus considérable. Chacun nomme ses objectifs à sa façon. M. Zeiss les désigne par des lettres; les trois objectifs à immersion homogène sont seuls marqués par des chiffres, **1/8**, **1/12**, **1/18**, qui expriment leur distance focale en fractions de pouce, à la manière anglaise.

Pour permettre au lecteur de s'orienter dans un ouvrage où il n'est fait mention que des objectifs de M. Zeiss, nous croyons nécessaire de reproduire ici le tableau des objectifs de cet éminent constructeur, ainsi que le tableau de leurs grossissements avec les divers oculaires. Nous les avons puisés dans son dernier catalogue. On trouvera dans ces tableaux tous les renseignements désirables. Une chose est à noter cependant. Les objectifs désignés par les lettres doubles, — DD, par exemple, — sont ceux qui, tout en ayant le même pouvoir grossissant que les objectifs marqués par la même lettre simple, — D, — ont un angle d'ouverture, et par conséquent un pouvoir résolvant beaucoup plus grand.

---

(2) Voir plus loin, au *Livre II*.

(1) Voir p. 50.

I. Tableau des objectifs.

DÉSIGNATION	ANGLE D'OUVERTURE DANS L'AIR	DISTANCE FOCALE	PRIX SANS CORRECTION	PRIX AVEC CORRECTION
	1° Objectifs à sec.			
a1	. . — . .	40mm	Mk. 12	Mk. —
a2	. . — . .	36mm	» 12	» —
a3	. . — . .	28mm	» 12	» —
a*	. . — . .	42—28mm	» 40	» —
aa	0,17 (20°)	27mm	» 27	» —
A	0,20 (24°)	18mm	» 24	» —
AA	0,31 (36°)	18mm	» 30	» —
B	0,34 (40°)	11mm	» 30	» —
BB	0,50 (60°)	11mm	» 42	» —
C	0,42 (50°)	7mm	» 36	» —
CC	0,71 (90°)	7mm	» 48	» —
D	0,60 (74°)	4,3mm	» 42	» —
DD	0,82 (110°)	4,3mm	» 54	» —
E	0,85 (116°)	2,8mm	» 66	» 86
F	0,85 (116°)	1,85mm	» 84	» 104
	2° Objectifs à immersion dans l'eau.			
G		3,0mm	» 90	» —
H		2,4mm	» 110	» 130
J	1,15—1,17	1,8mm	» 144	» 164
K		1,35mm	» —	» 200
L		1,0mm	» —	» 270
M		0,75mm	» —	» 350
	3° Objectifs à immersion homogène.			
1/8		3,0mm	» 240	» 270
1/12	1,25—1,30	2,0mm	» 320	» 350
1/18		1,25mm	» 400	» 430

II. Grossissements (en diamètres) des objectifs avec les divers oculaires, la longueur du tube étant de 15,5 cent.

Oculaires :	1	2	3	4	5	
a_1	7	11	15	22		a_1
a_2	12	17	24	34		a_2
a_3	20	27	38	52		a_3
a*		4—12	7—17	10—24		a*
aa	22	30	41	56	75	aa
A, AA	38	52	71	97	130	A, AA
B, BB	70	95	130	175	235	B, BB
C, CC	120	145	195	270	350	C, CC
D, DD	175	230	320	435	580	D, DD
E	270	355	490	670	890	E
F	405	540	745	1010	1350	F
G	260	340	470	640	855	G
H	320	430	590	805	1075	H
J	430	570	785	1070	1430	J
K	570	760	1045	1425	1900	K
L	770	1030	1415	1930	2570	L
1/8	260	340	470	640	855	1/8
1/12	380	505	695	950	1265	1/12
1/18	605	810	1110	1515	2020	1/18
Oculaires :	1	2	3	4	5	

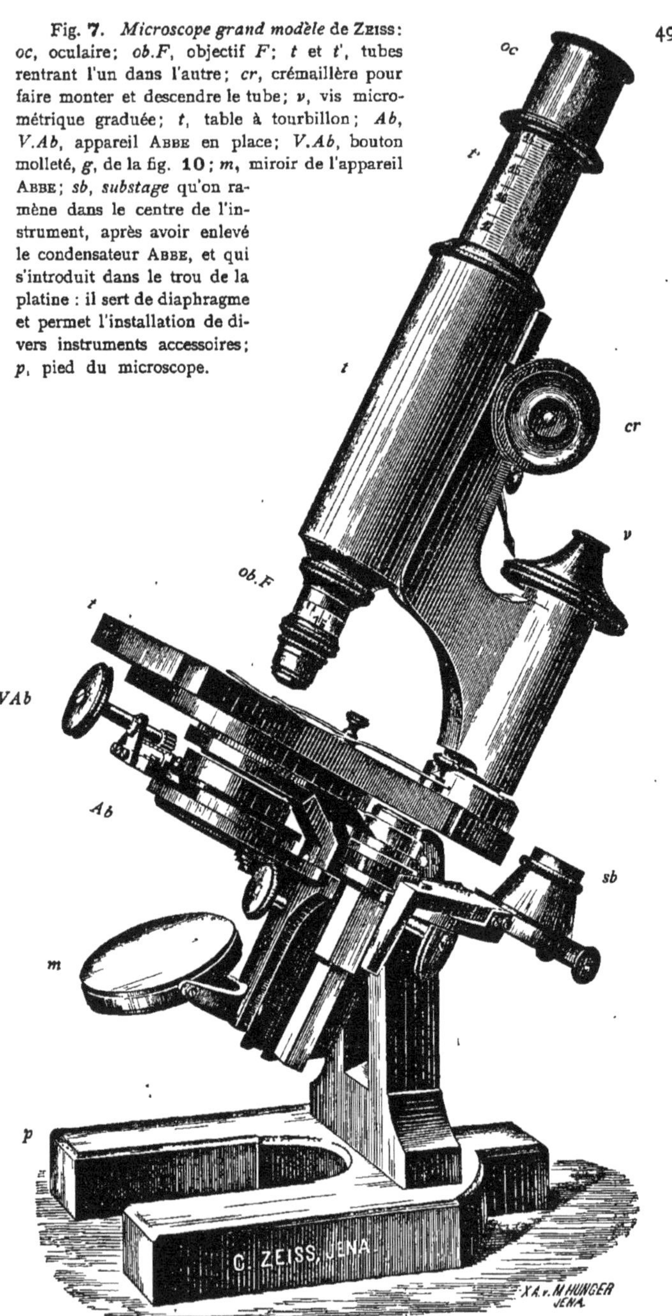

Fig. 7. *Microscope grand modèle* de Zeiss: *oc*, oculaire; *ob.F*, objectif *F*; *t* et *t'*, tubes rentrant l'un dans l'autre; *cr*, crémaillère pour faire monter et descendre le tube; *v*, vis micrométrique graduée; *t*, table à tourbillon; *Ab*, *V.Ab*, appareil Abbe en place; *V.Ab*, bouton molleté, *g*, de la fig. **10**; *m*, miroir de l'appareil Abbe; *sb*, *substage* qu'on ramène dans le centre de l'instrument, après avoir enlevé le condensateur Abbe, et qui s'introduit dans le trou de la platine : il sert de diaphragme et permet l'installation de divers instruments accessoires; *p*, pied du microscope.

Fig. 7.

II.

Partie mécanique du microscope. — Monture, stativ.

Un coup d'œil, jeté sur la figure **4**, suffit pour faire saisir l'ordonnance générale d'un *stativ ordinaire*; nous n'y reviendrons plus. Mais les montures de ce genre ne sont pas les seules que nous possédions. C. Zeiss en fabrique dix, variables de grandeur et de complication, qu'il distingue par des chiffres romains.

La fig. **7** représente le *stativ* I, ou le grand modèle de la série Zeiss. La légende de cette figure nous dispense de décrire plus longuement ce bel instrument. Mais nous voudrions donner au lecteur une notion suffisante de son appareil d'éclairage, à cause des grands avantages qu'il présente. Cet appareil, *Ab*, *V.Ab*, s'appelle le *condensateur* Abbe. Cependant, avant d'en parler, il convient de dire un mot de l'éclairage ordinaire du microscope.

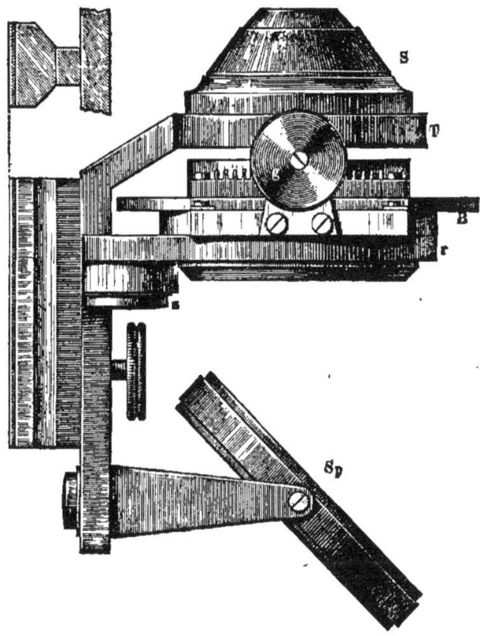

Fig. **8**.

Condensateur Abbe vu de côté; *S*,*T*, sertissure des lentilles; *B*,*r*,*g*, tambour servant de diaphragme; *g*, bouton à l'aide duquel s'exécutent les divers mouvements décrits dans le texte; *z*, pivot excentrique sur lequel tourne le diaphragme lorsqu'on le tire à soi à l'aide de *g*; *sp*, miroir.

Cet éclairage consiste en un miroir concave, *m*, et un diaphragme *d*, fig. **4**. Le miroir réfléchit la lumière des nuages et la concentre sur l'objet en la dirigeant par le trou de la platine. Le diaphragme, qui se place dans cette ouverture, règle l'introduction de la lumière par les orifices de diverse grandeur dont il est percé. Ce mode d'éclairage suffit dans les cas ordinaires. Mais il n'en est plus de même pour les observations difficiles, ou pour les forts grossissements. Il faut alors recourir à un *condensateur*, afin d'accumuler la lumière sur l'objet. Un des meilleurs appareils de ce genre, le meilleur peut-être, est celui du professeur ABBE (1). Nous l'avons vu en place dans la fig **7**. Nous le représentons à part dans les fig. **8** et **9**. Pour s'en

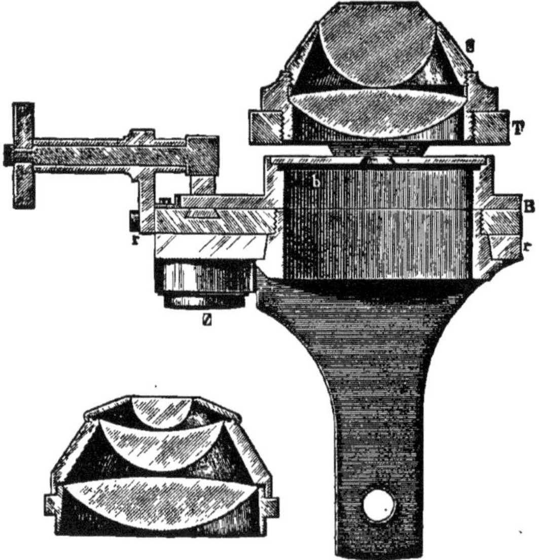

Fig. **9**.

Coupe longitudinale de l'*appareil* ABBE, montrant l'installation des lentilles et celle du disque-diaphragme de la fig. **10**.

servir, on le glisse dans la coulisse du miroir ordinaire qu'on a pris soin d'enlever, jusqu'à ce que la face plane de la lentille, *S*, fig. **9**, affleure la surface supérieure de la platine du microscope. Dans cette position le foyer du condensateur coïncide avec l'objet à examiner. La puissance des lentilles *S* et *T* montre assez qu'elles doivent l'inonder de lumière.

Mais cet appareil a bien d'autres avantages.

(1) Arch. für mikr. Anat., Bd IX, p. 496.

Nous avons déjà vu, page 46, qu'en employant les objectifs à immersion homogène, on peut déposer une goutte d'huile sur la surface plane de la lentile *S*, pour y faire adhérer le porte-objets.

Le tambour ou la partie inférieure, *B,r*, réalise en outre les dispositions les plus heureuses. D'abord il sert de diaphragme. En tirant à soi le bouton *g*, fig. **6**, on l'amène en dehors du microscope. On y installe, alors, facilement les disques percés de trous de différente grandeur, fig. **10**, qui laissent passer la lumière centrale, ou bien, le disque à milieu plein de la fig. **11**, qui ne laisse au contraire arriver

Fig. **10**.

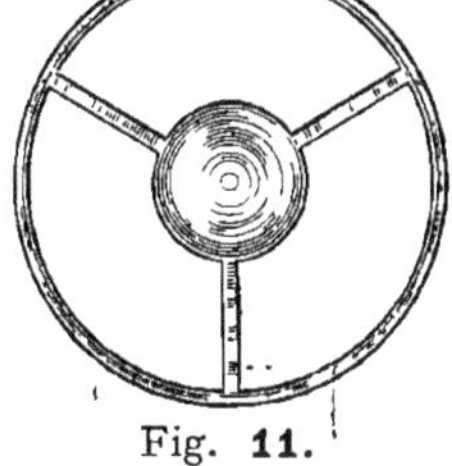

Fig. **11**.

à l'objet que la lumière périphérique et oblique en même temps. Lorsqu'on supprime tout disque, la lumière, affluant par une très large ouverture, noie l'objet et rend toutes ses cellules indistinctes. On n'aperçoit plus alors dans le champ blanc et uniforme que les parties colorées.

Ce n'est point tout. En tournant sur lui-même le bouton *g*, on met, *B*, en mouvement sur une crémaillière, et l'on décentre l'ouverture des disques-diaphragmes : ce qui fait tomber sur l'objet, d'avant ou d'arrière, un pinceau de lumière oblique. Enfin, toujours à l'aide du même bouton *g*, on peut imprimer à la partie, *B,r* un mouvement rotatoire qui promène le pinceau de lumière oblique à l'entour de l'objet, et qui produit ainsi le même effet qu'une platine à tourbillon.

Fig. **12**.
Prime polariseur.

On peut voir, sur les figures **8** et **9**, qu'il existe un intervalle entre le diaphragme et les lentilles du condensateur. Or, cet intervalle est utile. Il permet de glisser, sur le diaphragme, des verres colorés à l'effet d'obtenir l'éclairage monochromatique, ou bien des lames sensibles de gypse et de mica lorsqu'on se sert de la lumière polarisé.

Le condensateur Abbe se prête du reste admirablement à l'installation du prisme polariseur. Il suffit d'y remplacer les disques du diaphragme par ce prisme lui-même, fig. **12**, pour la réaliser.

Enfin nous verrons plus loin qu'avec le disque à centre plein de la fig. **11** on obtient facilement le *champ noir.*

Ainsi le condensateur ABBE, outre qu'il concentre sur l'objet une très grande quantité de lumière, réalise admirablement tous les genres d'éclairage, et permet au micrographe d'installer avec la plus grande facilité une foule d'instruments accessoires. Il est indispensable en cytologie.

Pour éviter toute perte de temps on peut le laisser à demeure sur le microscope : on s'en servira avantageusement pour les observations courantes.

§ II. LE MICROSCOPE DU CYTOLOGISTE.

La partie mécanique du microscope n'a pas la même importance que la partie optique. Néanmoins elle doit être prise en sérieuse considération par le biologiste, car tous les *stativs* ne possèdent pas les qualités requises. Un *stativ* grand ou moyen, (I à Va de C. ZEISS,) ayant une table large et solide, débarrassée de tous les accessoires inutiles qu'y mettent les Anglais, assez élevée pour permettre d'introduire par dessous certains appareils accessoires, et possédant, en outre, le condensateur ABBE, peut seul satisfaire aux exigences d'une bonne observation.

Avec le condensateur ABBE, on se passe facilement du miroir mobile et de la platine tournante.

Il est bon que le microscope soit inclinant, c'est-à-dire mobile dans un plan vertical, fig. **7**, surtout si l'on veut photographier les objets.

Un tube à tirage, fig. **7**, formé de deux tubes rentrant l'un dans l'autre, comme dans les lunettes, et pouvant s'allonger à volonté, est peu utile en biologie. Il augmente le grossissement, il est vrai; mais c'est aux dépens de la netteté et de l'achromatisme des images. C'est aux objectifs puissants qu'il faut demander l'amplification désirée.

Mais c'est surtout dans les séries optiques que le choix doit être judicieusement fait.

Les oculaires **2** et **4** suffisent : du reste, les oculaires sont peu coûteux. Quant aux objectifs, le microscope destiné aux travaux cytologiques et histologiques doit porter les suivants :

A ou **AA.**
DD.
F.
H, J ou **K,** à immersion dans l'eau.
1/18, à immersion homogène.

Il est très utile, ou plutôt indispensable, de posséder à la fois un fort objectif à sec, **F**, et un fort objectif à immersion dans l'eau, **J** à **L**; car le maniement d'un objectif à sec est toujours beaucoup plus commode et plus expéditif que celui d'un objectif à immersion dans l'eau. Nous ne voudrions conseiller à personne de se passer de l'objectif **F**. Nous préférerions supprimer l'objectif à immersion dans l'eau; malgré certains inconvénients que peut présenter l'emploi de l'huile, surtout lorsque les préparations ne sont pas lutées, **1/18** pourrait y suppléer, à la rigueur, dans beaucoup de circonstances. Mais, en pratique, cette suppression serait au moins très gênante. Ajoutons que pour des recherches moins délicates on peut se passer de l'objectif **1/18**.

§ III. MANIEMENT DU MICROSCOPE.

Il nous reste à esquisser rapidement le *maniement* du microscope composé.

L'instrument, muni d'un oculaire et d'un objectif convenables, (**2** et **DD** le plus souvent,) est placé sur une table vis-à-vis d'une fenêtre à large horizon. Après quelques tâtonnements on amène le miroir dans la position requise pour éclairer au mieux le champ qui doit être blanc et pur. Puis, après avoir déposé la préparation sur la platine, on procède à la *mise au point* grossière et fine.

La mise au point *grossière* s'exécute en abaissant le tube du microscope, soit en le faisant glisser dans son manchon *c*, fig. **4**, soit en manœuvrant la crémaillière *cr*, fig. **7**, jusqu'à amener le front de l'objectif à une petite distance du couvre-objets. Cette opération doit se faire avec précaution pour ne pas écraser la préparation. C'est la distance frontale des objectifs qui indique jusqu'où le tube doit être descendu : grande pour les objectifs faibles, elle devient très petite pour les objectifs forts; ceux-ci doivent donc être amenés très près du verre-à-couvrir.

La mise au point *fine* s'obtient à l'aide de la vis micrométrique. A cet effet on la fait tourner dans un sens ou l'autre et on l'arrête au point où l'image de l'objet présente la plus grande netteté. L'habitude rend ces manipulations faciles et sûres. C'est alors le moment de procéder à l'examen de la préparation. Afin d'éviter les redites, nous réserverons ce sujet pour le livre III. Mais un point des plus importants à toucher ici c'est l'éclairage des objets.

Éclairage des objets.

L'éclairage des objets se fait habituellement à l'aide de la lumière *blanche*, mais on doit parfois recourir aussi à la lumière *chromatique* et à la lumière *polarisée*. Nous allons parler de chacun de ces modes d'éclairage en particulier.

A. LUMIÈRE BLANCHE.

La meilleure lumière est sans contredit celle qui est réfléchie par les nuages blancs. Un ciel bleu est défavorable, un ciel gris, détestable. Dans les observations ordinaires on ne peut jamais se servir de la lumière directe du soleil. Si l'on était forcé d'y avoir recours il faudrait atténuer son éclat comme il sera dit plus loin. Lorsqu'on travaille le soir, chose qu'il faut éviter autant que possible, on est obligé d'employer les lumières artificielles. Celle des lampes au pétrole est la meilleure : elle est assez blanche et modifie peu les couleurs des objets. Le champ est-il jaune, on y obvie par un abat-jour en forme de boule, fait de verre teinté de bleu. Une lamelle du même verre placée sur le diaphragme du condensateur Abbe produit le même résultat. Il convient en outre de se rappeler que les rayons émis par une lumière artificielle étant divergents, tandis que ceux de la lumière naturelle sont parallèles, leur foyer se produit plus loin et, par conséquent, au delà de la préparation. On peut parer à cet inconvénient par l'interposition, sur le trajet des rayons lumineux, d'une puissante lentille plan-convexe dont on fait coïncider le foyer principal avec la flamme. D'ailleurs en éloignant le miroir ordinaire de la platine ou en abaissant un peu le condensateur, il est facile d'amener leur foyer sur l'objet qui est soumis à l'observation.

Quelle que soit la source lumineuse qu'il emploie, le micrographe doit toujours pouvoir régler et varier à volonté l'éclairage des objets.

En général, il *règle* l'éclairage à l'aide du miroir et du diaphragme. Lorsque l'objet est trop éclairé, ce qui arrive parfois avec les objectifs faibles, il se sert du miroir plan, ou bien il fait tomber le foyer du miroir concave en dehors de la préparation, en le faisant monter ou descendre dans sa coulisse.

Quant aux diaphragmes, il suffira de faire les deux remarques suivantes. D'abord les diaphragmes cylindriques sont toujours préférables aux calottes sphériques, et surtout aux simples lamelles percées de trous et insérées au niveau de la platine. Ensuite on doit prendre soin de varier l'ouverture des disques avec le grossissement. Si les objectifs faibles s'accommodent d'une large ouverture, il n'en est plus de même des objectifs forts : plus l'amplification qu'ils produisent est considérable, plus cette ouverture doit être rétrécie.

Il est des cas cependant où l'intensité de l'éclairage ne peut être réglée par ces dispositions : si, par exemple, l'on se servait de la lumière directe du soleil. Il faudrait alors installer au devant du miroir une lame de verre bleu, ou de verre dépoli et douci, voire même une feuille mince de papier blanc pour amortir son éclat. Avec la lumière artificielle on peut se contenter d'un abat-jour en verre bleui ou légèrement enfumé; souvent même l'interposition d'une lamelle entre les pièces du condensateur suffit amplement pour modérer l'éclairage.

Les moyens dont nous disposons pour *varier* l'éclairage sont nombreux : nous ne pouvons nous arrêter qu'aux principaux.

Nous avons déjà dit que le miroir ordinaire du microscope devait être articulé et mobile dans tous les sens. Veut-on observer l'objet dans la lumière centrale, on fixe le miroir dans l'axe de l'instrument. Désire-t-on, au contraire, l'étudier dans la lumière oblique, on jette le miroir de côté pour faire tomber des rayons d'une obliquité quelconque sur la préparation.

Avec le condensateur ABBE, il suffit, nous le savons, de tourner le bouton *g*, fig. **8**, pour rendre la lumière oblique, et le disque de la fig. **11** projette d'un seul coup cette lumière sur le pourtour des corps soumis à l'observation. Enfin le mouvement de la platine à tourbillon et le mouvement rotatoire de *g* nous permettent de faire passer successivement les diverses faces de l'objet dans le même faisceau de lumière oblique.

En enlevant le disque-diaphragme de l'appareil ABBE, on n'aperçoit plus au microscope que les corps colorés. On peut utiliser cette particularité, (KOCH l'a indiqué le premier [1],) pour constater la présence des objets préalablement colorés, au milieu des tissus animaux qui deviennent alors indistincts et fusionnés dans le champ. Nous nous sommes servi avec avantage de ce procédé pour discerner les figures cariocinétiques du noyau. On obtient ainsi des images très belles, surtout après l'action du vert de méthyle, qui colore si fortement la nucléine au moment de la division.

Enfin, il est un mode tout particulier d'éclairage qui peut parfois rendre service, nous voulons dire l'éclairage *à fond noir*. On l'obtient d'une manière très ingénieuse à l'aide du condensateur ABBE. A cet effet on met en place le disque de la fig. **11**; puis, on visse entre les lentilles des objectifs un petit diaphragme annulaire dont l'ouverture varie pour chacun d'eux et qui est destiné, en absorbant les rayons marginaux, à compléter l'obscurité du champ. Lorsqu'on observe de cette façon des objets isolés, des cellules, des carapaces de diatomées, des infusoires, etc., on les voit brillants, éclatants sur fond noir, parce qu'ils sont vus en grande partie par réflexion. Dans ces conditions, l'œil peut y découvrir certains détails, comme les cils, les trabécules, les granulations qui seraient noyés dans un champ lumineux. En réalité, ce mode d'observation peut être utile. Néanmoins on y a rarement recours en cytologie, car nous avons d'autres procédés, en particulier celui de la coloration partielle, pour faire ressortir les diverses particularités de la cellule et distinguer l'une de l'autre les parties qui la composent.

L'éclairage à fond noir nous conduit naturellement à l'éclairage des corps opaques, qui ne se laissent pas traverser par la lumière et qui, par conséquent, doivent être examinés dans la lumière réfléchie. Aussi, les dispositions de l'appareil ABBE, que nous venons de décrire, conviennent-elles très bien pour l'examen de ces corps, surtout lorsqu'ils ne sont que demi-opaques.

(1) KOCH : *Untersuch. f. Ætiologie d. Wundinfectionskrankheiten*; Leipzig, 1878.

Parfois cependant il vaut mieux recourir au microscope ordinaire : par exemple, lorsque les corps ont un certain volume. On procède alors de la façon suivante. On commence par intercepter toute lumière transmise, en renversant le miroir ou en plaçant l'objet sur un verre enduit de vernis noir. Puis l'on met au point. Le plus souvent, la lumière du jour est insuffisante, on est obligé de recourir à la lumière directe du soleil, ou à une lentille convergente qu'on dispose de manière à faire tomber son foyer principal sur la préparation. Toutefois, dans les forts grossissements, ce moyen lui-même devient inefficace, l'objectif étant trop rapproché de l'objet pour que le faisceau lumineux puisse y pénétrer. Pour tourner cette difficulté, on se sert du miroir du microscope et du petit miroir de LIBERKUHN, qu'on visse sur le nez de l'objectif et qui réfléchit sur l'objet toute la lumière qu'il reçoit du premier miroir. Il va sans dire qu'il faut, dans le cas présent, enlever les diaphragmes et se servir d'un porte-objets transparent, afin que le LIBERKUHN reçoive le plus de lumière possible. Le cytologiste ne recourt guère à ces moyens d'investigation que pour l'étude des cellules fossiles, des foraminifères et autres, qui sont répandus avec tant de profusion dans les couches géologiques.

Nous sommes loin encore d'avoir exposé toutes les méthodes d'éclairage dont le micrographe peut disposer. Jusqu'ici, en effet, nous ne l'avons vu utiliser que la lumière blanche, soit transmise, soit réfléchie. Mais il ne s'en tient pas là. Dans une foule de circonstances il recourt aussi à la *lumière chromatique* et à la *lumière polarisée*, et il en retire le plus grand avantage pour ses études : il n'y trouve plus seulement un moyen d'éclairage, mais encore et surtout, comme nous allons le voir, un excellent moyen d'analyse chimique et d'analyse physiologique.

B) LUMIÈRE CHROMATIQUE.

I. Éclairage monochromatique. — Prisme de Hartnack.

Il est certains détails délicats, les stries des diatomées, par exemple, qui se voient beaucoup mieux dans la lumière *monochromatique* (1). Il est donc avantageux de pouvoir s'en procurer. Or, rien n'est plus facile.

Des verres colorés bleus ou rouges, dressés au devant du miroir sous diverses épaisseurs, ou placés sur le diaphragme ABBE, donnent déjà un résultat satisfaisant et remplacent avantageusement les cuves incommodes d'autrefois. Mais pour observer un objet dans les diverses couleurs du spectre lumineux on a recours, comme le faisait le cha-

(1) Comte FR. DE CASTRACANE., Atti dell' Accad. pontif. de'nuovi Lincei, 1864.

noine CASTRACANE, à un prisme puissant, dont on recueille successivement les différentes bandes spectrales sur le miroir du microscope; ou bien, ce qui est plus commode, on emploie le prisme de HARTNACK, fig. 13. Il suffit de manier le bouton, S_1, pour amener, l'une

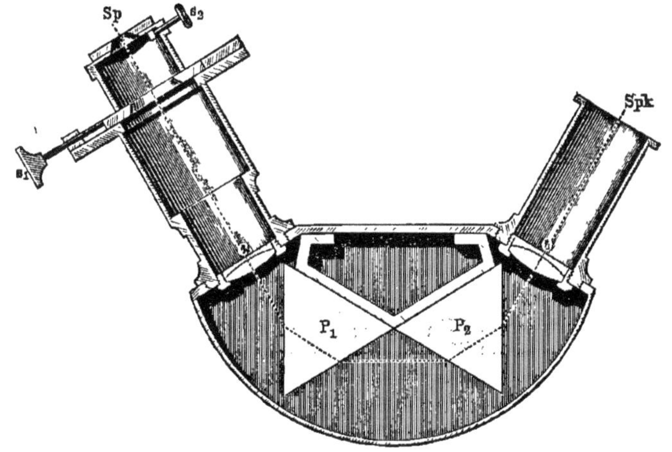

Fig. 13.

Prisme de HARTNACK.

après l'autre, toutes les couleurs du spectre dans le champ du microscope. L'autre bouton, S_2, sert à régler la largeur de la fente spectrale. Cet appareil s'introduit sous la table, en glissant la partie *Spk* dans le tube du diaphragme, ou dans le *substage*, *sb*, de la fig. 7.

II. Microspectroscope. — Analyse spectrale.

CHAUTARD : *Ann. de chimie et de physique*; (5), tome III, p. 5. — A. WEISS : Fünfter Ber. d. naturf. Ges. z. Bamberg, 1861. — Le même : Oesterr. bot. Zeitschr., 1862. — Le même : Sitz. ber. der Wiener Akad. 1864 et 1866. — H. C. SORBY : *On the comparative veget. Chromatology;* Proceed. of the roy. soc. 1873. — KRAUS : *Zur Kenntnniss der Chlorophyllfarbstoffe*; Stuttgart, 1872. — PRINGSHEIM : *Ueber die Absorptionsspectra der Chloroph.*; Mon. ber. d. K. Akad. d. Wiss., Berlin, 1874. — SCHELLEN : *Die Spectralanalyse in ihrer Anwendung.* etc.; Braunschweig, 1870. — VIERORDT : Die quantit. Spectralanalyse in ih. Auw. auf Physiologie, Chemie und Technologie; Tübingen, 1874. — H. W. VOGEL : *Praktische Spectralanalyse*: Nordlingen, 1877. — FUMOUZE : *Des spectres d'absorption du sang*; Paris, 1876. — Voyez aussi les Traités de Microscopie, p. ex., BEHRENS : *Hilfsb. z. Ausf. mikr. Untersuch.*; Braunschweig, 1883, pp. 113—129.

Tout le monde sait le parti que la chimie analytique a tiré du spectroscope. Cet instrument est aussi très utile en biologie et en médecine. Il peut dispenser de l'analyse chimique et, dans bien des cas, il la remplace nécessairement. C'est ce qui arrive pour beaucoup de matières colorantes naturelles. En effet, tantôt ses substances s'altèrent sous les moindres influences, tantôt elles ne peuvent être préparées à l'état de pureté, tantôt elles ne se présentent qu'en quantité insuffisante à l'analyse, tantôt elles ne peuvent être caractérisées d'une manière certaine par les procédés de la chimie, enfin dans aucun cas, sans le spectroscope, elles ne peuvent être étudiées *in situ* et sur le vivant, c'est-à-dire dans les cellules qui les ont produites ou qui les renferment. Le microspectroscope est donc un instrument précieux entre les mains du biologiste.

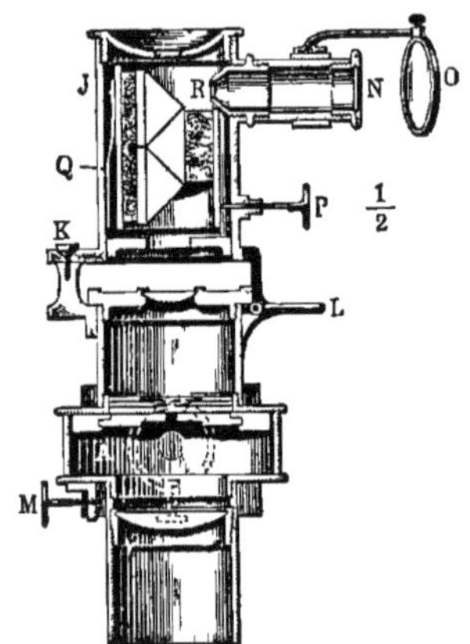

Fig. **14**.
Microspectroscope
du professeur ABBE.

Le microspectroscope est aussi appelé *oculaire spectral* parce qu'il s'installe en lieu et place de l'oculaire. Celui que nous représentons dans la fig. **14** est le spectroscope à vision directe de SORBY et BROWNING [1], perfectionné par ABBE. Il se compose essentiellement d'un prisme *à vision directe*, renfermé dans le tube *JQR* et recevant directement la lumière du miroir du microscope, et d'un prisme de comparaison, imaginé par KIRCHHOFF [2], qui est logé dans le tambour *A* et éclairé par un petit miroir latéral — non représenté dans la figure. — Ce dernier prisme réfléchit la lumière du miroir latéral et la renvoie parallèlement à celle du miroir ordinaire à travers le prisme *JQR*, de sorte que l'œil perçoit deux spectres juxtaposés avec une correspondance mathématique. Ces deux spectres peuvent fonctionner séparément ou simultanément. Deux vis *M* — dont une est invisible — permettent de régler à volonté la largeur et la longueur de la fente spectrale. Le tube, *NR*, porte une échelle graduée donnant les longueurs d'onde. Elle est éclairée par le miroir *O*, et elle peut être projetée et installée sur les spectres à l'aide de la vis *P*. Enfin, en touchant le bras de levier *L*, on rejette de côté la partie supérieure de l'instrument, pour pouvoir mettre au point avec l'oculaire qui surmonte le tambour *A*.

Veut-on se servir de cet appareil, on dispose les spectres avec les vis *M*, de manière à voir nettement les raies de FRAUNHOFER; en même temps on ajuste l'échelle, à l'aide de la vis *P*, en faisant coïncider exactement le chiffre 59 avec la raie solaire *D*. Cela fait, on dépose une petite quantité de la matière colorante à examiner sur un porte-objets, ou dans un verre de montre placé sur la platine; ou bien, si l'on veut se servir du spectre de comparaison, dans un petit tube à essai qu'on engage dans une agrafe devant l'ouverture

(1) C'est JOHN BROWNING qui a appliqué le prisme *à vision directe* au microscope.
(2) V. SCHELLEN, op. cit.

latérale du prisme. Il ne reste plus, alors, qu'à régler la largeur de la fente spectrale, et à noter exactement le *nombre* et la *position* des bandes noires d'absorption qui apparaissent dans le spectre : car ce sont ces deux données qui vont nous permettre de conclure à la nature chimique de la substance colorante.

Le principe qui règle l'analyse spectrale est en effet le suivant : les bandes d'absorption des matières colorantes sont *fixes* de nombre et de position pour chacune d'elles, mais *variables* de l'une à l'autre. Ainsi la chlorophylle, comme on peut le voir dans le tableau ci-joint, (I), a 7 bandes d'absorption qui sont toujours placées aux mêmes endroits du spectre; la phylloxanthine ou matière colorante jaune des végétaux, (VI), n'en a que trois; la cyanine, matière colorante bleue des plantes, en a trois également, (IX), mais qui sont placées ailleurs; et ainsi de suite.

La présence de deux spectres, pouvant fonctionner séparément et simultanément, offre de grands avantages. Si l'un d'eux seulement reçoit des rayons qui ont traversé un liquide coloré, l'autre donne le spectre solaire pur : il est facile alors de discerner jusqu'aux moindres traces d'absorption dans le spectre qui fonctionne. Lorsqu'un doute s'élève sur l'identité de deux matières colorantes, on en place une à chaque spectre, et l'on saisit alors immédiatement le moindre écart dans la position de leurs bandes d'absorption, ou bien il est aisé de constater la parfaite correspondance de ces mêmes bandes.

Les raies d'absorption sont loin d'avoir toutes les mêmes caractères. Les unes sont fortement, les autres faiblement marquées; les unes sont nettes, les autres estompées; les unes sont étroites, les autres plus étendues. Il y a, sous ce rapport, la plus grande diversité entre les diverses bandes d'une même substance aussi bien qu'entre les bandes de substances différentes.

La concentration des liqueurs concourt puissamment à déterminer l'aspect de ces bandes. Plus la liqueur est concentrée, plus les bandes sont *larges* et *intenses* tout à la fois. Ce qui fait, qu'avec des liqueurs concentrées, les bandes voisines et même toutes les bandes se fusionnent en une bande très large, uniforme, qui couvre une portion étendue du spectre. C'est ainsi, par exemple, qu'avec une solution très concentrée de chlorophylle, les sept bandes chevauchent l'une sur l'autre et ne laissent plus passer qu'un peu de lumière dans l'extrême rouge.

En général, lorsqu'on étudie les matières colorantes au spectroscope, il faut user de liqueurs diversement concentrées; sans cela, on risque de se tromper. Il suffit d'une trace de chlorophylle pour faire apparaître la raie I, située entre *B* et *C*; il suffit également d'une trace de sang pour appeler les deux raies caractéristique de l'hémoglobine; tandis qu'il faut employer une liqueur assez concentrée pour voir les raies III et IV de la chlorophylle. Pour maintenir séparées

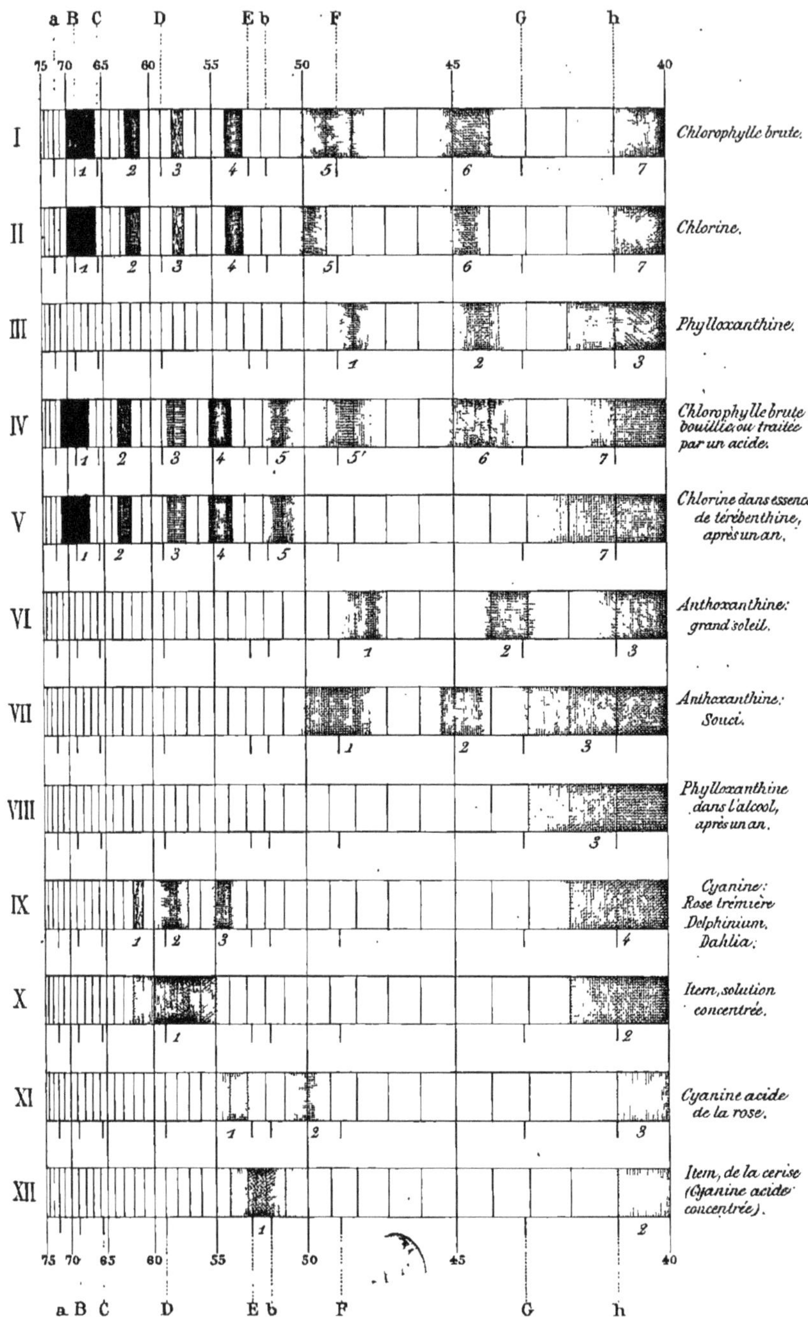

a B C D E b F G h
75 70 65 60 55 50 45 40
I Chlorophylle brute.
II Chlorine.
III Phylloxanthine.
IV Chlorophylle brute bouillie, ou traitée par un acide.
V Chlorine dans essence de térébenthine, après un an.
VI Anthoxanthine: grand soleil.
VII Anthoxanthine: Souci.
VIII Phylloxanthine dans l'alcool, après un an.
IX Cyanine: Rose trémière Delphinium, Dahlia.
X Item, solution concentrée.
XI Cyanine acide de la rose.
XII Item, de la cerise (Cyanine acide concentrée).
75 70 65 60 55 50 45 40
a B C D E b F G h

les trois dernières bandes de la chlorophylle, ainsi que celles des matières colorantes jaunes, il faut user de solutions faibles, autrement tous les rayons de la moitié inférieure du spectre seraient absorbés.

Il est facile, en tenant l'œil au microspectroscope, de constater les modifications qui surgissent dans le spectre des matières colorantes par l'application des réactifs. C'est ainsi qu'une goutte d'acide transforme immédiatement le spectre des *cyanines*, en reportant leurs bandes d'absorption dans la position des bandes des matières colorantes *rouges* ou *roses*, **XI** et **XII**. Si l'on fait agir une base, elles reprennent leur position première. En traitant une solution de chlorophylle par un acide dilué ou par la coction, on voit, après quelque temps, les bandes de son spectre reculer vers le rouge, **IV**.

L'étude du spectre du sang à l'état normal, ou modifié soit par le temps soit par l'action des réactifs, peut être particulièrement intéressante pour le médecin. Il peut consulter à ce sujet l'ouvrage de M. FUMOUZE (1).

Il est facile de reproduire par le dessin les spectres d'absorption observés au spectroscope. ZEISS livre, à cet effet, des cartouches imprimées qui représentent fidèlement, quoique sur une plus large échelle, les spectres obtenus avec son instrument. C'est dans une de ses cartouches que nous avons fait graver la planche qui précède.

III. Objectif spectral. — Analyse physiologique.

M. ZEISS a construit récemment, sur les indications de M. ENGELMANN, un appareil très ingénieux qu'il nomme « *mikrospectral objectiv* (2), » et qui a pour but de projeter un spectre réel sur la préparation. Par ce moyen, on peut constater et mesurer l'action des diverses couleurs du spectre sur les objets observés au microscope. M. ENGELMANN s'en sert avec le plus grand succès pour déterminer le rôle physiologique des substances colorantes naturelles dans les cellules vivantes, et il arrive à des résultats qui renversent plusieurs théories émises jusqu'ici sur l'élaboration chlorophyllienne. Nous aurons à revenir plus tard sur ce sujet intéressant.

Cet appareil se place sous la table du microscope dans le *substage*, *sb*, de la fig. **7**.

C. LUMIÈRE POLARISÉE.

Consulter : G. VALENTIN, *Die Unters. der Pflanzen- und der Thiergewebe in polar. Licht*. Leipzig. 1861. — C. NÆGELI, *Das Mikroskop*, pp, 299 à 361. — V.v. EBNER, *Unters. über die Ursachen der Anisotropie org. Subst.*; Leipzig, 1882. Cet ouvrage donne toute la littérature, pp. 239 à 243.

---

(1) Voir la *Littérature*, p. 58.

(2) Voyez la description de cet instrument dans Bot. Zeit., 1882, nº 26, et dans PFLUGER's Archiv., tome XXVII, p. 464 et tome XXIX, p. 415.

Le biologiste emploie comme le minéralogiste, bien que dans une moindre mesure, la lumière polarisée pour ses observations. Aussi, a-t-on adapté depuis longtemps[1] au microscope les appareils de polarisation les plus divers. Quelle que soit leur forme, tous ces appareils ont ceci de commun qu'il portent deux nicols, un *polariseur* et un *analyseur*. Le premier se place sous l'objectif, habituellement dans le tube du diaphragme; le second se place au-dessus de l'objectif, le plus souvent dans l'intérieur de l'oculaire, ou sur ce dernier qu'il vient coiffer. Au lieu d'un nicol ordinaire on emploie aujourd'hui comme analyseur le système de PRASMOWSKI, parce qu'il agrandit considérablement le champ. En plaçant l'analyseur au-dessus de l'oculaire, le champ se rétrécit, il est vrai, mais il devient plus obscur lorsqu'on croise les nicols. Les fig. **15** et **16** représentent l'appareil de polarisation qui fonctionne avec le condensateur ABBE. Le polariseur, fig. **15**,

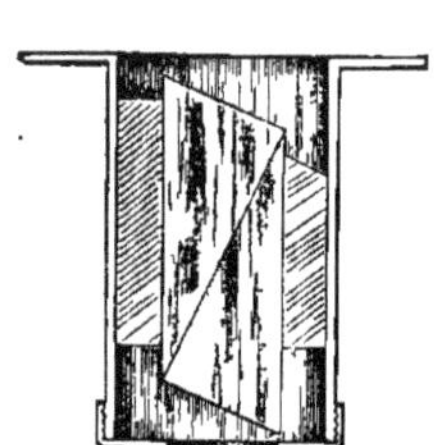

Fig. **15**.
Polariseur ABBE.

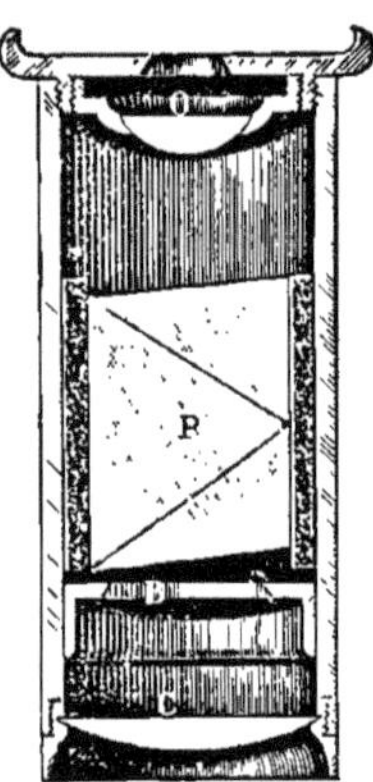

Fig. **16**.
Analyseur ABBE.

vient occuper, nous le savons déjà, la place des disques-diaphragmes. L'analyseur, fig. **16**, a été récemment construit par ABBE : il est achromatique et excellent. Il prend la place de l'oculaire ordinaire. Rien de plus simple que cette installation.

Pour compléter le microscope polarisant, on lui donne une platine à tourbillon portant un cercle gradué, comme dans le microscope pétrologique, fig. **18**. Dans beaucoup de cas, en effet, il est indispensable d'imprimer une rotation complète à l'objet, les nicols demeurant croisés. L'analyseur doit être muni également d'un cercle gradué.

Lorsqu'on veut examiner un objet en lumière polarisée, on commence par en opérer la mise au point. Puis on tourne l'un des

(1) H. FOX TALBOT employa le premier, en microscopie, un appareil de polarisation pour étudier la structure des corps. — *Philosophical Magazine*, London, 1382, T. V.

nicols jusqu'à ce que le champ devienne tout à fait obscur. On observe alors les modifications qui surviennent dans l'objet.

Tantôt l'objet demeure obscur comme le champ lui-même : on dit qu'il est *inactif*, c'est-à-dire qu'il n'agit pas sur la lumière polarisée, qu'il est *monoréfringent* ou *isotrope*. Tantôt l'objet devient éclatant, soit qu'il brille tout entier, soit qu'il porte une croix noire, soit enfin qu'il se montre paré des plus vives couleurs, uniformes ou disposées par zones : dans tous ces cas l'objet est *actif*, *biréfringent* ou *anisotrope*. Les cellules des tubercules de *Killinga* (Cypéracée) nous offrent un bel exemple de ces deux sortes d'objets. Parmi les nombreux corps sphériques qu'elles renferment, les uns portent tous une croix noire sur des quadrants éclairés, au milieu d'un champ obscur : ce sont les grains de fécule; les autres sont tous obscurs : ce sont les corpuscules graisseux. Les premiers sont anisotropes, les seconds, isotropes.

Les trabécules du *reticulum* plasmatique, quand elles sont puissantes, sont anisotropes. L'*enchylema* est habituellement isotrope; néanmoins lorsqu'il est chargé de myosine, etc., comme dans les cellules musculaires, il est fortement anisotrope. Les membranes cellulaires présentent une anisotropie aussi fortement marquée que les cristaux les mieux définis. Ainsi, l'appareil de polarisation nous fournit d'abord un moyen facile de distinguer, au microscope, les corps isotropes ou monoréfringents, des corps anisotropes ou biréfringents.

On augmente beaucoup la sensibilité de l'appareil de polarisation en plaçant sur le polariseur de petites lamelles de gypse ou de mica, appelées lames sensibles de Biot ou de H. Mohl. Ces lamelles, suivant leur épaisseur, sont dites de premier, de second et de troisième ordre, I.O; II.O; III.O, parce qu'elles donnent au champ des colorations différentes qu'on désigne de la même manière. Les plus utiles sont celles de gypse qui donnent le rouge de premier ordre, I.O. A l'aide de ces lamelles, certains corps qui paraissent isotropes se montrent nettement anisotropes.

C'est dans le même but que M. Rollett vient de faire construire un appareil qu'il appelle *spectro-polariseur*, et qui est plus sensible encore que l'installation précédente. Comme son nom l'indique il réalise une combinaison du spectroscope et de l'appareil de polarisation. Il se place sous la table du microscope, dans le *substage*, *sb*, de la fig. 7. Les lamelles de gypse I.O; II.O; III.O, sont déposées dans un anneau qu'on tire à soi, entre le polariseur et la fente spectrale. Nous ne faisons qu'indiquer cet instrument, en renvoyant à la description de Rollett lui-même (1) celui qui voudrait faire une étude spéciale des phénomènes que présentent les *corps organisés* en lumière polarisée.

(1) Zeitsch. für Instrumenten-kunde, 1881, p. 366. — M. Zeiss construit cet appareil avec quelques modifications indiquées par Dippel.

Nous reviendrons sur le spectro-polariseur en parlant de la *microphotographie*, p. 77 et suiv.

Détermination des substances organiques biréfringentes.

La lumière consiste dans certaines vibrations des particules de l'éther. Quand elle se propage, ce ne sont pas les particules éthérées qui se transportent, ce sont les vibrations qui se transmettent, à la façon d'une *onde*, d'une particule de l'éther à l'autre. Pendant le temps qu'une particule met à exécuter une vibration complète, le rayon lumineux parcourt une certaine distance qui est appelée *longueur de l'onde.*

Lorsque deux vibrations rectilignes (1) et parallèles, parties de la même source lumineuse, se transmettent le long de la même ligne de propagation, chaque particule éthérée rencontrée par les deux ondes possède, à chaque instant, une vitesse de vibration égale à la somme algébrique des vitesses qu'elle aurait par le fait de chaque vibration en particulier. Si les deux vibrations ont une amplitude égale et sont en retard l'une sur l'autre d'un nombre impair de demi-ondes, chaque particule reste en repos et l'intensité lumineuse est nulle; si les deux vibrations diffèrent d'un nombre pair de demi-ondes, chaque particule aura une vitesse double et l'éclat lumineux sera considérablement augmenté.

Les vibrations de la lumière s'exécutent dans un plan perpendiculaire à la direction du rayon lumineux. Dans les corps *isotropes*, on admet qu'il existe des particules éthérées, vibrant dans tous les azimuths autour du rayon lumineux. Lorsqu'un rayon passe d'un milieu *isotrope* dans un milieu *anisotrope*, les vibrations réparties d'abord dans tous les azimuths se décomposent toutes, d'après les lois ordinaires de la décomposition des vitesses, suivant deux azimuths perpendiculaires entre eux. Le rayon primitif donne donc naissance à deux rayons, qui ont fait donner aux milieux anisotropes le nom de *biréfringents.* Chacun de ses rayons a ses vibrations dirigées dans un azimuth unique, et sont par conséquent *polarisés.* Leur vitesse est inégale et dépend non du sens de la propagation, mais de la direction de la vibration lumineuse.

Pour déterminer ces vitesses, on assimile toute substance anisotrope à un verre, inégalement comprimé dans trois directions perpendiculaires entre elles. On admet que la vitesse de propagation est d'autant plus petite que la condensation est plus grande dans le sens de la vibration.

Imaginons, dans l'intérieur du verre, un ellipsoïde dont les trois axes soient dirigés suivant les trois axes de la compression, et possèdent des longueurs proportionnelles aux vitesses de translation des vibrations qui leur sont respectivement parallèles. Appelons cet ellipsoïde, *l'ellipsoïde d'élasticité.* On a trouvé que cet ellipsoïde jouit des propriétés suivantes :

(1) Les vibrations rectilignes sont les seules dont nous nous occupions ici.

1° Toute vibration lumineuse se propage avec une vitesse assez exactement proportionnelle au diamètre qui lui est parallèle dans l'ellipsoïde.

2° Les directions des deux rayons réfractés sont parallèles aux deux axes de la section elliptique qu'on obtient en coupant l'ellipsoïde par un plan diamétral parallèle aux deux rayons.

En faisant tourner autour de l'axe moyen de l'ellipsoïde un plan diamétral, on obtient des sections ellipsoïdales dont un des axes sera l'axe moyen, et dont l'autre aura toutes les valeurs comprises entre le grand axe et le petit axe. Dans deux positions différentes, ces sections auront donc pour second axe une longueur égale à l'axe moyen, et seront des cercles. D'où il suit que les rayons lumineux qui se propageront suivant les deux normales à ces sections, auront tous la même vitesse, quel que soit d'ailleurs l'azimuth occupé par les vibrations.

Ces deux normales sont les *axes optiques*. Ils sont situés tous deux dans le plan du grand et du petit axe, et disposés symétriquement de part et d'autre de chacun d'eux. Quand le grand axe est plus rapproché des axes optiques que le petit, le cristal est *positif*, sinon, il est *négatif*.

Si, dans l'ellipsoïde, deux axes sont égaux, il est évident que les axes optiques se réduisent à un seul, coïncidant avec le troisième axe; lorsque ce dernier est le plus grand des trois, le cristal est *positif*.

Toutes les sections diamétrales d'un ellipsoïde à un axe optique ont un axe égal à un des deux axes égaux de cet ellipsoïde. Un des deux rayons réfractés se propage donc toujours avec la même vitesse, quelle que soit sa direction : c'est le rayon *ordinaire*, l'autre est le rayon *extraordinaire*.

Les substances biréfringentes organiques n'ont généralement pas de forme cristalline déterminée; il n'en est pas de même des substances biréfringentes minérales. Dans ces dernières, les axes d'élasticité et les axes optiques ont des rapports plus ou moins étroits avec les axes cristallographiques, suivant les systèmes cristallins auxquels elles appartiennent. Dans les cristaux *uniaxes*, l'axe optique qui est en même temps un axe d'élasticité, se confond avec l'axe cristallographique principal. Dans les cristaux *biaxes*, les axes optiques ne coïncident jamais avec les autres, mais dans le système rhombique, les trois axes d'élasticité coïncident avec les axes cristallographiques. Dans le système monoclinique, l'axe cristallographique orthodiagonal coïncide seul avec un axe d'élasticité; enfin dans le système anorthique, la seule relation qui existe entre les différentes espèces d'axes est : que le plan des deux axes optiques, et par conséquent le plan de deux des axes d'élasticité, coïncide avec le plan de deux des axes cristallographiques (1).

(1) C'est à l'aide de ces données, et en se rappelant que les positions d'extinction coïncident avec celles des axes d'élasticité, comme nous allons le voir, que les minéralogistes déterminent le *système cristallin* auquel appartiennent les substances qu'ils étudient. Mais cette détermination est loin de suffire, dans tous les cas, pour

A. *Détermination des deux axes d'une section elliptique de l'ellipsoïde d'élasticité.*

Le problème le plus simple à résoudre, pour une substance anisotrope, celui auquel on ramène plus ou moins directement tous les autres, c'est la détermination, en direction et en grandeur relative, des deux axes de la section elliptique, correspondant aux deux rayons qui traversent normalement une plaque biréfringente à bases parallèles. On recourt, pour cette détermination, à l'appareil de polarisation décrit plus haut. Comme nous l'avons déjà dit, quand on croise les nicols la lumière est éteinte. Elle reparaît, cependant, si l'on interpose entre eux une substance biréfringente ; car, alors, le rayon qui sort du premier nicol se dédouble en deux autres, dont chacun peut donner une composante capable de traverser le second nicol, et de fournir ainsi de la lumière.

Toutefois si les deux axes de l'ellipse correspondante à la plaque biréfringente, coïncident avec les plans de polarisation des nicols croisés, la lumière disparaît, la décomposition du rayon du premier nicol étant alors impossible.

Pour déterminer les axes de l'ellipse cherchée, il suffit donc de tourner la plaque biréfringente, jusqu'à ce qu'elle *s'éteigne*, c'est-à-dire qu'elle devienne obscure. Dans le cas où la plaque reste obscure pendant une rotation complète, les deux axes de son ellipse sont égaux, et l'axe de rotation est l'axe optique.

Dans les autres cas, pour déterminer la grandeur respective des deux axes de l'ellipse, on se sert des lamelles de gypse et de mica. Si on les place de façon à ce que leurs axes, qui sont connus en grandeur et en direction, fassent un angle de 45° avec les nicols, elles auront, dans la lumière homogène, un certain éclat qui dépendra de leur épaisseur et qui est dû à la différence de marche des deux rayons réfractés.

Cette différence varie avec les diverses couleurs spectrales, et la lamelle, dans le cas de la lumière blanche, revêt la teinte de la couleur dominante. On a dressé l'échelle chromatique des teintes correspondant aux diverses épaisseurs. Elle comprend la série des couleurs spectrales, et ces couleurs se répètent plusieurs fois, à commencer par les plus réfringentes. Il y a donc des bleus, des rouges de différents ordres. Or, il existe des moyens de distinguer les ordres auxquels appartiennent des couleurs homonymes. On prend généralement un gypse donnant le rouge du premier ordre parce que cette teinte est *sensible*, c'est-à-dire qu'elle subit de grandes variations pour un faible changement d'épaisseur.

---

caractériser les espèces minérales. Il faut souvent recourir, en outre, à la mesure des angles (voir plus loin), et à l'étude des phénomènes particuliers qu'elles présentent en lumière polarisée parallèle ou convergente. Le biologiste, qui serait obligé de se livrer à ces sortes de recherches, devra consulter les ouvrages récents de minéralogie. Voyez : FOUQUÉ et LÉVY, *Minéralogie micrographique*, etc., Paris, 1879. — G. TSCHERMAK, *Lehrbuch der Minéralogie*. Wien, 1883. — etc. etc.

Sur les lamelles de gypse placez la plaque biréfringente à déterminer, de façon à ce que les deux systèmes d'axes soient parallèles : la couleur monte dans l'échelle chromatique lorsque les grands axes coïncident, elle descend lorsqu'ils sont à 90° l'un de l'autre ; ce qui permet de déterminer très aisément le grand axe de la plaque qu'on examine.

B. *Détermination des axes de l'ellipsoïde.*

Cette détermination est relativement aisée pour les substances minérales, qui sont formées d'éléments cristallins orientés parallèlement les uns aux autres. En taillant ces substances d'une façon convenable, et en les observant sous différentes inclinaisons, il est généralement possible de déterminer les axes optiques et les axes de l'ellipsoïde d'élasticité.

L'observation devient plus difficile quant il s'agit de substances organisées, dont les éléments cristallins possèdent des orientations fort différentes. Nous devons nous contenter de renvoyer le lecteur aux traités spéciaux, que nous avons cités en tête de cet article, et où les artifices employés par les micrographes sont décrits tout au long. Encore, dans ce genre de recherches, le succès ne couronne-t-il pas toujours les efforts. Quand il s'agit de fibres, l'examen, à l'aide d'une lamelle de gypse, des couleurs présentées par les bords longitudinaux et par les sections transversales, est généralement très instructif.

On a reconnu que tous les éléments cristallins placés sur un même rayon perpendiculaire à la ligne médiane de la fibre, sont orientés de la même façon, et que ce rayon coïncide avec un des axes de leur ellipse d'élasticité ; mais il arrive souvent qu'aucun des axes ne coïncide avec la ligne médiane de la fibre.

Lorsque deux sections elliptiques perpendiculaires entre elles ont un axe commun, cet axe est aussi un axe de l'ellipsoïde. Dans les cas où l'on parvient à reconnaître que les éléments cristallins ont un seul axe optique, on peut ordinairement aussi déterminer s'ils sont positifs ou négatifs. On choisit alors un endroit convenable de la préparation, et l'on recherche, au moyen de la plaque de gypse, la grandeur relative de l'axe optique et de l'un des deux axes égaux de l'ellipsoïde.

CHAPITRE II.

LES INSTRUMENTS DE MENSURATION.

Micrométrie.

Grâce aux nombreux appareils que les opticiens sont parvenus à adapter au microscope, on prend, de nos jours, beaucoup de mesures en micrographie. Ainsi, nous pouvons mesurer l'angle d'ouverture des objectifs, l'épaisseur des couvre-objets. Le grossissement du microscope et le diamètre réel des objets se calculent aisément. Le médecin suppute le nombre des globules rouges et blancs qui se trouvent dans une quantité de sang déterminée. Le minéralogiste mesure les angles plans et dièdres des cristaux, ainsi que les positions angulaires d'extinction en lumière polarisée. Nous savons déjà comment on s'y prend pour déterminer le nombre et la position des bandes d'absorption des matières colorantes. Ce serait sortir du cadre que nous nous sommes tracé que de décrire tous les appareils de la micrométrie. Nous devons nous contenter de mentionner ceux qui sont d'un usage général en cytologie.

§ I. MICROMÈTRES.

La chose la plus importante à déterminer, c'est le diamètre réel des objets microscopiques. Or, pour obtenir cette mesure avec toute la précision désirable, il est nécessaire de connaître le pouvoir amplifiant des objectifs. Nous allons donc commencer par établir le pouvoir grossissant des systèmes optiques et, par suite, du microscope tout entier.

I. Pouvoir amplifiant des systèmes optiques.

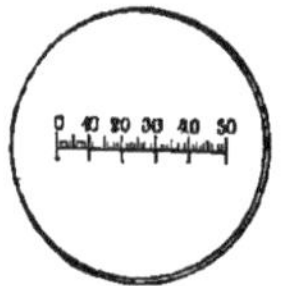

Fig. **17**. *Micromètre oculaire.*

Pour déterminer le pouvoir amplifiant des oculaires et des objectifs, on se sert de micromètres. On distingue deux sortes de micromètres : le micromètre oculaire et le micromètre objectif.

Le premier, fig. **17**, consiste en un disque de verre portant 5 millimètres divisés en 50 parties égales. Chacune de ces divisions vaut donc 1/10 de millimètre. Pour s'en servir on le laisse descendre sur le diaphragme de l'oculaire.

Le micromètre objectif est un porte-objet sur lequel on a tracé un millimètre divisé en 100 parties égales. Chacune de ses divisions représente donc 1/100 de millimètre. Il s'installe sur la platine.

1° Il est difficile de calculer le pouvoir amplifiant des oculaires. Un bon moyen pour y arriver est le procédé de la double vue. Voici comment il se pratique. On ajuste le micromètre oculaire; puis, en tenant de la main droite, à la hauteur de l'objectif, une règle divisée en millimètres, on regarde, de l'œil gauche, le micromètre et, de l'œil droit, la règle divisée, en faisant coïncider leurs images sur la rétine. Il est aisé de voir combien de divisions du micromètre sont requises pour couvrir une division de la régle. Donnons un exemple. On a trouvé qu'*une* division du micromètre coïncide exactement avec *une* division de la règle. On en conclut que l'oculaire grossit 10 fois puisqu'il amplifie 1/10 mm. au point de le rendre égal à 1 mm.

On répète cette opération sur tous les oculaires que l'on possède et l'on dresse, une fois pour toutes, le tableau de leur pouvoir grossissant.

Ces déterminations ne sont rigoureuses que pour l'observateur.

Nous avons trouvé, par ce procédé, pour les divers oculaires de ZEISS, les chiffres suivants :

Oculaire	**1**	grossit	6	fois.
»	**2**	»	8	»
»	**3**	»	10,5	»
»	**4**	»	13	»
»	**5**	»	18	»

2° Le pouvoir amplifiant de l'objectif(¹) s'obtient à l'aide des deux micromètres. Ceux-ci étant installés et mis au point, on examine combien il faut de divisions du micromètre objectif pour recouvrir toutes les divisions du micromètre oculaire. Il suffit, ensuite, de diviser la valeur de celui-ci (5 mm.) par la valeur des divisions du micromètre objectif qui le recouvrent, pour obtenir le résultat cherché.

Un exemple fera mieux comprendre la chose. Supposons que 40 divisions du micromètre objectif recouvrent le micromètre oculaire. Dans ces conditions le pouvoir amplifiant sera égal à :

$$\frac{5 \text{ mm.}}{\frac{40}{100}\text{mm.}} = \frac{500}{40} = 12,5.$$

Ce qui veut dire que l'objectif employé grossit 12,5 fois.

C'est de cette manière qu'on dresse le tableau du pouvoir amplifiant des divers objectifs que l'on possède.

Voici le pouvoir grossissant des objectifs dont il sera fait mention dans le courant de notre ouvrage.

AA	= 6,25	fois.
DD	= 30,3	»
F	= 71	»
G	= 42	»
1/12	= 62	»
1/18	= 91	»
L	= 112	»

3° A l'aide de ces données, il est très facile de trouver le grossissement total du microscope. On sait, en effet, que ce grossissement est égal au grossissement de l'objectif multiplié par le grossissement de l'oculaire. Ainsi, étant donné que l'oculaire grossisse 6 fois et l'objectif 30 fois, le grossissement total sera égal à 180 fois.

(¹) Il s'agit ici du pouvoir amplifiant de l'objectif, modifié par le verre *collecteur* de l'oculaire, ou des dimensions de l'image du microscope, qui sera reprise et grossie par le *verre de l'œil*. Le pouvoir amplifiant des objectifs seuls, considérés comme *loupes*, est en réalité plus considérable, parce que le collecteur réduit de beaucoup leurs images. Pour obtenir ce pouvoir amplifiant, on divise le chiffre conventionnel de la distance de la vision distincte (220 ou 250 mm.) par celui qui représente la distance focale des objectifs (tableau de la page 47). Nous obtiendrions, de cette manière, pour $\frac{\mathbf{1}}{\mathbf{18}}$: $\frac{220}{1,25}$ ou $\frac{250}{1,25}$ = 176 ou 200 diamètres ; tandis que son image, *au microscope*, n'a que 91 diamètres. Nous ne devons tenir compte que de cette dernière image dans nos mesures.

Une remarque est à faire ici. Il est impossible de calculer le grossissement réel d'un microscope. Premièrement, parce qu'il est impossible d'évaluer exactement le pouvoir amplifiant réel de l'oculaire : ce pouvoir varie avec chaque œil, et, pour un même observateur il varie avec l'âge, et même d'un jour à l'autre et d'un moment à l'autre de la journée. Secondement, parceque le *punctum proximum* d'accommodation, nous le verrons bientôt, n'est pas le même lorsqu'on regarde à l'œil nu, ou au microscope. Il faut ajouter qu'il varie d'un individu à l'autre, et qu'il varie pour chacun avec les divers systèmes employés (1). Ainsi, alors même que chaque observateur se donnerait la peine de mesurer aussi exactement que possible le pouvoir grossissant de ses instruments, sans se fier aux tableaux souvent exagérés des constructeurs, on n'obtiendrait encore que des approximations, en comparant les chiffres des divers auteurs. C'est pour cette raison qu'il est préférable d'indiquer les grossissements par la notation de l'oculaire et de l'objectif dont on s'est servi, sans oublier le nom du constructeur; de cette manière chacun sait à quoi s'en tenir.

II. Mesure de la grandeur réelle des objets.

Les auteurs donnent différentes méthodes pour prendre cette mesure. Nous nous contenterons d'en mentionner une, la *seule correcte* (2), et la plus expéditive en même temps. On installe le micromètre oculaire, et, l'objet étant mis au point aussi exactement que possible, on examine combien il faut de divisions du micromètre pour le recouvrir. Cela fait, il ne reste plus qu'à diviser la valeur de ces divisions par le pouvoir amplifiant de l'objectif, connu d'avance, pour obtenir le diamètre cherché. Ainsi, par exemple, s'il faut 16 divisions du micromètre oculaire pour recouvrir un microbe, un globule sanguin, en employant l'objectif DD, on aura pour le diamètre cherché : $\frac{1,6 \text{ mm.}}{30,5} = 0,053$ mm. environ.

L'unité de mesure en microscopie est le millimètre ou le millième du millimètre, suivant les auteurs. Aujourd'hui on admet généralement la seconde unité, proposée jadis par HARTING dans son Traité du microscope. On lui donne le nom de *micra* ou *micron*, et on l'écrit μ. D'après cela, le diamètre de l'objet précité mesurerait 5,3 μ.

§ II. GONIOMÈTRES. (3) — MICROSCOPE PÉTROLOGIQUE.

Les substances cristallines qu'on rencontre à l'intérieur des cellules ne sont pas très nombreuses et, le plus souvent, l'examen de leurs formes habituelles et l'emploi de quelques réactifs suffisent pour

(1) Voir BARDET, dans LANESSAN, *Revue internat.*, 15 décembre 1879.

(2) Ibidem.

(3) FRANKENHEIM, *Chem. und Krystall. Beobacht.*, Poggend. Ann. d. Phys. und Chem. Bd. 37, p. 637, 1836, paraît avoir eu la première idée de mesurer les angles au microscope.

Fig. **18**. — *Microscope pétrologique.*

L'analyseur, *a*, porte un cercle gradué, *c*, et un index ; le polariseur, *p*, s'installe à la place du diaphragme ordinaire, *d* ; la table, *t*, porte un limbe gradué, et est mobile autour de l'axe de l'instrument ; les vis, *m*, servent à centrer l'instrument par gauchissage ; la vis micrométrique graduée, *v*, dont la valeur du pas est connue, permet de mesurer la hauteur verticale ou l'épaisseur des objets microscopiques.

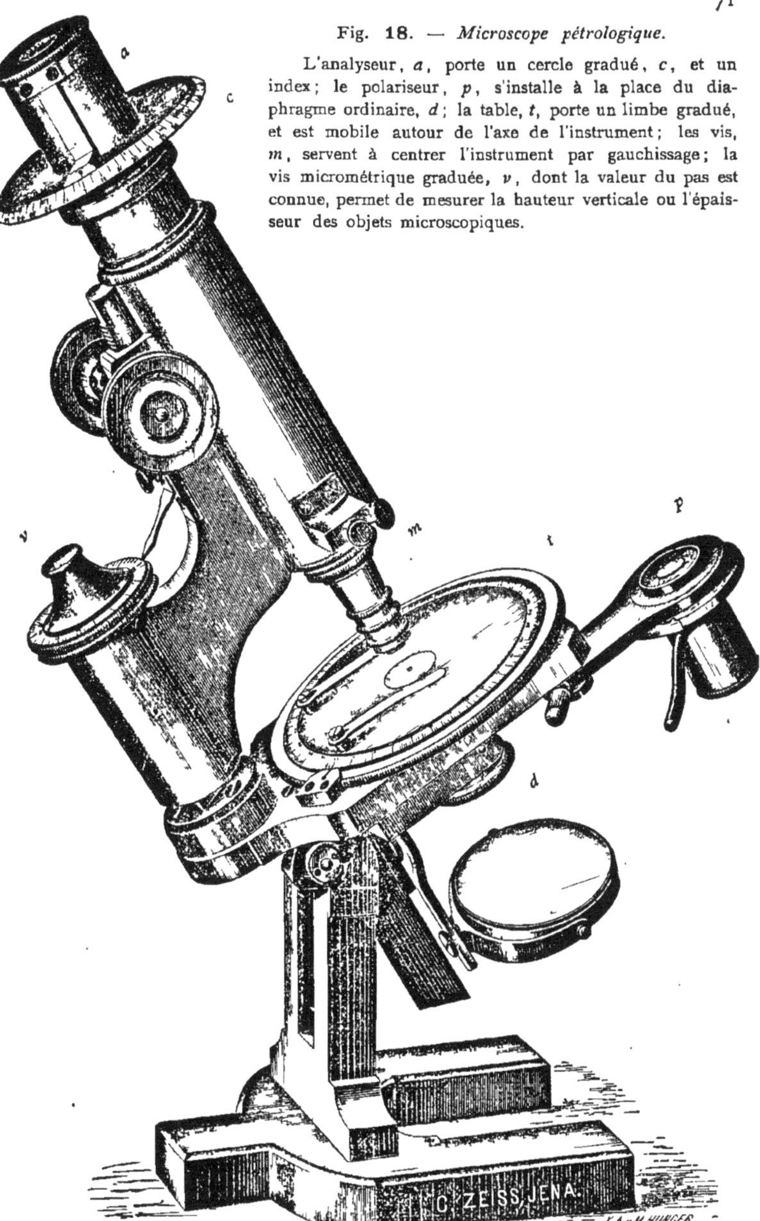

Fig. **18**.

en déterminer la nature sous le microscope. Dans le doute, on a recours à l'analyse chimique ordinaire, lorsqu'on peut les obtenir en quantité suffisante ; c'est ce qu'on peut faire pour les innombrables cristaux du corps de BOJANUS des mollusques. C'est seulement après avoir épuisé ces moyens qu'on s'adresse aux procédés de la minéralogie. Ces procédés consistent surtout dans la mesure des angles plans et dièdres, et dans l'étude des phénomènes que les corps présentent en lumière polarisée, soit parallèle, soit convergente.

1° La mesure approximative des *angles plans* n'est pas difficile à prendre. Le plan de l'angle étant placé parallèlement au champ du microscope, on dessine ses arêtes à la chambre claire, ou bien on en prend la photographie. On lit la valeur de l'angle sur un transporteur ordinaire.

Mais pour arriver à des déterminations rigoureuses il faut recourir au *goniomètre.*

Le goniomètre consiste en un cercle gradué, adapté à l'oculaire ou tracé sur la platine, fig. **18**, et dont le centre coïncide avec l'axe du microscope. Il y a surtout deux goniomètres qui sont en usage : le goniomètre *à spath* ou de LEESON, et le goniomètre *à réticule.* Dans le premier, l'oculaire porte un spath d'Islande, qui, comme toutes les substances biréfringentes, donne deux images des objets. Pour s'en servir, on fait tourner l'oculaire jusqu'à ce que les deux images d'une arête de l'angle à mesurer se superposent, puis on le fait tourner de nouveau, jusqu'à ce que les deux images de l'autre arête se superposent à leur tour : la valeur de cette dernière rotation, valeur qu'on lit sur le limbe gradué à l'aide d'un index, représente évidemment la valeur de l'angle.

Dans le second goniomètre, le spath est remplacé par un réticule. Son usage est facile. On amène le sommet de l'angle au point de croisement, et l'on fait coïncider, en même temps, l'un des fils avec une arête. On tourne l'oculaire, ou la platine, jusqu'à ce que le même fil coïncide avec l'autre arête : la valeur angulaire de cette rotation donne celle de l'angle à mesurer.

Toutes ces manipulations sont faciles, et les mesures sont prises avec une grande exactitude. Néanmoins, pour que ces mesures représentent la valeur réelle de l'angle du cristal, il est indispensable que les appareils soient *centrés*, c'est-à-dire que le centre du limbe et le point de croisement des fils du *reticulum* coïncident avec l'axe optique du microscope. Or, il n'y a que les microscopes pétrologiques, aussi appelés minéralogiques ou goniométriques, qui permettent de réaliser ce centrage. Ils sont d'ailleurs indispensables pour mesurer les angles dièdres et les positions angulaires d'extinction. La fig. **18** représente un de ces instruments. La plupart des constructeurs opèrent le centrage par le gauchissage du tube du microscope. A cet effet, ils l'introduisent dans un manchon portant deux vis latérales, *m*, dont la pointe s'appuie sur le tube interne. En maniant ces vis, on reporte le tube d'un côté ou de l'autre, et l'on finit bientôt par le fixer dans la position voulue. Pour s'assurer si ce but est atteint, on amène un petit corps du porte-objets sous le point de croisement du *reticulum*, et l'on fait faire un tour complet à la platine : l'instrument sera centré, lorsque le corps restera exactement sous la croisure durant toute la révolution de la table. On tâtonne, à l'aide des vis, jusqu'à ce que ce résultat soit obtenu. C'est alors seulement qu'on procède à la mesure des angles plans.

2° La mesure des angles dièdres est beaucoup plus longue et plus compliquée. Nous ne pouvons songer à détailler ici les diverses méthodes dont elle nécessite l'emploi. Le biologiste ne doit heureusement y recourir que dans des cas très rares, et pour des travaux tout à fait spéciaux. Il fera bien alors de consulter les travaux des spécialistes (1) ou les ouvrages de minéralogie moderne (2).

CHAPITRE III.

INSTRUMENTS DE REPRODUCTION DES IMAGES MICROSCOPIQUES.

On peut reproduire fidèlement les images microscopiques de deux manières : par le dessin, et par la photographie. De là deux séries d'appareils nouveaux que nous allons esquisser rapidement.

§ I. APPAREILS A DESSINER. — DESSINS MICROSCOPIQUES.

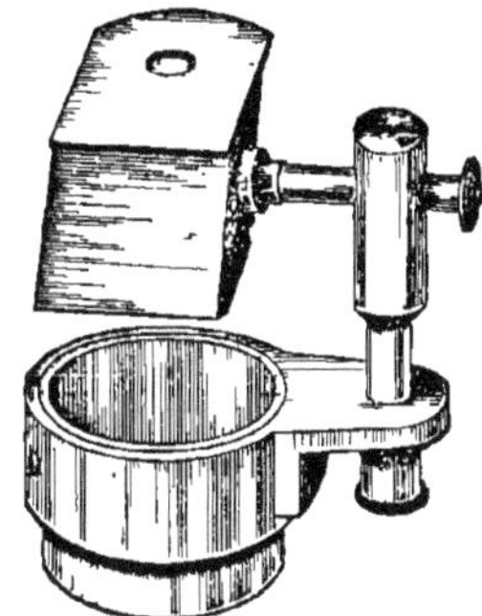

Fig. **19**.
Chambre claire de NACHET.

I. Les appareils à dessiner sont désignés sous le nom de *chambres claires* (3).

Les systèmes de chambres claires, imaginés par les constructeurs de microscopes, sont nombreux. Le prisme de NACHET et la chambre claire ABBE nous paraissent être les plus simples et les meilleurs de ces appareils.

1° *Prisme de* NACHET.

Ce petit instrument, fig. **19**, se compose de deux prismes sertis dans une monture métallique, et disposés de manière à ce que l'œil qui regarde par le trou de la monture, puisse voir à la fois le papier, le crayon et l'objet à dessiner. En effet, les rayons émanant du papier et du crayon sont réflé-

(1) M. J. THOULET, *Contrib. à l'étude des prop. phys. et chim. des minér. microsc.* p. 17, donne une méthode relativement facile. — BERTRAND en décrit deux autres dans les *Compt. rend.*, décembre 1877 Il a construit aussi un microscope pétrologique très perfectionné, qui permet de prendre toutes les mesures avec une grande précision. (BERTRAND, directeur du Comptoir minéralogique, rue de Tournon, Paris).

(2) Voir les ouvrages cités p. 65.

(3) On peut lire dans CHEVALIER : *Conseils aux artistes et aux amateurs sur l'application de la Chambre claire à l'art du dessin*, Paris 1838, les premiers essais de WOLLASTON, de BATE, d'AMICI et de CHEVALIER sur l'application de ces instruments au microscope.

chis par l'un des prismes et amenés en coïncidence avec les rayons émis par l'objet. Il est donc facile de tracer les contours et les détails de ce dernier, sans regarder directement ni la main, ni le crayon.

L'installation du prisme de NACHET est des plus faciles. Après avoir enlevé l'oculaire, on fait glisser l'anneau de la monture sur le tube du microscope ; on replace l'oculaire et on amène le trou de la monture dans l'axe de l'instrument. On dispose ensuite le papier à dessiner sur un pupître incliné, placé à droite du microscope et à la hauteur de la platine. Quelques tâtonnements suffisent pour donner au prisme la position la plus convenable pour l'exécution du dessin.

Une chose importante, lorsqu'on se sert de cet instrument, c'est de régler l'éclairage de l'objet et du papier, de façon à ce que l'image de l'un n'absorbe pas celle de l'autre, par un excès d'éclat. A l'aide de la main, d'une feuille de papier, d'un livre, d'un verre coloré servant d'écran, on établit facilement l'équilibre dans les intensités lumineuses.

Cette chambre claire est excellente et permet de dessiner, sans trop de difficulté, sous les plus forts grossissements.

2° *Chambre claire* ABBE.

Le professeur ABBE vient de faire construire par M. ZEISS une petite chambre claire dont le maniement est plus facile encore, et qui est également très bonne ; fig. **20**.

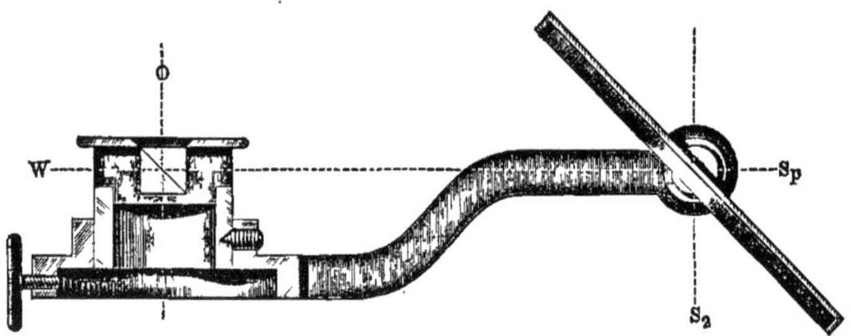

Fig. **20**.
Chambre claire du professeur ABBE.

Le papier à dessiner est placé sur une surface horizontale à la hauteur de la platine, dans la direction S_2. Les rayons émis par le papier et le crayon, réfléchis d'abord par le miroir, *Sp*, sont renvoyés vers le prisme, *W*, où ils subissent, sur une surface argentée, une seconde réflexion qui les transmet à l'œil situé en *O*. L'œil perçoit directement l'image du microscope par une ouverture circulaire pratiquée dans le miroir d'argent

Cet appareil vient coiffer l'oculaire ; on le fixe à l'aide de la vis de gauche. Il suffit de donner au miroir, *Sp*, l'inclinaison voulue pour pouvoir dessiner. Deux petites lamelles de verre enfumé, qui sont portées par la monture du prisme, permettent de régler, en un clin d'œil, l'intensité lumineuse des images du papier et de l'objet. Bien que cet appareil soit spécialement ajusté pour l'oculaire **2**, on s'en sert encore très bien avec l'oculaire **4**. En employant l'oculaire **2**, cet appareil l'emporte évidemment sur le prisme de Nachet, par la netteté et l'éclat des images. Un de ses avantages est de laisser la tête libre dans ses mouvements pendant la confection du dessin, et d'écarter ainsi la fatigue qui est inhérente à tout travail soutenu avec la chambre claire précédente.

II. *Des dessins microscopiques.*

Après l'installation de la chambre claire, on procède à la confection du dessin [1]. A cet effet il est nécessaire de se servir d'un papier à pâte fine, parfaitement lisse, et d'un crayon très dûr. Le papier Bristol et les crayons HHH de la maison Faber conviennent parfaitement. Le crayon doit être taillé à biseau long et effilé, et porter une pointe très fine [2], car il s'agit de reproduire des détails d'une grande délicatesse.

On dessine à la chambre claire tout ce qui peut être dessiné de cette façon; puis on achève le dessin, toujours incomplet et tremblé, à main levée, en regardant au microscope. Pour tracer certains détails et donner les coups de force, on se sert d'un crayon plus tendre et plus noir. Si l'on désire faire à la plume la mise au net du dessin, on se servira de préférence des plumes anglaises à bec fin qui se montent sur une hampe spéciale.

Nous regardons comme peu utile, nous allions dire nuisible, en biologie cellulaire, de recourir à l'estompe, au pinceau et aux couleurs à l'eau.

On ne peut se dispenser de noter, au bas du dessin, le grossissement sous lequel il a été exécuté.

Or, on indique ce grossissement de plusieurs manières :

Il s'indique directement par la notation suivante : gr = 400 fois; ou, gr $= \frac{400}{1}$; ou encore, gr = 400 diamètres.

Aujourd'hui, on préfère marquer le grossissement d'une manière indirecte, en spécifiant l'oculaire et l'objectif employés, et en notant le nom de leur constructeur. On dit, par exemple, gr = obj **D**, ocul. **2**, (Zeiss). C'est cette dernière notation que nous avons adoptée.

Pour éviter les redites, nous dirons donc dès maintenant que nous nous sommes servi exclusivement, pour la confection de nos dessins, des instruments de C. Zeiss, et que nous désignons les objectifs et les oculaires par les lettres et les chiffres de son cata-

---

(1) Nous n'avons à parler ici que des *dessins cytologiques*.

(2) Pour obtenir une pointe effilée, on la frotte légèrement à plat contre du papier de verre, OOO; ou, à son défaut, contre du papier ordinaire à grains rugueux.

logue. Ainsi, la notation **gr : DD, 1**, signifie que la figure a été dessinée au microscope de Zeiss armé de l'objectif **DD** et de l'oculaire **1**.

Le grossissement d'un dessin dépend non seulement des systèmes optiques que l'on a employés, mais de la distance à laquelle on l'a exécuté. Pour rendre ses dessins comparables, il faut au moins que le micrographe les prenne tous à la *même distance* de l'oculaire. Pour cela, on a l'habitude de placer le papier sur lequel on dessine à la hauteur de la platine. Dans les instruments de Zeiss, cette hauteur, prise verticalement, est de 18 centimètres environ. Pour d'autres instruments, cette hauteur est différente. Il devient donc nécessaire, de ce chef encore, d'indiquer le nom du constructeur du mimicroscope dont on se sert, si l'on veut rendre ses dessins comparables avec ceux des autres micrographes.

Il y a encore une donnée dont il faut tenir compte. L'amplification de l'image et, par concomitance, du dessin dépend aussi de la distance á laquelle on dessine, à partir de la platine. Évidemment, un dessin pris contre la platine sera moins grand que celui qui est exécuté à 10 centimètres plus loin. Nous avons pris tous nos dessins le plus près possible de la table du microscope.

Une dernière observation trouvera ici sa place naturelle. Le *punctum proximum* d'accommodation, comme l'a démontré Ch. Robin [1], n'est pas le même pour l'œil nu, et pour l'œil armé d'une lentille, pour l'œil qui regarde au microscope, par exemple. Ce *punctum proximum* varie même avec les divers systèmes optiques qu'on emploie. Toujours, il est plus rapproché quand on se sert d'une lentille; en outre, il est d'autant plus rapproché que l'objectif dont on se sert est plus faible. Conséquemment, la dimension réelle de l'image, vue au microscope, est plus petite que celle de la figure qu'on en prend à 18—22 centimètres. Avec notre objectif **AA** et l'oculaire **1**, nous devrions dessiner à 10,7 centimètres pour que le dessin ait les mêmes dimensions que l'image du microscope. Avec l'objectif **F** et l'oculaire **1**, nous devrions dessiner à 16,7 centimètres, c'est-à-dire beaucoup plus bas, à peu près au niveau de la platine. Si l'on voulait donner aux dessins les dimensions exactes de l'image du microscope, il faudrait se servir d'un pupitre qu'on élèverait ou abaisserait à volonté, suivant les systèmes employés. Pratiquement, personne ne le fait : on se contente de prendre les dessins au niveau de la platine. Il faut se souvenir qu'ils sont, en réalité, beaucoup trop grands.

Nous reviendrons sur les dessins microscopiques au livre III.

---

[1] *Traité du Microscope*, 2me édition, 1877, pp. 135 et suiv.

§ II. APPAREILS A PHOTOGRAPHIER.

GERLACH : *Die Photographie*, etc., Leipzig, 1862. — MOITESSIER : *La photographie appliquée aux recherches micrographiques*; Paris, 1866. — GIRARD : *La chambre noire et le microscope*; Paris, 1869. — HUBERSON : *Précis de microphotographie*; Paris, 1879 (Actual. Scient). — J. J. WOODWARD : *Travail lu à la société roy. de Micr. de Londres.* et traduit dans PELLETAN, *Journ. de Microg.*, 1879, pp. 486 et 526. — VAN HEURCK, *La lumière électrique appl. aux recherch. de la Microphotographie*, PELLETAN, Journ. d. Microg., 1883, p. 244. — On trouvera dans les Revues anglaises et américaines (*Microscop. News — Nature — Améric. Monthly mic. journ. — Journ. r. microsc. soc*, etc.) de nombreux articles sur la microphotographie.

C'est à M. DONNÉ que nous devons les premiers essais de photographie à l'aide du microscope composé [1]. Ces essais datent de 1840.

Depuis lors la microphotographie a fait d'immenses progrès : elle peut aujourd'hui nous fournir des épreuves aussi nettes que celles de la photographie ordinaire. Nous pouvons donc aussi recourir à ce moyen pour fixer les images microscopiques. Ce mode de reproduction peut même acquérir dans certains cas une valeur exceptionnelle : en copiant authentiquement la nature, il donne aux images qu'il produit un caractère d'absolue vérité qui fait tomber toutes les objections qu'on pourrait élever contre la valeur d'un dessin, et tranche toute discussion. Néanmoins la photographie a été peu employée jusqu'ici en cytologie. La raison en est, nous parlons d'expérience, qu'il est difficile d'obtenir des images nettes et démonstratives des cellules, et surtout de leur contenu, à cause des nombreux granules et des enclaves qui s'y trouvent. Ensuite, les images des objectifs à grand angle d'ouverture représentant des plans mathématiques, il est impossible d'obtenir une bonne photographie d'une cellule tout entière. Si l'on use d'un objectif à petit angle, on ne réussit pas davantage : les images des différents plans se superposent sur le cliché et se masquent mutuellement. Ainsi, par exemple, les épreuves photographiques d'une cellule libre, d'un noyau même, ne disent rien à celui qui n'a point vu ces objets ; il est particulièrement difficile d'y distinguer le *reticulum plasmatique*, et d'y suivre le *boyau nucléinien* dans ses circonvolutions capricieuses. Très souvent encore, les cellules qu'on voudrait reproduire sont engagées dans des tissus complexes, ou situées à une certaine profondeur de la préparation : on n'en obtient alors que des images brouillées.

On réussit mieux les photographies d'objets isolés, à contenu peu granuleux et homogène, tels que les globules sanguins, les grains de fécule et d'aleurone, les cristaux, etc., celles des surfaces dégagées de corps étrangers, comme les carapaces de diatomées, les membranes cellulaires, le *reticulum* qui tapisse la membrane périphérique des noctiluques, toujours pauvres en corps figurés, etc.

---

(1) DONNÉ : Comp. rend., tom. X, pp. 339 et 667, 1840.

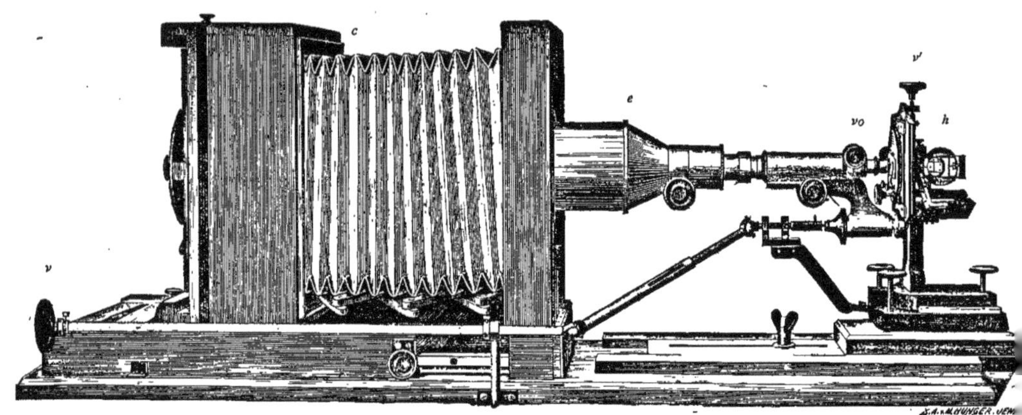

Fig. 21.

Appareil microphotographique de Zeiss.

Quoi qu'il en soit, la microphotographie peut nous rendre, ainsi qu'aux histologistes et aux pétrographes, de grands services en nous fournissant d'excellents croquis, de véritables esquisses d'une exactitude parfaite et très utiles pour la confection ultérieure des dessins : il suffit de retoucher certaines parties de l'image moins bien réussies, d'atténuer ou d'accentuer certaines lignes, d'élaguer les détails superflus, en s'aidant du microscope, pour obtenir des dessins d'une fidélité irréprochable.

On a beaucoup varié la disposition des appareils microphotographiques, comme on peut le voir dans Moitessier et les auteurs, cités en tête de ce §. La fig. **21** représente un appareil fort remarquable que M. Zeiss construit en ce moment. Cet appareil étant inédit, et nous paraissant d'ailleurs destiné à remplacer ceux qui l'ont précédé, nous en donnerons une description sommaire.

On se sert pour photographier du microscope inclinant. Celui qui est représenté dans la figure est le *Stativ* I, ou le grand modèle. Le pied de l'instrument est assujéti dans un étrier en fer, attaché à une pièce de bois, laquelle est mobile dans une coulisse du châssis qui supporte tout l'appareil. C'est à l'aide de ce mouvement en glissière qu'on éloigne ou qu'on rapproche à volonté le microscope de la chambre noire, *c*, pour prendre les photographies à la distance exigée par les circonstances.

La partie supérieure du microscope fait un angle droit avec le pied; elle prend donc la position horizontale.

La platine, beaucoup plus large que dans le microscope ordinaire, est munie d'un disque tournant à l'aide d'une crémaillière, et d'un chariot mobile qui permet de centrer l'objet, en le déplaçant dans deux directions perpendiculaires, à l'aide des vis *v'*. Les objectifs forts, au lieu d'être vissés sur le tube, sont portés par une pièce intermédiaire. La vis micrométrique, *vo*, très délicate, réalise sûrement la mise au point la plus fine, en élevant ou en abaissant l'objectif.

A la partie supérieure du tube du microscope s'ajuste un manchon qui peut s'emboîter dans un entonnoir, *e*, porté par la chambre noire et mobile au moyen d'une crémaillière. Un mécanisme facile permet de rejeter cet entonnoir sur le côté, lorsque, ce qui arrive fréquemment, l'observateur doit regarder au microscope pour contrôler l'éclairage, la position et le centrage de l'objet, etc.

La chambre noire, *c*, entièrement développée, mesure 80 centimètres; une échelle latérale donne sa hauteur exacte pour un développement quelconque.

Zeiss obtient la mise au point de l'image à l'intérieur de la chambre obscure par un mécanisme des plus ingénieux. En touchant le bouton molleté, *v*, qui est au niveau de sa main, l'observateur commande à la vis micrométrique ordinaire du microscope, par l'intermédiaire d'une articulation universelle, — comme cela se voit clairement dans la figure, — sans être obligé de la manier directement. Tout le monde sait que la mise au point dont nous parlons est entourée de grandes difficultés. Pour l'effectuer avec toute l'exactitude désirable, ZEISS opère d'abord la mise au point grossière sur une plaque de verre dépoli, à la façon ordinaire. Puis, il remplace ce verre par une glace transparente, sur laquelle est tracée au diamant une *croix très fine*; une loupe portée par un bras mobile permet de constater le point précis où l'image, amenée en coïncidence avec la croix, apparaît avec la plus grande netteté. On arrête la vis à ce point, on enlève la glace et l'on photographie comme d'habitude, après avoir installé la surface sensible au niveau exact de la croix.

Avec les forts objectifs il est presque indispensable de se servir d'un héliostat pour opérer la mise au point exacte.

Les objectifs n'étant ajustés que pour la longueur habituelle du tube du microscope, il est nécessaire d'employer une *lentille à correction* lorsqu'on veut photographier à une distance plus considérable, à la distance de 1 m. ou de 1,50 m., par exemple; sans cela leur image perdrait en netteté. Cette lentille se visse au sommet du tube du microscope; des instructions spéciales en règlent l'usage.

Pour photographier au microscope, on enlève habituellement l'oculaire. Lorsqu'on juge utile de le conserver, il faut se servir d'un oculaire *orthoscopique* ou *achromatique*, et il faut en outre éloigner le microscope de la chambre noire.

La netteté des épreuves photographiques dépend surtout de l'objectif qu'on emploie. Les objectifs à grand angle d'ouverture, les objectifs à immersion dans l'eau et dans l'huile sont les meilleurs. Le travail de M. WOODWARD ne laisse plus de doute sur ce point : on sait qu'il donne la préférence au **1/12** de ZEISS [1].

Les objectifs les mieux corrigés présentent un foyer chimique et un foyer visuel, lorsqu'on se sert de la lumière blanche pour prendre les épreuves. C'est pourquoi la netteté de ces dernières est loin de correspondre à la netteté de l'image vue sur l'écran de la chambre noire. C'est un fait dont il faut tenir compte lorsqu'on opère la mise au point. Pour faire disparaître ce grave inconvénient, notre ami le chanoine de CASTRACANE a employé, dès 1864 [2], la lumière monochromatique, qui ne présente nécessairement qu'un foyer, pour exécuter l'album photographique de diatomées, qui a été si remarqué à la première exposition universelle de Londres. On se sert généralement de la lumière bleue, parce qu'elle est douée d'une grande activité chimique.

Nous savons déjà comment on se procure la lumière monochromatique (p. 58) [3]. La fig. **21** montre le prisme de HARTNACK, *h*,

---

[1] J. J. WOODWARD, dans PELLETAN, Journ. de Microgr., 1879, p. 530.

[2] ATTI dell' Accad. pontif. de' nuov. linc. 1864. — BREWSTER, avait déjà appelé l'attention sur l'utilité de la lumière monochromatique.

[3] Pour les détails pratiques, voir MOITESSIER, l. c. p. 176 et suivantes.

installé pour photographier dans ce genre d'éclairage. Ce prisme donne d'excellents résultats avec les objectifs moyens et forts; quand on se sert d'objectifs faibles, la cuvette à oxyde de cuivre ammoniacal est suffisante.

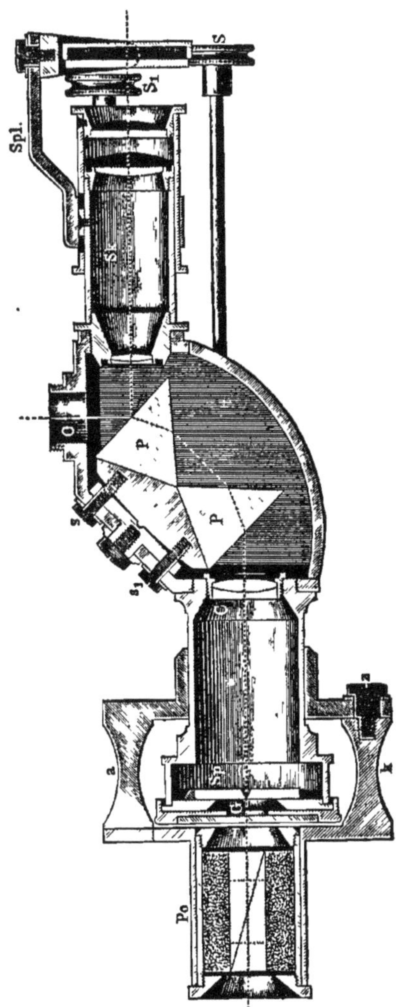

Fig. **22.**
Spectropolariseur de Zeiss.

La lumière électrique, renfermant beaucoup de rayons bleus et violets, peut remplacer la lumière précédente dans beaucoup de circonstances. La petite lampe électrique de Swan, à incandescence dans le vide, convient parfaitement pour la microphotographie.

On peut aussi photographier dans la lumière polarisée. A moins de posséder un héliostat, il vaut mieux alors recourir à la lumière artificielle, car la pose est assez longue même en employant l'oculaire. La lampe de Swan paraît donner de bons résultats. Une lampe au pétrole, à bec circulaire du plus fort calibre, peut aussi servir, à la condition qu'elle soit alimentée par du pétrole rectifié.

Lorsqu'on désire photographier à l'aide de la *lumière polarisée monochromatique*, on se sert du spectropolariseur de Rollett (p. 63), modifié par Dippel, fig. **22** (1).

Cet appareil s'installe, comme le prisme de Hartnack, dans le *substage* du microscope, fig. **21**. On doit employer en même temps l'analyseur Abbe, fig. **16**, p. 62.

On se sert en microphotographie de plaques *sèches au gélatino-bromure*.

Nous n'entrerons pas dans les détails techniques des opérations que nécessite la mi-

(1) Voir : Dippel, *Das Mikroskop*; — Journ. of the r. micr. society, 1883; — Améric. monthly journal, 1883.

crophotographie : dire peu sur un pareil sujet, serait ne rien dire. Il est nécessaire, pour réussir, de recourir aux ouvrages spéciaux et de s'exercer à la pratique de certaines manipulations délicates, en particulier de celles qui concernent l'*éclairage* et la *mise au point*. N'oublions pas cependant que pour faire de la microphotographie avec succès il faut être micrographe. « Pour bien réussir, dit MOITESSIER (1), « dans les expériences de cette nature, il est beaucoup plus indis« pensable de posséder à fond les connaissances qu'exige le maniement « du microscope que d'être initié aux manipulations, cependant déli« cates, de la photographie. S'il est toujours possible de s'aider du « secours d'un photographe habile, on n'obtiendrait jamais que des « résultats bien défectueux, si l'on n'était capable d'apprécier d'une « manière complète tous les détails qui sont du ressort du micrographe ». Aussi, s'il ne dirige lui-même les opérations, en particulier la mise au point, le savant cherchera-t-il en vain sur l'épreuve l'objet ou le détail qu'il a voulu faire représenter.

CHAPITRE IV.

LABORATOIRE DU CYTOLOGISTE.

I. Local.

Il convient d'affecter un local spécial aux recherches microscopiques. Une pièce assez spacieuse, ayant une ou deux fenêtres ouvertes au Nord-Est, sur un ciel libre jusqu'à l'horizon, réalise les conditions les plus favorables aux observations microscopiques. Il faut, avant tout, éviter la lumière directe du soleil; c'est pourquoi l'exposition au midi est toujours défavorable.

II. Table de travail.

Cette table sera massive et pesante pour amortir les trépidations du sol, et aussi longue que possible, afin de pouvoir y installer plusieurs instruments à la fois. On n'oubliera pas d'en faire peindre la surface en noir mat, dans le but d'empêcher les rayons lumineux de se réfléchir vers l'œil : cette réflexion causerait une prompte fatigue, et enlèverait à la rétine la sensibilité nécessaire pour l'observation des images microscopiques, toujours fines et délicates. Il convient aussi qu'elle soit munie de tiroirs spacieux, afin que l'observateur puisse y remiser et tenir sous la main tous les accessoires d'un usage journalier. Ajoutons encore un détail. Il est avantageux de faire incruster à niveau, dans la table, une petite glace par-dessous laquelle on a peint des bandes rouges, vertes et blanches. Ces bandes colo-

(1) MOITESSIER, l. c., p. 197.

rées rendent de grands services dans les dissections fines et la confection des préparations laborieuses : grâce à ce stratagème, les objets qu'on y fait glisser avec la lame de verre deviennent plus facilement percevables, par le contraste de leur teinte avec celle du fond sous-jacent.

III. Ustensiles.

Les travaux micrographiques nécessitent l'emploi d'une foule d'ustensiles et d'appareils accessoires. Nous ne saurions les énumérer tous. Dans maintes circonstances on devra soi-même en construire de nouveaux, suivant les observations et les expériences que l'on entreprend. « Un observateur patient et minutieux, dit très judicieusement M. Chevalier (1), n'est pas embarrassé, quand il lui manque un de ces riens qui assurent souvent la réussite des expériences, et à l'aide de quelques outils usuels il a bien vite construit le petit appareil qui lui est utile. » Il convient néanmoins d'indiquer les plus indispensables aux débutants.

A. *Verroterie.*

Parlons d'abord des accessoires en verre. Il en est qui sont tout-à-fait nécessaires.

Fig. **23**.

Telles sont en premier lieu : les *lames* ou *porte-objets* et les *lamelles* ou *couvre-objets*. Les premières sont en verre à glace très pur, à faces parallèles et parfaitement polies. Leur épaisseur varie de 1 à 2 mm. On leur donne divers formats : le meilleur est le format anglais 76×26 mm., fig. **23**. Il se vendent tout faits, chez les opticiens, au prix de 5 fr. le cent.

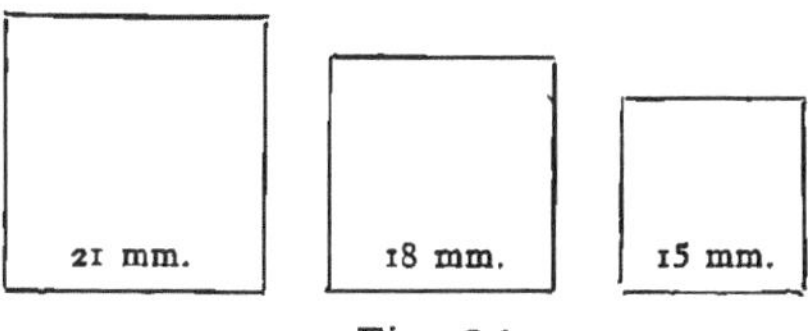

Fig. **24**.

Les couvre-objets, fig. **24**, sont destinés, comme leur nom l'indique, à recouvrir la préparation avant de l'examiner. Ces verres sont très minces : de 0,2 à 0,1 mm. d'épaisseur. Il en existe de beaucoup plus minces encore pour les objectifs à court foyer. Leurs dimensions en surface varient beaucoup. Il est prudent de se servir de lamelles assez larges, de 18 mm. de côté par exemple. Les couvre-objets coûtent de 3 à 6 fr. le cent.

(1) *L'étudiant micrographe*, 3e édition, p. 158.

Outre ces lames et lamelles, on doit se munir de *verres de montre* de différents diamètres, mais assez profonds, et de *petits baquets* en verre peu élevés; ils servent à maintenir les préparations dans l'eau, l'alcool, les matières colorantes, les réactifs, etc. On les utilise aussi pour opérer certaines réactions à la lampe à alcool, et pour installer les cultures que l'on veut suivre sous le microscope. Les *tubes à essai* rendent des services analogues dans d'autres circonstances; on ne peut s'en passer.

On doit avoir aussi sous la main un certain nombre de *cloches* en verre, petites et grandes, pour recouvrir les préparations et les préserver de la poussière.

Ces cloches se transforment d'ailleurs facilement en *chambres humides* qui sont de première nécessité. A cet effet, on prend une soucoupe en porcelaine ou en verre, une assiette large, etc., dont le fond est recouvert d'une mince couche d'eau. On y dresse une étagère propre à recevoir un certain nombre de préparations, et qu'on recouvre d'une cloche qui baigne dans le liquide. Par ce moyen, l'air intérieur demeure constamment saturé de vapeur d'eau et les préparations ou les cultures sur porte-objets peuvent y être laissées à l'abri de la dessiccation et des corps étrangers aussi longtemps qu'on le désire. Nous ne connaissons pas de meilleur système de chambre humide que celui qui est réalisé par cette disposition si simple.

Au besoin, ces chambres humides peuvent se transformer en *chambres sèches*. Il suffit pour cela d'enlever l'eau et de déposer sous la cloche un baquet renfermant du chlorure de calcium ou un autre corps déshydratant.

Il est parfois indispensable d'observer les objets dans une *atmosphère saturée*. A cet effet, chacun peut se construire un petit appareil, sur le modèle de celui de RECKLINGHAUSEN (1) : une lame de verre assez large sur laquelle on installe la préparation, un anneau en verre de 4 à 5 centimètres de diamètre qu'on dépose sur cette lame, de façon à ce que la préparation en occupe le centre; une bourse en caoutchouc ou en taffetas imperméable, qu'on fixe, à l'aide d'un cordon, sur l'anneau d'une part et sur le nez de l'objectif de l'autre, telle est l'installation complète.

Quelques *verres coniques*, à fond très étroit, sont souvent utiles. Les corps que l'on y précipite s'accumulent sur un point restreint, où il est plus facile de les saisir avec la pipette.

Les *pipettes* en verre, à bec fin, sont nécessaires pour puiser les petits êtres qui vivent dans l'eau; les pipettes à large ouverture servent à humer les coupes qui ont été déposées dans un liquide et à les transporter, sans les blesser, sur le porte-objets.

On a souvent besoin, dans les recherches de cytologie, de tenir à sa disposition des protozoaires et des protophytes, ainsi que de petits

---

(1) Voir FREY, *Das Mikroskop*, 7e éd., p. 65; — et RANVIER, l. c., p. 43.

animaux aquatiques. Ces petits êtres se cultivent facilement. Tout le monde connait les infusions. On fait une décoction de foin, de courge, de navet, etc., qu'on place dans une *cuvette en verre* exposée à une température suffisante. Au bout de quelques jours les organismes les plus divers y pullulent (1). Mais, abstraction faite des infusoires, on peut cultiver aussi nne foule d'êtres inférieurs dans les mêmes conditions. Le meilleur moyen de réussir est de les transporter au laboratoire, dans l'eau même où ils vivaient en liberté, et de les déposer dans de grandes cuvettes en verre, qui remplacent très bien les aquariums plus coûteux (2). A mesure que l'eau s'évapore on la remplace par de l'eau puisée au même endroit. Ces petits êtres sont pour la plupart fort capricieux, ou plutôt fort délicats, et la moindre modification qui survient dans leur milieu les fait disparaître sans retour. C'est une pratique excellente que celle qui consiste à placer dans les vases une ou deux plantes aquatiques qui végètent naturellement dans les eaux où les animaux ont été trouvés; elles empêchent la putréfaction et elles leur servent de support ou de nourriture. Les *lemna*, ou lentilles d'eau, répandues en petite quantité à la surface des bocaux, nous ont toujours donné de bons résultats.

On nomme *cellules* des cadres appliqués sur le porte-objets, à l'effet d'y circonscrire une cavité plus ou moins profonde que le couvre-objets achève de clore entièrement. Ces cadres se font en caoutchouc, en gutta-percha, en verre, etc. Aujourd'hui on n'emploie plus que les cellules en verre. On en trouve, chez les opticiens, de toutes les profondeurs. On les colle, à l'aide de la glu marine (3), sur le porte-objets placé sur une plaque métallique chaude.

On peut aussi, à l'exemple de Goadby, fabriquer des cellules, au moyen de porte-objets. On les perce de part en part de trous de diverses grandeurs, et l'on colle une lamelle mince de chaque côte des trous. Les porte-objets présentant de simples dépressions circulaires d'une certaine profondeur remplissent le même but. Enfin, lorsqu'il s'agit de cellules peu profondes, il suffit pour les obtenir de tracer sur le porte-objets avec le pinceau un cadre de baume du Canada, de bitume dissous dans l'essence de thérébenthine, de gomme laque dissoute dans le naphte, — *liquid glue* des anglais, — de glu marine, de blanc de plomb ou de zinc préparé à l'huile, etc.

Ces cellules diverses ont un double usage. D'abord elles servent à inclure hermétiquement, sans les presser ni les déformer, les objets et les coupes que l'on veut conserver indéfiniment soit à sec,

(1) Voir les ouvrages qui traitent des Infusoires.

(2) M. Williquet, rue de l'Étuve, Bruxelles, fabrique des cuvettes en verre d'une seule pièce, et ayant jusqu'à 30 et 60 centim. de diamètre et 30 centim. de hauteur, au prix de 5 à 10 francs.

(3) Mélange en parties égales de gomme laque et de caoutchouc dissous dans la benzine.

soit dans un liquide conservateur approprié (1). En second lieu on les utilise, comme les verres de montre et les petits baquets en verre, pour les cultures sur porte-objets. Ce mode de culture est souvent nécessaire, tantôt pour observer les micro-organismes ou les cellules des autres êtres, pendant leur vie, tantôt pour suivre le développement des œufs et des jeunes embryons, des grains de pollen, des spores de champignons, des zoospores, des infusoires enkystés, etc., etc.

B. Objets divers.

Un mot encore sur les divers ustensiles qui doivent figurer dans le laboratoire. Un des plus indispensables est la *lampe à alcool.* Elle doit être accompagnée de quelques trépieds en fer, portant des anneaux de différents diamètres, destinés à recevoir les capsules en porcelaine et les verres de montre, dont on se sert pour soumettre les liquides à l'action de la chaleur. Il est bon aussi de posséder une plaque métallique qu'on pose sur l'anneau, lorsqu'on veut chauffer les préparations et les objets qu'on ne peut déposer dans les capsules.

On ne pourrait non plus se passer d'un *bain-marie.* Dans une foule de circonstances il est nécessaire de soumettre les préparations à une température déterminée, constante ou variable. Nous croyons inutile de décrire cet appareil. Le micrographe aura soin de se le faire construire de façon à ce qu'il réponde aux exigences particulières de ses travaux. Il est de toute nécessité qu'il puisse être maintenu à une température constante; il faut aussi qu'il puisse recevoir à la fois un certains nombre de préparations, et qu'il permette d'interdire tout accès à la vapeur d'eau dans la chambre où l'on dessèche les objets et les coupes. Le modèle décrit par WITHMAN réalise bien ces conditions (2).

Une des choses les plus importantes pour le cytologiste c'est de posséder de bons *instruments de dissection.* Il a besoin d'aiguilles fines, de pinces droites et courbes, à bec uni; il a besoin surtout d'instruments tranchants minces et délicats : ciseaux droits et courbes, scalpels de toute forme, tous bien acérés. Le petit ciseau à *manche et à ressort*, lui est des plus indispensables. Pour rendre les services qu'on en attend ces objets doivent être faits sur ordre ou sur modèle, par un habile fabricant d'instruments de chirurgie (3).

Les dissections se font généralement dans de petites *cuvettes* en zinc, en porcelaine ou en verre, dont le fond est garni d'une épaisse couche de cire noircie avec du noir de fumée pour faire mieux ressortir les objets. Ces cuvettes doivent avoir peu de profondeur : la dissection est alors plus facile et plus sûre. Elles ne

---

(1) Voir plus loin, *Livre II.*

(2) O. WITHMAN, dans PELLETAN *Journal de Micrographie*, 1883, p. 192.

(3) M. GEORGES CLASEN, rue de l'Hôpital, 34, Bruxelles, nous en fabrique d'irréprochables.

peuvent évidemment servir pour la dissection au microscope, qui exige la lumière transmise. On les remplace facilement par un porte-objets, bordé d'un mur de paraffine ayant un demi-centimètre de hauteur. Cette cuvette improvisée est également nécessaire pour disséquer à l'œil nu sur un fond coloré; on la dépose alors sur la mosaïque de la table (p. 82).

Quant au *rasoir* tout le monde sait qu'il est l'outil indispensable du micrographe : aussi est-il nécessaire de choisir *les meilleurs parmi les bons*, dit M. SCHACHT. En général les rasoirs seront aussi évidés que possible; un seul rasoir à lame plate d'un côté et évidée de l'autre suffit amplement.

Une petite *seringue de* PRAVAZ rend les plus grands services; elle est nécessaire pour injecter divers réactifs à l'intérieur des animaux vivants ou dans leurs tissus. Deux ou trois canules fines, en or ou en platine — pour résister à l'action des réactifs — sont suffisantes.

Dans une foule de circonstances on doit préparer soi-même les réactifs microchimiques. Or, ceux-ci n'étant souvent que des mélanges de plusieurs corps faits en proportion déterminée de poids ou de volume, il devient nécessaire de posséder une *balance* de précision et quelques *éprouvettes* et *pipettes* graduées. Sans cela, on serait forcé de recourir constamment aux droguistes et aux chimistes. On conçoit sans peine les inconvénieuts qui en résulteraient.

Il est bon enfin, ne fût-ce que pour chasser l'air des préparations végétales, de se procurer une petite *pompe pneumatique*. On peut se la fabriquer sans frais : on utilise à cet effet un gros tube à essai à parois épaisses, auquel on adapte un piston muni d'un soupape s'ouvrant de bas en haut. On dépose les coupes dans une liquide approprié au fond du tube : en abaissant le piston l'air s'échappe; en le relevant, la soupape se ferme et l'air sort des coupes pour se répandre dans le tube.

Il n'est pas rare qu'on soit obligé de chauffer les objets soumis à l'observation microscopique. C'est une pratique peu recommandable que celle qui consiste à les chauffer par le trou de la platine, à l'aide d'une mince bougie : on risque de détériorer le microscope et l'on ne peut d'ailleurs, par ce moyen, apprécier le degré de température auquel l'objet est soumis. MAX SCHULTZE a imaginé un appareil commode pour ce genre d'observations. Il consiste en une plaque métallique qui s'adapte à la platine du microscope et qui est munie d'un thermomètre. Nous renvoyons le lecteur à la description détaillée que M. SCHULTZE en a donnée lui-même (1).

(1) M. SCHULTZE, *Ein heizbarer Objecttisch und seine Verwendung*, etc. Archiv. f. mik Anat., t. I, 1865. — On peut en lire aussi la description dans FREY, *Das Mikroskop*, p. 66, et dans RANVIER, *Traité techn. d'Hist.*, p. 40.

C. *Armoires.*

Les murs du laboratoire seront munis d'armoires et d'étagères vitrées. Ces meubles servent :

a) A remiser les instruments et les ustensiles dont on ne se sert pas journellement;

b) A recevoir les bocaux contenant les matériaux d'études durcis et conservés dans divers liquides;

c) A loger les boîtes à préparations lutées, dont le nombre, au bout d'un certain nombre d'années de travail, devient toujours considérable.

IV. Réactifs.

POULSEN, *Botanisk Mikrokemi*, 1880, traduit en allemand et en français. — FREY, *Das Mikroskop*, 7e édit., 1881, pp 73 à 113. — FRIEDLAENDER, *Mikroskopische Technik;* Cassel, 1882. — BEHRENS, *Hilfsbuch z. Ausfuhr Mikr. Unters.*; Braunschweig, 1883. — W. FLEMMING, *Zellsubs.*, *Kern*, *u. Zellth.*; Leipzig, 1882, pp. 379—384, et les publications du même auteur dans les Archiv. f. mik. Anat., 1878, 1880 et 1881. — VON THANHOFFER, *Das Mikroskop und seine Anwendung*, Stuttgart, 1880, consacre un long chapitre aux matière colorantes et à leur application en microscopie. — HOYER, *Beiträge z. hist. Techn*, Biol. centralb., 1882-83, p. 23, a donné une excellente méthode pour préparer les diverses sortes de carmin.

Dans les recherches d'anatomie et de physiologie, aussi bien que dans les travaux de biochimie, le cytologiste doit recourir à l'action des *réactifs.* On appelle réactifs les composés chimiques dont l'application détermine une modification quelconque dans la constitution organique, physique ou chimique des diverses parties de la cellule et les met ainsi en évidence. D'un autre côté, il est rare qu'il puisse étudier une préparation dans l'air; presque toujours il doit la plonger dans un liquide, ou *véhicule,* avant de la recouvrir de la lamelle. Pour éviter une perte de temps considérable il est bon qu'il les ait sous la main. Dans ce but il installera à un bout de sa table une étagère destinée à recevoir les réactifs et les véhicules dont il se sert journellement. Ces corps se conservent dans des flacons bouchés à l'émeri et soigneusement étiquetés. On ne saurait se monter assez soucieux de la pureté des composés chimiques qu'on emploie, surtout dans les recherches physiologiques et microchimiques. Il faut s'habituer de bonne heure à ne puiser dans les flacons qu'à l'aide d'une baguette de verre parfaitement nettoyée; ce détail est d'une importance pratique capitale.

Ce n'est pas le lieu de parler de l'*action* des réactifs; mais pour permettre au lecteur de s'orienter dans ce qui va suivre, nous donnons ici le tableau des réactifs et des véhicules les plus généralement employés en cytologie.

TABLEAU des réactifs, véhicules et liquides conservateurs employés en cytologie.

I. Les liquides neutres.

1. L'eau distillée : H_2O.
2. L'alcool : C_2H_6O;
   a) absolu,
   b) à divers degrés de concentration,
   c) au tiers, ainsi composé :

   Eau distillée = 2 vol.
   Alcool à 30° = 1 vol.
3. L'éther $(C_2H_5)_2O$.
4. Le chloroforme : $CHCl_3$.
5. L'hydrate de chloral : $CHCl_3O,H_2O$ [1].
6. La benzine C_6H_6; — le xylol ou xylène : C_8H_{10}.
7. Le sulfure de carbone : CS_2.
8. Diverses essences : de térébenthine, de girofle, de bergamotte, etc.
9. Le phénol : C_6H_6O; — le thymol : $C_{10}H_{14}O$.
10. La glycérine : $C_3H_8O_3$.
11. Le sirop de sucre : $C_{12}H_{22}O_{11} + (H_2O)_n$.
12. Dissolution de gomme : $(C_6H_{10}O_5)_n + (H_2O)_n$.
13. Le chlorure de sodium : NaCl (surtout à 10 pour 100).
14. Le phophate de sodium : $HNa_2Ph\ O_4$.

II. Les bases.

15. La potasse : KHO, (à divers degrés de concentration, de 1 à 50 0/0 d'eau).
16. La soude : NaHO. (idem).
17. L'ammoniaque liquide : $(NH_4)HO$.

III. Les acides, les sels, etc. — Dissolvants, fixateurs, colorants, etc,

18. L'acide formique : CH_2O_2.
19. L'acide acétique glacial : $C_2H_4O_2$ (à divers états de dilution).
20. L'acide chlorhydrique : HCl (concentré, et dilué à 1 0/0 ou 1 0/00).
21. L'acide citrique : $C_6H_8O_7$.
22. L'acide azotique : HNO_3.
23. L'azotate d'argent : $AgNO_3$, (surtout à 1 ou 2 pour 100 d'eau) [2].

---

(1) L'hydrate de chloral a été indiqué comme réactif histologique à M. ROBIN par M. BYASSON, et son action physiologique a été étudiée tout d'abord par M. MAGNAUD, *Des effets du chloral* etc., thèse, 1871. Voir ROBIN, *Tr. du Micr.* p. 210. — ART. MEYER a étudié récemment son action sur les corps chlorophylliens et sur diverses substances des cellules végétales, *Das Chlorophillkorn* etc. Leipzig, 1883.

(2) DUJARDIN, *Nouveau Manuel de l'observateur au Microscope*, 1843. p. 69, se servait déjà de ce réactif, ainsi que des chlorures d'or et de mercure. — Voir aussi l'historique donné par RECKLINGHAUSEN, *Zur Geschichte der Versilb.* etc., dans VIRCHOW'S Archiv., 1863.

24. L'acide picrique : $C_6H_2(NO_2)_3OH$ (solution aqueuse).
25. L'acide sulfurique anglais : H_2SO_4.
26. La liqueur de KLEINENBERG (1).

Solut. cencent. d'acide picrique, à froid = 100 vol.
Acide sulfurique fort (avec ou sans créosote) = 2 vol.
(Dans certains cas on remplace l'acide sulfurique par l'acide azotique.)

27. L'acide osmique : OsO_4, (s'emploie en solulion de 1 0/0 à 1 0/00) (2).
28. L'acide chromique : CrO_3, (en solutions diverses, 1 p. 500 à 1 p. 1000) (3).
29. Le bichromates de potassium : $K_2Cr_2O_7$, et d'ammonium : $(NH_4)_2Cr_2O_7$.
30. La liqueur de H. MÜLLER.

Eau distillée = 100 parties.
Bichromate de potassium = 2 »
Sulfate de sodium = 1 »

31. La liqueur de MERKEL (4).

Acide chromique à 1 p. 400 = 1 vol.
Chlorure de platine 1 p. 400 = 1 vol.

32. Mélange de FLEMMING (5) (pour le noyau).

Eau distillée = 100 p.
Ac. chromique = 0,25 p.
Ac. osmique = 0,1 p.
Ac. acétique glacial = 0,1 p.

33. Le même, *moins l'acide osmique*, (fils nucléaires).

---

34. Le chlorure d'or : $AuCl_3$ (6).
35. Le chlorure de platine : $PtCl_4$ (7).
36. Le perchlorure de fer : Fe_2Cl_6.

---

37. L'iode, en dissolution aqueuse ou alcoolique, ou mieux :

Eau = 30 gr.
Iodure de potass. (IK) = 0,15 à 0,20 gr.
Iode = 0,05 à 0,10 gr.

---

(1) KLEINENBERG, Quaterly journal of microsc. sc , 1879.

(2) Indiqué par F. E. SCHULZE ; voir M. SCHULTZE, Archiv. für mikr. Anat., 1865.

(3) L'acide chromique a été introduit, comme réactif, par HANNOVER, en 1840, (ROBIN, p. 225). — M. SCHULTZE l'a indiqué, comme dissociateur, *Untersch. üb. d. Bau d. Nasenschl.*, etc., Halle, 1862. — D'après CHEVALIER, *L'étud. microg.*, p. 322, c'est WARINGTON qui l'a utilisé en premier lieu comme liquide conservateur.

(4) MERKEL, *Ueber die Macula lutea d. Mensch.*, Leipzig, 1870.

(5) FLEMMING, *Zellsubst.*, *Kern und Zellth.*, p. 382, Leipzig, 1882.

(6) CONHEIM : *Ueber die Endig. d. sens. Nerven*, etc. ; Centralblatt f. d. med. Wissensch., n° 26, 1866, et, Virchow's Archiv., 1867.

(7) Voir liqueur de MERKEL, à la page précédente.

38. L'eau bromée : la même solution (avec BrK au lieu de IK).
39. Le chlorure de zinc ioduré (1).

---

40. Le réactif de SCHWEITZER : $Cu(NH_4)_2O_2$ (2).
41. La liqueur de FEHLING, (tartrate cuprosodique ou cupropotass.) (3).
42. Le réactif de MILLON, ou liqueur nitromercurique : $Ag_2(NO_3)_2 + Hg_2NO_3 + HNO_3$ (4).

---

43. La phloroglucine : $C_6H_3(OH)_3$ (5).
44. L'indol : C_8H_7N (6).
45. L'anchusine en dissolution alcoolique (7),

---

46. **IV. Les carmins.**

A. Le carmin ammoniacal (8).

B. Le carmin boraté de THIERSCH (9) :

Eau distillée	= 28 cc.
Carmin en poudre	= 0,15 gr.
Borax	= 2 gr.
Alcool absolu	= 60 cc.

C. Le carmin aluné de GRENACHER (10) :

Eau distillée	= 100 cc.
Carmin en poudre	= 0,5 à 1 gr.
Alun potassique ou ammoniacal	= 1 à 5 gr.

---

(1) Trouvé par SCHULZE, de Rostock; voir SCHACHT, *Le Microscope*, p. 45.

(2) SCHWEITZER : Jour. f. prakt. Chemie, 1857. — Employé d'abord par C. CRAMER sous le microscope; voir SCHACHT, op. c., p. 45.

(3) J. SACHS a utilisé le premier ce réactif, en micrographie, pour la recherche des sucres, *Ueber einige neue mikr. React.;* Sitz. d. k. Akad. d. Wiss., Wien, 1859 ; puis dans « Flora », 1862, p. 289.

(4) E. MILLON : *Sur un réactif propre aux comp. protéiq.*; Ann. de Ch. et de Phy., 3e sér., tom. XXIX, 1850.

(5) V. HÖHNEL : *Histochem. Unters. über das Xilophilin;* Sitz-ber. k.k. Akad. Wien, 1877. — J. WIESNER : *Note über das Verhalten der Phloroglucins*; ibid., 1878.

(6) NIGGL : *Das Indol, ein Reagens auf verholz. Zellen*; Flora, 1881.

(7) WALDEYER : *Untersuch. üb. d. Ursprung.... d. Axencylinder*, etc.; Zeitsch. f. ration. Mediz. 1863, a employé cette matière colorante; mais c'est N. J. C. MÜLLER qui l'a préconisée pour découvrir les résines et les huiles essentielles; *Untersuch. üb. die Vertheil. d. Harze* etc., Jahrb. de Pringsheim, tom. V, 1866.

(8) TH. HARTIG : *Chlorogen*, et, *Die Functionen d. Zellkerns;* Bot. Zeit. 1854. — *Entwickelungsgeschichte der Pflanzenzelle;* Bot. Zeit. 1855. — *Entwick. d. Pflanzenkeims*. Leipzig, 1858. — Ce n'est que quatre ans plus tard que GERLACH, *Mikr. Studien*, etc., ERLANGEN, 1858, a appliqué le carmin à l'histologie animale. C'est dont bien à HARTIG, et non à GERLACH, que revient l'honneur d'avoir introduit dans la science la méthode de coloration par le carmin. HARTIG a fait, avant 1858, une étude assez approfondie de l'action colorante de cette substance sur le noyau. — En 1843 (Bot. Zeit) COHN et GOEPPERT ont employé le carmin pour mieux voir la rotation intracellulaire sur le *Nitella flexilis*.

(9) THIERSCH, *Injectionsmassen* etc., Arch. f. mik. Anat., 1865.

(10) GRENACHER, Archiv. f. mik. Anat., 1879; — item, Zeitsch. f. Mikroskopie, 1879.

D. Le carmin alunée de TANGL [1] :

Solution saturée d'alun,
Carmin en poudre;
(faire bouillir 10 minutes et filtrer).

E. Le carmin acétique [2].
F. Le carmin alcoolique [3].
G. Le picrocarmin [4].

V. Les anilines [5], et autres matières calorantes.

47. La fuchsine ou rouge d'aniline, chlorydrate etc. de rosaniline ($C_{20}H_{19}N_3$.). — Dahlia, mauvéine, etc.
48. Le bleu d'aniline, ou sels de rosaniline triphénilique : $C_{20}H_{16}(C_6H_5)_3N_3$.
49. Le violet de Paris, violet de méthyle ou de méthylaniline : $C_{20}H_{16}(CH_3)_3CH_3OH$ [6].
50. Le vert de méthyle (dichlorométhylate de rosaniline triméthylée : $C_{20}H_{16}(CH_3)_3N_3(CH_3Cl)_2$ [7].

Solution aqueuse assez concentrée = 100 vol.
Ac. acétique glacial = 1 à 2 vol.

---

(1) E. TANGL, Jarhb. de Pringsheim, 1880, t. XII.

(2) SCHWEIGGER-SEIDEL, (CYON), *Ueber d. Nerven d. Perit.*; Bericht. d. sachs. Geselschf. etc., 1868. — Pour le carm. acét. de SCHNEIDER, voir Zool. Anz., 1880.

(3) HOYER, Archiv. f. mik. Anat., 1876. — et, Biol. Centralb., 1882-83, p. 23.

(4) RANVIER, *Technique microsc.*, Archiv. d Phys., 1867. — Ed. SCHWARZ a indiqué ce réactif avant RANVIER : Sitzungsber, d. k. k. Akad. Wien, 1867; seulement il employait l'acide picrique et le carmin séparément.

HOYER. Biol. centralb. 1882—1883, p. 17, donne une bonne méthode pour la préparation du picrocarmin. Néanmoins nous préférons nous servir du picrocarmin préparé par un de nos élèves, M. PERGENS. Voici son procédé. On fait bouillir pendant 2 1/2 h., 500 gr. de cochenille pulvérisée dans 30 litres d'eau. On ajoute 50 gr. de nitrate potassique, et, après un instant d'ébullition, 60 gr. d'oxalate de potasse; l'ébullition est maintenue pendant 1/4 h. Après refroidissement le carmin se dépose; il est lavé plusieurs fois à l'eau distillée. Ces opérations durent 3 ou 4 semaines.

Ensuite on verse sur le carmin un mélange de 1 vol. d'ammoniaque caustique avec 4 vol. d'eau, en prenant garde que le carmin demeure en excès. Après 2 jours, on filtre, et on laisse la solution filtrée exposée à l'air jusqu'à ce qu'il s'y produise un précipité. On filtre de nouveau. On y verse alors une solution concentrée d'acide picrique dans l'eau; on agite et on laisse reposer le liquide pendant 24 h. On filtre et on ajoute 1 gr. de chloral par litre de liquide. Au bout de 8 jours, on écarte le léger précipité qui s'est produit : le picrocarmin est prêt à être employé. Ce réactif donne les meilleurs résultats, et il se maintient sans altération, depuis plus de 2 ans, dans notre laboratoire.

(5) L'application des couleurs d'aniline aux études histologiques est due surtout à HANSTEIN; Sitzunsgsb d. nat Ver. d. Rheinl. 1868; — et, Bot. Zeit., 1868, p. 708. — WALDEYER avait déjà essayé l'action de diverses anilines sur les cylindre-axes *Untersuch. üb. d. Urspr. und. Verlauf d. Axencyl.* etc.; Zeitsch. f. ration. Mediz. tom. XX, 1863.

(6) KOCH, Beiträge z. Biol. d. Pflanz. de Cohn, t. II, p. 406.

(7) CALBERLA, *Ein Beitr. z. mikr. Techn.*; Morph. Jahrb., t. III, p. 625, 1877, s'est servi du vert de méthyle.

51. La nigrosine : $C_{36}H_{27}N_3$ (1). — Le brun BISMARCK.
52. La safranine : sels de $C_{21}H_{20}N_4$, base dérivée de la toluidine (2) ;

a) En solution aqueuse.
b) En solution alcoolique.

53. Le bleu de méthylène : $C_{16}H_{18}N_4S$ (3).
54. L'éosine : $C_{20}H_8Br_4O_5$ (4).
55. L'hématoxyline : $C_{16}H_{14}O_6 + 3(H_2O)$ (5).

A. De BOEHMER.

Eau distillée = 100 gr.
Alun = 0,35 gr.
Hématoxyline = 1 gr.

B. De GRENACHER.

Solution saturée d'hématoxyl. cristallisée dans l'alcool	= 4 c.c.
» » d'alun ammoniacal	= 150 c.c.
(exposer à la lumière pendant 8 jours et filtrer).	
Glycérine	= 25 c.c.
Alcool méthylique	= 25 c.c.

VI. Les sérums.

56. Le sérum ou liquide de l'amnios des mammifères :

a) A l'état naturel.
b) Iodé (avec solution N° 37) (6).

57. Le sérum artificiel de M. SCHULTZE (7).

Blanc d'œuf = 30 gr.
Chlorure de sodium = 2,50 gr.
Eau distillée = 270 gr.

(En ajoutant solution, n° 37, on obtient un sérum artificiel iodé).

58. Le sérum de KRONECKER, sérum du sang desséché dans le vide et dissous dans l'eau, avec ou sans chlorure de sodium, jusqu'à la densité voulue.

(On ajoute aux sérums un crystal de thymol pour empêcher le développement des microbes.)

---

(1) ERRERA, Bullet. de la soc. belge de Microsc., 25 juni 1881.

(2) EHRLICH, *Beit. z. Kennt. d. Anilinf.*, etc. ; Archiv f. mikr. Anat., t. XIII, p. 263. 1877, cite la safranine parmi les substances qu'il a employées.

(3) EHRLICH, Zeitsch. f. klin. Med. t. II, p. 710, 1881.

(4) E. FISCHER, *Eosin als Tinctionsmittel f. mik. Präp..*; Archiv. f. mikr. Anat., p. 349. 1876.

(5) BOEHMER, Aertliches Intelligenzblatt für Baiern, 1865. — ROBIN, p. 250, dit que c'est C. F. MÜLLER qui s'est servi le premier de cette substance comme réactif. — WALDEYER, en 1863, Zeitsch. f. ration. Medizin, essaya l'action de l'hématoxyline sur les cylindre-axes.

(6) M. SCHULTZE, *Die Awend. mit Jod conserv. Flussigk.*; Virchow's Archiv, 1864. — Voir pour la manière de le préparer, RANVIER. *Traité techn.*, etc., p. 76.

(7) M. SCHULTZE, ibidem.

59. Liquide digestif artificiel (1).

Extrait glycériné d'estomac de porc = 1 vol.
Ac. chlorydrique à 2 pour 1000 = 3 vol. (2)
(on ajoute quelques cristaux de thymol).

VII. Liquides mercuriques.

60. Le bichlorure de mercure ou sublimé corrosif : $HgCl_2$ (3).

Eau distillée = 200 à 500 gr.
Sublimé = 1 gr.

61. Liquide de GOADBY (4).

Eau distillée	=	1500 gr.
Sel marin	=	120 gr.
Alun	=	60 gr.
Sublimé	=	0,20 gr.

62. Liqueurs de PACINI (5).

A.	Eau distillée	=	200 p.
	Chlorure de sodium	=	2 p.
	Bichlorure	=	1 p.
B.	Eau distillée	=	300 p.
	Chlorure de sodium	=	1 p.
	ou		
	Acide acétique	=	2 p.
	Bichlorure	=	1 p.
	Glycérine à 25° Baumé	=	15 p.

63. Liqueur de GILSON (6).

Alcool à 60 p. 100 d'eau	=	60 cc.
Eau distillée	=	30 cc.
Glycérine	=	30 cc.
Acide acétique glacial à 15 p. 85 d'eau	=	2 cc.
Bichlorure	=	0,15 gr.

---

(1) SPALLANZANI se servait déjà du sac gastrique pour opérer les digestions artificielles. — *Expériences sur la digestion;* trad. de SENNEBIER, Genève, 1783. — C'est à EBERLE qu'on doit le sac digestif *artificiel* : *Physiologie der Verdauung*, Würzburg, 1834. — FAIVRE dans ses *Recherches sur le système nerveux de la sangsue*, Paris, 1858, l'a proposé comme liquide macérateur pour isoler les cellules (voir ROBIN, p. 203) — L'usage du liquide digestif artificiel pour les *observations microscopiques* est dû à BRÜCKE. (FREY, p. 112).

(2) ZACHARIAS, *Ueber die chem. Beschaff der Zellk.*; Bot. Zeit, 1881, p. 170.

(3) DUJARDIN a utilisé ce réactif dans ses études au microscope. — E. BLANCHARD, *Recherches s. l'org. des vers*, Ann. Sc. nat., Zool., 1847, t. VIII, p. 247, l'employait pour tuer les animaux marins. — C'est HARTING, *Das Mikroskop*, qui a proposé la formule que nous donnons ici.

(4) QUEKETT doit être considéré comme l'inventeur des solutions conservatrices mercuriques. C'est lui, en effet, qui a recommandé d'ajouter *une à plusieurs fois autant de chlorure de sodium que de sublimé* aux solutions aqueuses; *Practical treatise*, etc.. — Depuis lors, on a varié à l'infini les formules de ces liqueurs dans les laboratoires.

(5) Les formules de PACINI ont déjà été publiées, en 1873, par FORT, dans son *Traité d'Histologie*, et, en 1876, par PELLETAN, *Le Microscope*, p. 171.

(6) Inédit.

64. Formule de LANG (modifiée) ([1]).

	Eau distlilée	= 100 p.
{	Acide acétique	= 5 p.
	ou	
	Chlorure de sodium	= 3 p.
	Bichlorure	= 5 p.

VIII. Autres liquides conservateurs.

65. Le tannin ([2]).

Eau distillée	= 100 gr.
Tannin en poudre	= 0,50 gr.

66. L'alcool créosoté ([3]).

	Eau distillée	= 14 gr.
	Alcool	= 1 gr.
{	Créosote	= jusqu'à saturation.
	ou	
	Naphte	= 1 gr. ([4]).

67. La formule de HANTSCH ([5]) (plantes).

Eau distillée	= 2 p.
Alcool à 90°	= 3 p.
Glycérine	= 1 p.

68. La liqueur de RIPART et PETIT ([6]) (plantes et animaux).

Eau camphrée	= 75 gr.
Eau distillée	= 75 gr.
Acide acétique cristall.	= 1 gr.
Acétate de cuivre	= 0,30 gr.
Chlorure de cuivre	= 0,30 gr.

(Pour éviter le dépot des cristaux de camphre dans les préparations, on emploie de l'eau camphrée non saturée.)

69. Liqueur conservatrice glycérinée (plantes) ([7]).

Eau camphrée	= 2 vol.
Alcool	= 2 vol.
Glycérine	= 2 à 3 vol.

([1]) La formule originale se trouve dans le « Zool. Anz. », 1878.

([2]) ORDÔNEZ, qui a indiqué le tannin, y ajoutait la glycérine pour en faire un liquide conservateur. Voir CHEVALIER, *L'étud. microg.*, p. 323.

([3]) THWAITES, voir CHEVALIER, p. 318.

([4]) QUEKETT a remplacé la créosote par le naphte.

([5]) HANTSCH, Beiträge z. neuer. Mikrosk. (Reinicke), 3e H., p. 38.

([6]) PETIT, dans « Brebissonia », 1880, p. 92, a ajouté les sels de cuivre à la liqueur de RIPART; voir, pour cette dernière, CORNU, *Des préparat. microscop.*, p. 72, 1872.

([7]) C'est à WARINGTON (*L'étud. micr.*, p. 319), qu'est due l'idée de l'emploi de la glycérine comme liquide conservateur. — QUEKETT paraît s'être servi le premier de l'eau camphrée dans le même but.

70. Liqueur glycérinée (animaux) (1).

Eau distillée	= 2 vol.
Eau camphrée	= 1 vol.
Alcool	= 2 vol.
Glycérine	= 0,25 vol.

71. Ou bien (2) :

Eau distillée	= 100 gr.
Eau camphrée	= 50 gr.
Glycérine	= 1 gr.

72. Liqueur au chlorure de calcium (plantes) (3).

Chlorure de calcium	= 1 vol.
Eau distillée	= 3 vol.

73. Glycérine gélatinée (4) (plantes et animaux).

Eau distillée	= 3 p.
Glycérine	= 4 p.
Gélatine	= 1 p.

74. Gomme acétatée (5) (plantes et animaux).

Acétate de potassium	= 10 p.
Eau distillée	= 100 p.
Gomme	= 100 p.

V. Entretien des instruments.

Pour terminer, disons quelques mots sur l'entretien du laboratoire. La propreté est une des grandes qualités du micrographe. Il peut travailler dans un taudis, mais il ne peut travailler avec des instruments salis et déteriorés. Il fera bien de porter surtout son attention sur les porte-objets et les verres-à-couvrir, ainsi que sur les instruments d'optique.

Avant chaque préparation, les lames et les lamelles doivent être nettoyées. La chose ne prend guère du temps, à la condition d'avoir à côté de soi une soucoupe renfermant de l'eau alcoolisée, ou de l'eau acidulée par quelques gouttes d'acide chlorhydrique. Lorsqu'on a épuisé une préparation, on l'y dépose. Pour utiliser les verres à nouveau, il suffit de les frotter, au moment de s'en servir, avec un linge en toile bien propre. Les verres rayés ou corrodés sont mis au rebut, car on pourrait prendre les stries qu'ils portent pour des détails réels des objets.

---

(1) Inédit.

(2) Inédit.

(3) H. v. MOHL, *Micrographie*, p. 335.

(4) SCHACHT, *Le Microscope*, p. 264. — Voir dans BEHRENS, *Hilfsbuch*, etc., p. 180, les diverses méthodes de préparation, et les diverses formules employées depuis.

(5) SANIO, Bot. Zeit. 1863, a indiqué l'acétate de potassium comme liquide conservateur des préparations végétales. — On y a ensuite ajouté la gomme (L. BUCH, Journal « Isis », n° 14, 1879). Voir HOYER, qui donne une bonne formule de cette liqueur, *Beitrage z. hist. Techn.*, Biolog. Centralb., 1882-83, p. 23.

Quant aux instruments d'optique, ils sont fort délicats ; ils exigent par conséquent les plus grands soins.

1° On doit les préserver des vapeurs acides. Les réactions chimiques, à dégagement gazeux, ne peuvent généralement se faire près des microscopos : telle est la macération de SCHULZE qui donne lieu à un dégagement considérable de vapeurs nitreuses.

2° Les instruments dont on ne se sert pas journellement sont tenus dans leurs boîtes ; ceux qui sont d'un usage habituel, comme les microscopes de travail, sont recouverts d'une cloche garnie d'une chenille de soie pour interdire tout accès à la poussière. On fera bien de ne pas enlever l'oculaire, lorsqu'on laisse l'objectif à demeure.

3° Pour nettoyer les lentilles souillées on les frotte doucement avec la batiste vieille, bien propre et humectée d'alcool. L'usage des peaux et des pinceaux est prohibé, parce qu'ils encrassent les lentilles. A défaut de batiste, on peut user d'un bâton de moelle de sureau à surface rafraîchie, avec ou sans alcool ; ce moyen est surtout utile pour nettoyer les prismes.

On peut dévisser les lentilles des oculaires pour les nettoyer ; mais il est prudent de n'enlever celles des objectifs que le plus rarement possible ; en tout cas, lorsqu'on les remet en place, il faut rétablir les repères dans leur position première.

4° Lorsqu'on emploie les réactifs, on évite autant que possible de le faire sans verre-à-couvrir, ou de laisser, après l'examen, la préparation séjourner sur la platine. On se garde bien aussi de plonger les objectifs dans les menstrues, par une fausse manœuvre : si cet accident arrive, on lave immédiatement la lentille avec un linge trempé dans l'eau distillée, dans l'eau ammoniacale ou dans l'eau alcoolisée.

LIVRE II.

Des matériaux d'étude et de leur préparation.

Un laboratoire possédant un bon outillage, telle est donc la première condition de tout travail scientifique. Mais cette condition n'est pas la seule à réaliser. Il faut encore que le savant se procure des matériaux d'étude convenables et suffisants, et qu'il sache les préparer et les conserver pour être utilisés en temps opportun. Ensuite, cette utilisation elle-même demande de sa part des soins particuliers qu'il ne peut ignorer, car ils contribuent pour une large part au succès de ses recherches. La division de ce livre s'indique donc d'elle-même. Dans un premier chapitre, nous parlerons des *matériaux* et de leur préparation *éloignée* ; dans le second, nous traiterons de leur préparation *immédiate* à l'examen microscopique.

CHAPITRE I.

DES MATÉRIAUX ET DE LEUR PRÉPARATION ÉLOIGNÉE.

ARTICLE PREMIER

CHOIX DES MATÉRIAUX.

Où le cytologiste ira-t-il puiser ses matériaux ?

Il a devant lui les deux règnes organisés avec leurs types si nombreux et leurs espèces si variées, sources inépuisables, dont chacune suffit pour alimenter la vie scientifique de plusieurs générations.

Néanmoins, tous les êtres vivants sont loin de remplir les conditions favorables à l'étude de la cellule. Nous ne parlons pas de l'impossibilité où l'on se trouve d'observer directement la plupart d'entre eux au microscope, vu leur volume et leur opacité. Mais, alors même qu'ils seraient débités en lames minces et transparentes, il serait encore nécessaire d'y faire un choix judicieux : cela est vrai non seulement pour le débutant, mais pour le savant lui-même, dans une certaine mesure. Tantôt, les éléments cellulaires y sont d'une telle petitesse, que l'œil, armé des plus forts grossissements, n'y peut rien démêler; tantôt, les cellules y ont subi des modifications profondes pendant leur différentiation tissulaire, et leur structure y est devenue tellement méconnaissable, que les savants discutent encore aujourd'hui sur la valeur des détails qu'elles présentent, sans arriver à les rattacher avec certitude aux parties correspondantes de la cellule typique. C'est ce qui arrive surtout pour les tissus qui dérivent du parablaste, ou mésoderme des animaux et des végétaux. Tout le monde conviendra que ce n'est pas à de pareils matériaux qu'il faut recourir tout d'abord, pour étudier la constitution fondamentale de la cellule. Il faut dire, au contraire, que pour aborder avec fruit, sinon sans péril de se tromper, l'étude des éléments modifiés, il est indispensable de connaître la cellule typique.

Ainsi, posséder des cellules d'un certain volume, des cellules jeunes ou peu modifiées par l'âge : telles sont les deux premières qualités essentielles des matériaux d'étude. Mais il en est deux autres encore : il faut que les cellules soient séparées, isolées ou faciles à isoler sans lésion, et qu'elles soient dépourvues d'enclaves obstruantes. L'étude de la cellule, même dans les circonstances les plus favorables, est toujours difficile et périlleuse : tout ce qui peut gêner l'observation, tout ce qui est de nature à faire naître un soupçon d'altération dans les éléments, doit être soigneusement écarté.

Tels sont, à notre avis, les principes qui doivent nous guider dans le choix de nos matériaux d'étude. Or, en parcourant les animaux et les végétaux, il est aisé de constater que certaines de leurs classes, certains de leurs tissus répondent mieux que d'autres aux exigences de la cytologie.

I. Végétaux.

Les végétaux offrent de grands avantages, surtout au début des études cytologiques. Les cellules y sont généralement volumineuses; la présence d'une membrane épaisse les rend facilement discernables, et les empêche de se déformer. Enfin, la solidité naturelle des organes végétaux permet d'y faire de minces coupes, sans traitement préalable, et d'y étudier les éléments cellulaires dans leur état naturel, *in situ*, et sur le vivant.

On ne peut nier qu'il existe une très grande uniformité entre les divers groupes de végétaux, sous le rapport tissulaire et cellulaire. Néanmoins les monocotylés présentent des avantages réels : la structure interne du protoplasme et du noyau s'y voit plus clairement et plus facilement que dans les dicotylés et les cryptogames supérieurs.

II. Animaux.

Mais pour pénétrer bien avant dans la constitution organique de la cellule il est nécessaire de recourir aux animaux.

A. *Groupes.*

L'embranchement qui mérite à tous égards de fixer l'attention du cytologiste, est, sans contredit, celui des *arthropodes* ou des *articulés* : insectes, myriapodes, arachnides et crustacés. Des cellules immenses, d'une beauté ravissante et d'une incomparable perfection, jeunes et sans enclaves; des noyaux gigantesques, parfois visibles à l'œil nu, d'une constitution sans rivale; des membranes cellulaires qui ne le cèdent en rien aux membranes végétales, et tout cela dans presque tous les genres de cellules : en voilà plus qu'il n'en faut déjà pour exciter son admiration et déterminer son choix. Ajoutez à ces avantages, déjà si grands, celui de les rencontrer partout, à l'état larvaire aussi bien qu'à l'état parfait, la facilité qu'on a de les disséquer sans endommager leurs cellules, d'y injecter les réactifs, d'observer leurs tissus vivants sur le porte-objets, enfin la rénovation de leurs tissus, lors des mues, mais surtout à travers la période nymphale. Les arthropodes suffisent à eux-seuls pour écrire l'anatomie cellulaire. Le lecteur, nous en sommes convaincu, nous saura gré d'avoir largement exploité une mine peu explorée, jusqu'ici, et d'avoir étalé à ses yeux, dans des figures, trop imparfaites il est vrai, quelques uns des précieux joyaux que l'on y rencontre.

Après les arthropodes nous devons signaler la classe des *batraciens*. Leurs têtards, qu'on rencontre partout au printemps, ont aussi de belles et grandes cellules qui se prêtent à une observation facile. Le noyau qu'elles portent est volumineux et remarquable, à l'état quiescent comme à l'état cinétique; aussi a-t-il fait l'objet de beaucoup de travaux, depuis quelques années.

Parmi les poissons, citons les *Petromyzon*, et les cyclostomes en général, qui sont intéressants sous plus d'un rapport.

B. *Tissus.*

Les différents tissus des animaux et des végétaux n'ont pas tous la même importance en cytologie. A cet égard, nous noterons spécialement quatre catégories de tissus comme nous étant particulièrement utiles.

1° Tous les *tissus de développement*, blastèmes, méristèmes et autres, se présentent en première ligne. Leurs cellules jeunes et actives, riches en protoplasme et volumineuses, réalisent autant de types qu'il convient d'étudier avec le plus grand soin.

2° Viennent, après les tissus embryonnaires, certains tissus différentiés, compris sous la rubrique commune de *parenchyme*, dérivant généralement de l'ectoderme ou de l'endoderme, tels que les épithéléons, les glandes, le parenchyme cortical et médullaire des végétaux. Le volume et l'activité de leurs éléments, autant que leur acile isolation, les rendent très recommandables pour nos recherches.

3° Il est une troisième catégorie de cellules également intéressantes à étudier : nous voulons parler des *cellules reproductrices*, mâles et femelles, des deux règnes, et de celles qui leur donnent naissance. On y rencontre des cellules typiques fort remarquables par leur structure, et qui se trouvent à tous les stades de développement. Leur examen est indispensable pour l'intelligence d'un grand nombre de détails et de phénomènes cellulaires. Aussi, ne saurions-nous trop recommander aux jeunes cytologistes l'exploration du sac embryonnaire et des anthères, ainsi que celle des testicules et des ovaires.

4° Ajoutons enfin que, dans toute la série animale, on trouve des cellules particulières quant à leur fonction, mais qui, au point de vue de leur constitution, réalisent admirablement la structure typique de l'élément organisé : ce sont les *cellules nerveuses ganglionnaires.*

III. Proto-organismes.

C'est à dessein que nous avons réservé jusqu'ici les proto-organismes, les protistes, comme dit HAECKEL. Ils méritent, en effet, une mention à part à cause de leur importance tout exceptionnelle en biologie cellulaire. Cette importance se conçoit, lorsqu'on songe que ces êtres ne sont que de simples cellules vivant à l'état de liberté. Sans doute, il faut déjà connaître la cellule typique pour en entreprendre l'étude; sans cela, on risque de se tromper à tout moment. Mais il n'est pas moins vrai que cette étude est de première nécessité pour quiconque veut se faire une idée juste et complète de la structure intime de l'élément organique. Ces petites créatures représentent, en effet, l'épanouissement idéal de la cellule, son plus haut degré de différentiation et de complication. Or, c'est précisément l'examen de ces différentiations et de ces complications multiples qui jette la plus grande lumière sur les études cytologiques.

En physiologie, leur importance est peut-être plus grande encore. Pour le prouver, il nous suffira de rappeler comment l'étude des ferments organisés et des microbes a contribué à résoudre une foule de questions physiologiques et biochimiques, qu'on n'avait pu aborder auparavant.

La vie nomade et indépendante de ces êtres rend d'ailleurs leur observation très facile, soit pendant la vie, soit après l'action des réactifs. Elle nous permet également d'en faire des cultures sur le porte-objets ou en cellules, et même des cultures en grand, comme cela se pratique aujourd'hui sur les levures et sur les bactériens.

ARTICLE SECOND

PRÉPARATION ÉLOIGNÉE DES MATÉRIAUX.

Nous savons où nous devons aller puiser nos principaux matériaux; il s'agit maintenant de les utiliser.

On peut les employer de deux manières.

D'abord à l'état frais; il suffit alors d'en faire directement des préparations pour l'examen microscopique. Le chapitre suivant est consacré à ce sujet.

Parfois, avant de les mettre en œuvre, on leur fait subir certaines manipulations et certains traitements par les réactifs. C'est cette *préparation éloignée* dont nous devons nous occuper en ce moment.

§ I. Fixation et durcissement des objets.

On peut consulter :
Mayer, *Mittheil. aus der Zoolog. Sat. zu Neapel*, 1880. — C. O. Whitman *a résumé et complété l'article de Mayer*, dans l'*Amer. Natur.*, 1882, p. 697 à 785. Ce travail est traduit dans Pelletan, *Journal de Micrographie*, 1882, pp. 558 à 565, et 1883, pp. 18 à 21. — Ranvier, *Traité technique d'Histologie*, p. 86. — Frey, *Das Mikroskop*, 7e éd., 1881, pp. 94 à 112; et tous les récents ouvrages du même genre. — Le *Journal* de Pelletan et le *Zool. Anz.* renferment beaucoup d'indications sur ce sujet.

Les manipulations qu'on fait subir aux matériaux ont un double but : elles se font pour permettre d'y pratiquer plus aisément des coupes; ou bien l'on a aussi en vue de les réserver pour un usage ultérieur, de les conserver, suivant l'expression consacrée. Or, dans l'un comme dans l'autre cas, il faut *fixer* et *durcir* les objets. C'est donc ici le lieu d'exposer les diverses méthodes qui sont employées aujourd'hui, pour arriver à ce résultat important.

I. Tissus végétaux.

Tuer, fixer, durcir et conserver les objets, sont des opérations qui n'exigent parfois qu'un seul et même liquide, l'alcool, par exemple, mais le plus souvent elles en exigent deux ou trois et même davantage.

En général, les différents organes des végétaux ne réclament qu'un seul traitement. Il suffit de placer les parties choisies dans un bocal renfermant de l'alcool fort, de 90° à 98°. Nous ne voyons pas d'avantage à les traiter d'abord par l'alcool à 40° ou 60°, puis seulement par l'alcool fort. Nous ajouterons seulement une remarque : elle a trait aux tissus jeunes, méristèmes, ovules, embryons, endosperme en voie de développement etc. Nous trouvons utile de les traiter d'abord par un des liquides dont nous parlerons tout-à-l'heure, principalement par la liqueur de KLEINENBERG, par le mélange d'acide osmique et chromique, ou d'acide osmique et picrique. La structure du protoplasme et du noyau se conserve beaucoup plus fidèlement de cette façon. Lorsqu'il s'agit d'ovules ou de corps assez gros, il est bon de les piquer avec une aiguille, avant de les plonger dans les réactifs, afin que ceux-ci y pénètrent plus aisément et plus rapidement.

II. Tissus animaux.

Les tissus des animaux sont généralement plus délicats que ceux des végétaux. Aussi exigent-ils beaucoup plus de précautions, si l'on veut éviter leur déformation ou leur altération. Nous possédons, heureusement, plusieurs réactifs fixateurs d'une fidélité reconnue : tels sont les acides osmique, picrique et chromique, soit seuls soit mélangés, la liqueur de KLEINENBERG, le sublimé corrosif, les bichromates de potassium et d'ammonium, la liqueur de MERKEL. Nous pouvons nous servir aussi de la coagulation par la chaleur, et de la coagulation par le froid ou de la congélation.

Commençons par les procédés les plus élémentaires.

1° **La congélation.** Le moyen le plus commode de pratiquer la congélation, est de se servir d'un petit appareil qui s'adapte au microtome, à la place de l'étau *i*; fig. **25**. Cet appareil consiste en une petite boîte en métal, rectangulaire, dont les parois latérales sont munies d'ouvertures, et qui est adaptée à un pulvérisateur. L'objet est placé sur la face supérieure de cette boîte. La congélation s'obtient par l'évaporation rapide de l'éther, au sortir de la caisse métallique où il est lancé. En quelques instants la pièce est complètement glacée, et se coupe aisément. Ce procédé ne nous a pas donné de bons résultats pour l'étude de la cellule.

2° **La coagulation par la chaleur.** — Méthode de BOBRETZKY. Cette méthode de fixation est aussi des plus simples. On porte de l'eau distillée, placée dans une capsule, jusqu'à la température de 50°.

On y jette les objets, et, après avoir poussé jusqu'à 80° et même 100°, on les retire immédiatement. Ils sont alors déposés dans l'alcool, faible d'abord, plus fort ensuite.

Cette méthode nous a parfaitement réussi pour fixer les objets mous et délicats, tels que les embryons, les larves d'insectes, les petits êtres adultes, comme les araignées, les phalangides et autres. Elle a l'immense avantage de n'introduire dans les objets aucun élément étranger : chose très importante, dans les recherches microchimiques, au point de vue des conclusions qu'on peut tirer de l'action des réactifs.

Parfois, pour compléter le durcissement on porte les objets, au sortir de l'eau chaude, dans l'acide chromique à 1—3 pour 1000, pendant quelques heures. Puis on lave à l'eau distillée. Souvent, d'après SILVESTRO SELVATICO (1), l'alcool au tiers convient mieux, pour enlever l'excès d'acide chromique, que l'eau distillée pure.

3° **Fixation des animaux dans l'eau où ils vivent.** — Au lieu d'employer l'eau bouillante, on peut aussi momifier les animaux dans l'eau où ils vivent. A cet effet, on y verse, goutte à goutte, et de temps en temps, un réactif approprié jusqu'à ce qu'ils meurent. Le docteur EISIG (2) emploie l'alcool; CERTES (3), l'acide osmique; PACINI (4), sa liqueur au bichlorure de mercure, à la dose de 1 cc. pour 40 cc. d'eau; SAVILLE KENT (5), la solution d'iode, n° 37.

Les animaux aquatiques de petite taille, les annélides, les arachnides, les acariens, les rotifères, les infusoires, ainsi que les amibes, les zoospores, les bactériens, se fixent et se maintiennent très bien par ces divers procédés. Une fois morts, on les transporte successivement dans l'alcool faible, moyen et fort, où ils sont conservés. Si l'on suit la méthode du Dr EISIG, nous trouvons qu'il est préférable de laisser séjourner les objets pendant quelque temps dans l'acide osmique ou chromique, avant de les placer dans l'alcool : leurs cellules se conservent ainsi beaucoup mieux.

Lorsqu'on se sert de la liqueur de PACINI, il faut renouveler le liquide à l'aide d'un siphon, à trois ou quatre reprises; ce qui est assez incommode. Il faut aussi remarquer que les objets traités par le bichlorure deviennent cassants après un court séjour dans l'alcool. Pour obvier à cet inconvénient, PACINI les conserve dans sa liqueur même. En cytologie il vaut mieux les utiliser tout de suite.

Le traitement par l'acide osmique est plus simple et donne généralement de meilleurs résultats. Sous l'influence de ce réactif, tous les petits êtres tombent bientôt au fond du vase, et, après avoir décanté avec précaution le liquide qui surnage, il ne reste qu'à les recueillir pour en faire des préparations ou pour les conserver dans l'alcool.

---

(1) PELLETAN, *Journ. de Microg.*, 1882, p. 221.

(2) WITHMAN, *Journ. de Microg.*, 1882, p. 563.

(3) CERTES, *Analyse microsc. des eaux*; PELL, *Journ.*, *etc.*, 1880, p. 156.

(4) PACINI, *Journ. de Microg.*, 1880, p. 138 et p. 236. — Voir, pour la composition de la liqueur, notre tableau des réactifs, p. 93, n° 62,A.

(5) SAVILLE KENT, *A Manual of the Infusoria*, London, 1881.

4° **Fixation directe par les réactifs.** — Les méthodes qui précèdent ne peuvent s'appliquer qu'aux objets de petite dimension. Pour fixer ceux qui sont plus volumineux, on les traite directement par un *réactif* dont on les arrose, ou dans lequel on les plonge, ou bien enfin qu'on introduit à leur intérieur, par injection. Au fond, ces procédés sont identiques; ils le sont d'autant plus qu'ils emploient les mêmes fixateurs. Ces fixateurs sont : l'acide osmique, l'acide chromique et ses dérivés, les liquides picriques, ceux qui sont à base de bichlorure de mercure.

On utilise ces réactifs aux doses suivantes. L'acide osmique se prend de 1 pour 100 à 1 pour 500 et même à 1 pour 1000. Nous avons coutume de l'employer à la dose de 1 pour 200, cette dose nous paraissant la plus appropriée à la généralité des objets. La solution d'acide chromique doit être faible, de 1 pour 400 à 1 pour 1000. MERKEL, dans la liqueur qui est connue sous son nom, ajoute à l'acide chromique une égale quantité d'une dissolution de chlorure de platine, faite à la même dose (1 pour 400).

Au lieu d'employer l'acide chromique, on se sert souvent de bichromate de potassium, ou d'ammonium et de la liqueur de MÜLLER, dont le premier forme la base. On emploie la dissolution de bichromate à la dose de 2 à 5 pour 100.

L'acide picrique est utilisé en solution aqueuse, saturée à froid. Mais il est bien préférable, en cytologie du moins, d'user d'acide picrique mélangé avec l'acide sulfurique ou avec l'acide nitrique. Le premier mélange constitue, comme nous le savons, la liqueur de KLEINENBERG. Avant de s'en servir on dilue cette liqueur de trois fois son volume d'eau.

Quant au bichlorure de mercure il est appliqué de diverses manières : d'abord en solution saturée dans l'eau, ensuite en solution aqueuse, additionnée d'un peu d'acide acétique ou de sel marin, d'après les formules du docteur LANG [1], formules que nous avons quelques peu modifiées pour notre usage [2]. Enfin, on peut aussi employer le bichlorure en solution saturée, mélangée avec la liqueur de KLEINENBERG seule, ou additionnée d'acide acétique à la dose de 2 à 4 pour 100.

La *préparation des pièces* que l'on veut fixer est fort facile. Lorsqu'on a affaire à de petits animaux, on peut les laisser dans leur intégrité. Mais en général, comme on n'a pas besoin de grosses pièces en cytologie, on les dissèque pour en enlever ce qui est utile, et même, lorsque les tissus sont volumineux, on débite ceux-ci en petits morceaux dans le but de faciliter l'imprégnation. Il est bon aussi parfois, surtout lorsqu'on traite des animaux à carapace ou à cuticule épaisse et chitineuse, d'y donner quelques coups de scalpel ou de

(1) LANG, *Zool. Anz.* 1876 et. 1878.

(2) Voir, plus haut, le tableau des réactifs, n° 64.

les ouvrir pour faciliter l'introduction des réactifs, particulièrement de l'acide osmique.

Il est assez difficile de fixer la *durée du temps* nécessaire à l'imprégnation : elle dépend du réactif qu'on met en œuvre, mais surtout de la nature et du volume des pièces. Ce temps varie de quelques minutes à plusieurs heures et plusieurs semaines. La règle générale qui doit nous guider est la suivante : il faut enlever les objets aussitôt qu'ils sont imprégnés. Quand les objets sont petits, mous et délicats, à cellules jeunes, comme dans les embryons, les larves du premier âge, etc., 10 à 20 minutes suffisent amplement. Pour les objets plus âgés ou plus volumineux, il faut plus de temps : on les laisse dans le réactif de 1 à 6 heures, parfois jusqu'à 10 heures. Il n'y a d'exception que pour les bichromates et la liqueur de MÜLLER. Ces réactifs agissent avec une lenteur extrême; plusieurs semaines sont nécessaires pour obtenir un durcissement complet, du moins lorsque les pièces ont un certain volume.

Il faut se laisser guider, ici, avant tout par l'expérience personnelle : quelques tâtonnements sont toujours nécessaires pour arriver à la perfection. Cette remarque a d'autant plus de valeur que les indications données par les auteurs sont loin de pouvoir être généralisées, comme on est porté à le faire trop souvent; habituellement elles ne sont strictement valables que pour l'objet qu'ils ont étudié. Nous ne connaissons qu'un seul moyen pratique de constater l'imprégnation; c'est de sacrifier l'une ou l'autre pièce en la coupant en quatre. Il est assez facile alors de voir sur les sections fraîches si le réactif a pénétré jusqu'au centre.

Lorsque l'imprégnation est achevée, on procède à la *mise en conservation*. Le liquide dont on se sert à cet effet est presque toujours l'alcool éthylique. Mais il y a quelques précautions à prendre pour réussir. D'abord, abstraction faite des objets traités par les réactifs picriques, il est toujours nécessaire de laver à grande eau — eau distillée — les pièces, au sortir du bain fixateur, pour enlever l'excès du réactif. Cette précaution est surtout indispensable pour les objets qui ont été traités par les réactifs chromiques, sans cela les colorations ultérieures seraient rendues difficiles. On est souvent obligé de laver pendant 24 heures les pièces durcies. Nous avons dit que les réactifs picriques faisaient exception. En effet, d'abord ils fixent sans durcir notablement : les lavages à l'eau ne pourraient donc que détériorer les objets; ensuite l'alcool enlève facilement l'excédant de ces réactifs.

Après que les objets ont été purifiés par les lavages prolongés, on les transporte dans l'alcool, faible d'abord, 40° à 50°, puis moyen, 60° à 70°, et enfin dans l'alcool fort, de 92° à 98°. Les pièces picriques sont placées en premier lieu, *avec beaucoup de précaution*, dans l'alcool à 70°, et ensuite dans l'alcool fort ou dans l'alcool absolu.

Il y a encore quelques observations à faire sur ces différents réactifs.

On sait que l'acide osmique est peu diffusible. A part les objets mous et tendres, il pénètre difficilement à l'intérieur des tissus. Heureusement, on a trouvé le moyen de le rendre plus osmotique en le mélangeant avec l'acide chromique, l'acide picrique, la liqueur de RIPART et PETIT, dont nous parlerons bientôt, et en général avec un autre fixateur. Nous le mélangeons en dissolution très diluée, 1 pour 500 à 1 pour 1000, avec presque tous les liquides que nous employons pour fixer et durcir nos pièces.

Dans la liqueur de KLEINENBERG, il est nécessaire de remplacer l'acide sulfurique par l'acide nitrique, lorsque les objets renferment de la chaux ou des corps qui en contiennent; le sulfate de calcium, étant insoluble, se dépose dans la trame des tissus sous la forme de cristaux de gypse, tandis que le nitrate calcique reste dissous. Il en est de même lorsque les cellules sont gorgées d'enclaves albuminoïdes, comme il s'en présente fréquemment dans les œufs. A part ces cas exceptionnels, il vaut mieux se servir de l'acide picro-sulfurique, parce qu'il s'enlève beaucoup plus facilement et plus complètement des préparations. Nous avons déjà fait observer que les réactifs mercuriques rendent les objectifs très cassants dans l'alcool. Il faut donc avoir soin de ne pas tarder à les enrober dans la paraffine, de façon à ce qu'on n'ait plus qu'à y pratiquer des coupes à loisir. Notons encore qu'on doit se garder de toucher aux objets ainsi traités, avec des instruments en fer. On les dissèque avec des aiguilles en platine, avec des piquants de porc-épic, de cactus, etc. ou avec des plumes d'oie finement taillées.

Ajoutons encore une remarque importante. Les réactifs bichromiques, la liqueur de MÜLLER surtout, ne peuvent jamais servir pour l'étude du noyau cellulaire. Il faut savoir en effet que les sels alcalins gonflent et dissolvent, ou du moins altèrent considérablement la nucléine et, par conséquent, la structure du boyau nucléinien [1] et du noyau lui-même.

Nous avons dit plus haut, qu'au lieu d'immerger les objets dans les réactifs fixateurs, on pouvait aussi y introduire directement ces derniers. On use à cet effet d'une pipette en verre, terminée par une boule en caoutchouc, ou de la seringue de PRAVAZ. Pour se servir de la pipette, on ouvre l'animal et on chasse le liquide, en comprimant la pomme en caoutchouc, sur les organes qu'on veut fixer. L'usage de la seringue de PRAVAZ est connu. Il est facile d'injecter un invertébré à l'aide de cet instrument. On le pique sous la peau et on appuie lentement sur le piston : grâce au système lacunaire, le réactif finit par pénétrer dans tout l'animal. Il est bon cependant de répéter l'opération à un ou deux endroits différents. On se sert aussi de ce procédé pour fixer sur place certains tissus, spécialement les tissus musculaire et nerveux, dans les animaux supérieurs : nous verrons, dans la suite, plusieurs exemples de ce genre de fixation sur les animaux vivants.

---

(1) Voir plus loin : *Étude du noyau*.

§ II. Coloration des objets.

La préparation éloignée des matériaux ne se borne pas toujours à leur fixation et à leur conservation. Dans certains cas, en effet, on les colore *in globo* avant de les employer. Il nous reste donc à donner quelques indications générales sur ce sujet.

On colore parfois des objets entiers avant d'en faire des préparations par dissociation. Nous verrons plus loin que la solution de vert de méthyle peut s'employer de cette manière. Toutefois, dans ce cas, le vert de méthyle est un agent fixateur délicat, autant qu'un moyen de coloration.

Ce procédé s'applique surtout aux objets que l'on se propose d'enrober dans la paraffine, afin d'y pratiquer des coupes.

L'objet que l'on veut colorer dans son intégrité est plongé dans la solution colorante, qui doit le recouvrir entièrement. Le temps que doit durer cette immersion varie d'après le volume et la nature des objets, et aussi d'après la nature de la solution colorante. Les solutions alcooliques pénètrent les objets beaucoup plus vite que les solutions aqueuses.

Il est beaucoup d'objets qui ne sont jamais pénétrés complètement par la matière colorante, à moins d'avoir été divisés en fragments. Plus ceux-ci seront petits, plus l'imprégnation sera rapide et complète. C'est le cas pour certains tissus compacts et certains objets dont les membranes, chitineuses et autres, opposent aux matières colorantes une barrière infranchissable. C'est alors surtout qu'il est utile d'employer les matières colorantes en solutions alcooliques, qui diffusent plus facilement.

Lorsqu'on veut éviter de découper l'objet, on favorise l'imprégnation par des incisions ou des ponctions pratiquées dans les tuniques imperméables : le liquide pénètre alors directement dans les cavités internes. Il sera parfois utile d'injecter le réactif au moyen de la seringue de Pravaz.

En général, on ne colore un objet qu'après l'avoir soumis à l'action d'un agent fixateur. Si cet agent a été la chaleur, on peut colorer l'objet en le plongeant directement dans la matière colorante, sans autres précautions que celles que nous venons d'indiquer. Mais après l'action des autres fixateurs, il est nécessaire de laver d'abord l'objet à grande eau, pour enlever jusqu'à la dernière trace de ces corps. A cet effet on le plonge dans un large vase plein d'eau que l'on a soin de renouveler de temps en temps. L'irrigation continue est aussi un bon moyen d'arriver au même but. Un objet sortant de l'alcool devra être lavé à l'eau distillée, avant d'être plongé dans une solution aqueuse de matière colorante. L'emploi des solutions alcooliques ne nécessite pas cette dernière opération.

Les solutions aqueuses, employées pour la coloration d'objets entiers, sont : les divers carmins, certaines couleurs d'aniline, le vert de méthyle acide. Quant aux solutions alcooliques, on emploie les anilines, la safranine, l'hématoxyline et le vert de méthyle. A la solution alcoolique de vert de méthyle on aura soin d'ajouter une goutte d'acide acétique glacial. Il est à remarquer que l'alcool décolore rapidement les objets colorés par le vert de méthyle, les anilines et la safranine. Aussi est-il nécessaire, lors des manipulations qui précèdent l'enrobage dans la paraffine, de faire usage d'alcool absolu contenant lui-même la matière colorante en dissolution, et, dans le cas où l'on aura employé le vert de méthyle, d'acidifier cet alcool par l'acide acétique.

On obtient rarement, par la coloration des objets *in toto*, des résultats aussi précis que par la coloration sur le porte-objets. Après un séjour, parfois prolongé, dans la matière colorante, le protoplasme des cellules se colore souvent d'une manière intense, surtout par le traitement des solutions alcooliques d'aniline ou de safranine.

On se sert de ce procédé pour colorer un tissu dans son ensemble et le rendre plus apparent sur des coupes minces, après leur inclusion dans des milieux très réfringents, comme le baume. On y recourt plus rarement pour déceler les substances chromophiles des cellules. Cette méthode, si usitée et si utile en histologie, rend donc beaucoup moins de services dans l'étude de la cellule.

CHAPITRE II.

DE LA PRÉPARATION IMMÉDIATE DES OBJETS, OU DES PRÉPARATIONS MICROSCOPIQUES.

Nous attachons une importance particulière à ce chapitre. Bien préparer et bien voir, ce sont les deux opérations essentielles en micrographie. D'autre part, on ne saurait nier que l'importance et la valeur des résultats auxquels ces études conduisent ne dépendent, avant tout, des méthodes d'observation qu'on emploie. C'est pourquoi, tous les savants se font un devoir, de nos jours, de tenir les lecteurs au courant des procédés qu'ils ont employés dans leurs travaux personnels.

Nous diviserons ce chapitre en deux articles. Le premier traitera de la *confection* des préparations, le second, de leur *conservation*.

ARTICLE PREMIER

CONFECTION DES PRÉPARATIONS MICROSCOPIQUES.

Les procédés à employer pour la confection des préparations destinées à l'examen microscopique sont des plus variés. C'est surtout la nature ou la manière d'être des objets qui détermine le choix du mode à employer; mais le but qu'on se propose doit aussi être pris en considération, et, dans certains cas, c'est la seule indication qui doit nous guider.

Pour plus de clarté, nous croyons utile de parler des préparations à faire avec des objets *vivants*, avant d'aborder la manière de les exécuter à l'aide d'objets *durcis*.

§ I. Préparations a l'aide d'objets vivants.

I. Objets vivants « in situ ».

Il n'est pas difficile d'observer au microscope les cellules vivantes, qui sont naturellement isolées. On n'a que la peine de les transporter sur le porte-objets, dans une goutte de liquide, et de les recouvrir d'une lamelle. C'est ainsi que se présentent les protozoaires et les protophytes, les œufs, les spermatozoïdes et les anthérozoïdes, les spores en général, les zoospores d'algues et de champignons, les globules du sang, rouges et blancs, les cellules du pus, etc. A cette première catégorie d'objets il faut joindre les cellules qui, étant réunies bout à bout en nombre variable, constituent des colonies filamenteuses isolées ou enchevêtrées l'une dans l'autre. Telles sont les formes des microbes, désignées sous les noms de *Vibrio*, de *Spirilum*, de *Leptothrix*, de *Beggiatoa*; les algues et les champignons filamenteux; les poils et les écailles isolées, ou qui s'isolent facilement sur la lame de verre. Il n'est guère plus difficile de soumettre à l'examen certains corps massifs de petite taille, pourvu qu'ils ne soient pas d'une opacité impénétrable : par exemple, les œufs de *Petromyzon* et de mollusques en segmentation, les jeunes larves, ou les animaux adultes très petits et transparents, comme le sont certains nématodes. Enfin, en se servant d'une plaque de caoutchouc ou de liège, percée d'un trou qui laisse passer la lumière du miroir et fixée sur la platine à l'aide de valets, on peut observer certains organes, encore adhérents, d'animaux plus volumineux. A cet effet, on colle, avec un vernis, un verre-à-couvrir sur l'ouverture; puis, après avoir attaché l'animal sur la plaque avec des épingles, on l'ouvre et l'on fait saillir à l'extérieur les organes désirés. C'est ainsi qu'on peut observer les glandes filières, les tubes de Malpighi, les tubes ovariques et testiculaires, etc. On peut même observer ainsi la queue des têtards, les membranes minces, telle que la membrane interdigitale de la grenouille, sans léser les animaux.

Mais cet examen des cellules vivantes *in situ*, n'est pas le seul dont dispose le cytologiste. En recourant à la dissection, à la dissociation, et aux coupes minces, il peut encore, dans bien des cas, observer les cellules pendant leur vie. Les deux premiers procédés s'appliquent surtout aux animaux, le troisième, aux végétaux.

II. Préparation des objets vivants à l'aide de la dissection.

Lorsque les animaux sont très petits, un coup de scalpel bien appliqué suffit pour étaler sur la lame les parties qu'on veut examiner. Mais, en général, il faut procéder à leur dissection régulière, soit grossière, soit fine.

1° *Dissection grossière.*

La grosse dissection se pratique dans les petites cuvettes dont nous avons déjà parlé au Livre I, p. 86.

On y fixe l'objet avec des épingles et, après l'avoir ouvert avec le scalpel, on recherche avec précaution l'organe qui renferme les cellules à étudier. Cette opération se fait à sec, ou sous l'eau distillée. Dans la dissection à sec, il est difficile d'empêcher le ratatinement des objets; aussi ne s'en sert-on que comme moyen de contrôle, pour s'assurer si l'eau n'a pas altéré les cellules. La dissection sous l'eau est beaucoup plus commode, parce que le liquide étale les organes internes et les maintient dans leur état de turgescence naturelle. L'expérience nous a montré que l'opérateur, qui agit avec une certaine habileté et avec promptitude, ne doit pas craindre la déformation ou l'altération des cellules dans ce milieu.

Dans les dissections délicates, l'observateur imagine toutes sortes d'expédients pour se tirer d'embarras, ou pour arriver plus vite à son but. Ainsi parfois, au lieu d'une dissection méthodique, il déchire l'animal d'une certaine façon, que l'expérience a dévoilée, pour mettre immédiatement en évidence l'organe cherché. Supposons qu'il veuille extraire le système digestif et génital des petits crustacés, isopodes, amphipodes, etc. L'animal étant placé dans une goutte d'eau sur le porte-objets, il le saisit, au moyen d'une pince, par la partie antérieure du corps. D'autre part, il appuie un scalpel sur sa face dorsale à l'extrémité postérieure, et il écarte avec précaution les deux instruments. La paroi du corps se rompt près du scalpel, et le tube digestif, cédant au niveau de la tête, apparait intact avec les organes génitaux, entre les deux tronçons.

D'autres fois, et c'est le cas pour les mollusques aussi bien que pour les insectes, il lance un jet d'eau dans l'animal ouvert, au moyen d'une seringue ou d'une pipette : par là, il débarrasse impunément les organes internes de leurs adhérences avec les trachées, ou avec les brides du tissu conjonctif; tandis que le scalpel le mieux dirigé les eût infailliblement blessés. Après les avoir détachés, il les transporte sur le porte-objets où ils sont examinés, soit directement, soit après avoir subi encore l'une ou l'autre des opérations qui suivent.

2° *Dissection fine.*

On peut appeler ainsi la dissection que l'on fait subir aux petits organes que nous venons de transporter sur la lame de verre.

Sans doute l'examen immédiat de ces parties peut être fort utile. Dans biens des cas, il est nécessaire pour s'assurer de l'état naturel des cellules, vérifier un détail, constater si tel ou tel corps existe réellement pendant la vie où s'il n'est qu'un produit artificiel, venant soit des manipulations, soit des réactifs, soit de la coagulation *post mortem*. Mais, le plus souvent, ces organes sont trop opaques et trop volumineux pour qu'ils puissent servir à une étude approfondie de la cellule. Ils ont donc besoin d'être disséqués ou dissociés. La dissection fine exige beaucoup d'habileté et une grande habitude. Il serait difficile de formuler des règles générales sur ce sujet : l'observateur doit chercher lui-même les procédés les plus appropriés aux objets qu'il traite.

Lorsque les organes sont tubuleux, il y a souvent moyen d'en mettre au jour le contenu, en les ouvrant, alors même qu'ils seraient très étroits. Voici comment on procède. On enfonce la pointe d'un scalpel très acéré dans la lumière du tube, et l'on promène une aiguille ou un second scalpel sur la membrane soulevée par la partie tranchante du premier scalpel, pendant qu'on pousse celui-ci vers l'extrémité du tube. La membrane est ainsi coupée avec la plus grande netteté et, en un clin d'œil, le tube est ouvert et étalé. On le lave, au besoin, si c'est un tube intestinal, par exemple, pour chasser les détritus qui le recouvrent et l'on obtient ainsi des préparations irréprochables; pas une de leurs cellules n'est lésée.

On applique ce procédé au tube intestinal des crustacés isopodes et amphipodes et d'une foule d'autres animaux. On l'applique également aux glandes filières des insectes, mais, avant d'ouvrir ces dernières, on a soin d'enlever avec une pince le cylindre de soie qui remplit leur cavité.

Lorsque les cellules des organes tubulaires, au lieu d'être ordonnées en épithéléon fixe, sont plus ou moins séparées, il est plus facile d'en faire des préparations. Le tube étant placé sur le porte-objets, on le coupe en tronçons. En promenant doucement sur ces derniers le dos d'un scalpel, on en fait sortir toutes les cellules encore intactes. Ce procédé s'applique à merveille aux tubes testiculaires et ovulaires d'une foule d'animaux.

On se trouve parfois dans la nécessité de dédoubler une mince membrane en deux feuillets, pour mieux en voir les cellules. Voici comment on procède. On étale la membrane sur la lame, on la saisit par un bord avec une pince, puis à l'aide d'un scalpel tenu de l'autre main, on s'efforce de séparer les deux couches en un point. Cela fait, on opère des tractions modérées sur le feuillet supérieur et l'on finit bien vite par le détacher complètement. C'est de cette manière qu'on peut dédoubler la membrane du tube digestif des coléoptères, de l'hydrophile et de la blatte, par exemple. Dans ces insectes on enlève, par ce procédé, la cuticule interne qui est très résistante, et l'épithéléon reste accolé à la couche musculaire.

Au lieu de délaminer les membranes, on peut aussi enlever certaines couches de leurs cellules d'une manière plus simple. En se servant d'un pinceau qu'on promène sur la membrane étalée, on entraîne facilement toutes les cellules épithéléales qui la recouvrent, et la couche cellulaire sous-jacente est mise à nu. Ce procédé convient pour dégager la tunique musculaire si curieuse du tube intestinal des arthropodes.

Il n'est pas rare qu'on soit obligé de prendre un peu au hasard, dans un animal, un organe caché au milieu des autres tissus. On saisit, à l'endroit présumé, un lambeau de tissu et on le porte au microscope composé, armé de l'objectif **A**. Là, on essaie de découvrir l'organe et de le dégager; puis, s'il y a lieu, on en fait la dissociation. On peut ainsi déceler les organes sexuels larvaires des insectes : avec de la patience on parvient à les mettre en évidence, alors qu'ils ne sont encore composés que de 5 ou 6 cellules. C'est ainsi également qu'il faut procéder pour disséquer les animaux de très petite taille, et toutes les larves à leur premier âge.

III. Préparation à l'aide de la dissociation.

Les opérations qui précèdent ne sont pas toujours praticables pour soumettre les cellules vivantes à l'observation. On recourt alors à un autre moyen, à la *dissociation* proprement dite.

La dissociation se fait de diverses manières, suivant les objets; ici encore, chacun doit faire son apprentissage et inventer de nouveaux moyens pour réussir.

Les organes parenchymateux massifs, comme le foie et les glandes en général, se dissocient facilement : on en détache un fragment qu'on malaxe sous le pinceau en appuyant le moins possible; après quelques instants on trouve une quantité de cellules isolées. On choisit pour l'observation celles qui n'ont reçu aucune lésion.

Pour dissocier le tissu graisseux, celui des insectes surtout, et le tissu conjonctif des animaux, il suffit d'en étaler une portion avec les aiguilles en opérant à sec sur le porte-objets. Les cellules se collent au verre et ne peuvent plus revenir à leur position première; ce qui se ferait si l'on dissociait sous l'eau, à cause de l'élasticité de ces tissus.

Cette dessiccation à sec réussit également bien pour le tissu nerveux frais, tandis qu'il est détestable pour les fibres musculaires.

On empêche la dissociation des cellules, chose très importante, en les humectant constamment avec l'haleine pendant toute la durée de l'opération.

Lorsqu'il s'agit de dissocier des éléments disposés parallèlement les uns aux autres, les cellules nerveuses, les cellules musculaires, etc., on opère à un bout en écartant les fibres une à une et d'un côté seulement, pendant que la main gauche maintient l'objet fixe. La méthode de Ranvier, [1] consistant à débiter l'objet en deux, puis en quatre portions, etc., nous paraît peu recommandable, car, lorsque les fragments deviennent petits, on ne peut plus les dissocier sans léser les cellules.

IV. Préparation des objets vivants à l'aide des coupes minces.

Les coupes minces nous fournissent un dernier moyen d'exécuter les préparations microscopiques dans les objets vivants. Ce mode est malheureusement d'une application fort restreinte en zoologie. Les tissus animaux, mous et délicats, sont difficilement débités en lames minces et transparentes, à l'aide du rasoir. Il n'y a guère que les cartilages et certains tissus conjonctifs qui fassent exception. A la rigueur, une main exercée pourrait réussir aussi sur certains parenchymes massifs, comme le foie. Ces sortes de coupes sont utiles dans les cas particuliers où l'on veut vérifier un détail sur le vivant, chose qui peut très bien se faire sur des coupes imparfaites.

Dans le règne végétal, il en est tout autrement. La solidité des tissus, permet d'exécuter d'excellentes coupes sur les organes les plus délicats. Aussi, est-ce à ce procédé qu'on a habituellement recours pour observer les cellules végétales en vie. Nous donnerons, dans quelques instants, la manière d'exécuter ces coupes minces.

V. Préparation des objets frais par la dessiccation.

Ce procédé a été vulgarisé surtout par Ehrlich [2], qui s'en est servi avec avantage dans ses recherches sur la nature des granulations cellulaires.

Voici en quoi il consiste.

S'agit-il d'examiner un *liquide*, le sang par exemple, on en dépose une gouttelette sur un couvre-objets où elle est étalée en une couche aussi mince que possible. On dessèche immédiatement, soit en agitant la lamelle à l'air, soit en l'exposant à la chaleur d'un bec de gaz ou d'une lampe à alcool. L'essentiel est d'opérer avec célérité.

Si l'on veut appliquer la même méthode aux *tissus*, il suffit de toucher doucement et bien perpendiculairement leur surface fraîchement mise à nu, soit par section soit par déchirure, avec un porte-objets. Le simple contact suffit pour faire adhérer au verre un grand nombre d'éléments, qu'on dessèche comme nous venons de le dire.

On pourrait être tenté de croire que ce procédé ne peut donner, au point de vue de l'organisation cellulaire, que de médiocres résultats. C'est une erreur. Non seulement la dessiccation bien effectuée respecte

---

[1] *Traité techn. d'Hist.*, p. 72.

[2] *Ueber die specifischen Granulationen des Blutes*, Verhandl. d. Berl. physiolog. Gesellschaft, in Archiv. f. Anat. und Phys, 1879, p. 572.

la structure grossière de la cellule, mais elle conserve d'une façon remarquable des détails de la plus grande délicatesse.

Cette méthode permet d'isoler les cellules, sans l'intervention des liquides neutres dissociateurs, qui ne sont pas sans exercer une action profondément altérante sur certains éléments, les hématoblastes de Neumann, par exemple. En outre, en excluant l'emploi des liquides durcissants, la dessiccation permet de fixer les cellules sans modifier leur nature chimique, et de les rendre ainsi éminemment aptes à subir les plus fines réactions de la microchimie.

En collant au verre les éléments mobiles, les globules sanguins, etc., elle permet également de les soumettre, sans danger de les perdre, à toutes les manipulations que l'on voudra.

Enfin, l'affinité des microbes pour les matières colorantes ne se développe bien qu'après leur dessiccation.

La préparation des objets par ce procédé présente donc de grands avantages dans certaines circonstances.

VI. Préparation des objets frais dans un liquide réactif.

La plupart des opérations précédentes se pratiquent sous l'eau ; mais elles peuvent aussi se faire au milieu des réactifs.

Les réactifs qu'on emploie dans ces circonstances sont les réactifs fixateurs que nous connaissons.

On peut s'en servir d'abord pour la grosse dissection. A cet effet on verse dans la cuvette de l'eau alcoolisée, ou de l'eau chargée d'acide osmique, d'acide chromique, et même de la liqueur de Kleinenberg aux risques et périls des scalpels.

Mais on en use surtout sur la lame de verre pour y pratiquer la fine dissection ou la dissociation. On peut y laisser l'objet pendant l'examen et, au besoin, l'y inclure ultérieurement. Cette méthode est notre méthode de prédilection ; nous avons reconnu en effet que c'est celle qui donne les meilleurs résultats. Les principaux liquides-réactifs que nous employons sont les suivants :

Le vert de méthyle, seul ou contenant des traces d'acide osmique; la liqueur de Ripart et Petit, soit seule, soit mélangée à une goutte d'acide osmique ou de bichlorure de mercure; l'acide chromique en mélange avec l'acide osmique, ou en mélange avec l'acide osmique et l'acide acétique, etc., etc.

Nous reviendrons sur ce sujet important dans le livre III.

VII. Préparation des objets par la macération.

Avant d'aborder la confection des préparations à l'aide d'objets durcis, nous dirons quelques mots d'un procédé souvent employé, et qui est utile dans certains cas particuliers : il s'agit de la *macération*.

Les objets ne se dissocient pas toujours facilement, ni dans l'eau, ni dans les réactifs : c'est pourquoi on a cherché depuis longtemps les moyens de faciliter l'isolation de leurs cellules. Les procédés qu'on emploie à cet effet sont connus sous le nom générique de macération.

La macération s'effectue parfois d'une manière très simple, et pour ainsi dire d'elle-même, comme cela se voit dans la rigidité cadavérique. Cinq ou douze heures après la mort, les cellules, tout en conservant leur aspect naturel et leur structure normale, se séparent beaucoup plus facilement. Rien n'est plus frappant sous ce rapport que les cellules testiculaires des arthropodes, des lithobies, des cloportes, des scorpions, etc. Non seulement elle s'isolent d'elles-mêmes sur le porte-objets, mais leurs détails les plus délicats sont maintenus dans toute leur intégrité : témoin la beauté des couronnes équatoriales et polaires et la netteté du fuseau de leurs noyaux en division.

La simple macération prolongée dans l'eau suffit aussi pour séparer les cellules de beaucoup de tissus végétaux.

Nous avons souvent employé avec fruit, pour la dissociation des éléments enchevêtrés, l'immersion pendant 12 à 24 heures dans le vert de méthyle à froid. En maintenant pendant deux ou trois minutes les objets dans ce menstrue porté à la température de 70°, on obtient le même résultat. Ce réactif fixe modérément les cellules, sans les faire adhérer par la coagulation des plasmas qui les baignent.

Le sérum iodé (1) et l'alcool au tiers (2) favorisent beaucoup la dissociation des éléments cellulaires des petits fragments de tissus, qu'on y a laissé séjourner pendant un ou deux jours; en général, les cellules s'y conservent sans trop s'altérer. La macération dans l'alcool au tiers est surtout recommandable.

L'acide osmique n'agit pas seulement comme fixateur, mais aussi comme dissociateur. Il s'emploie alors à dose très faible, 1 pour 1000 environ. On y laisse séjourner les tissus débités en petits fragments de 5 mm. de côté au maximum, pendant 15 jours. Ils s'y durcissent d'abord et s'y laissent plus difficilement dissocier qu'à l'état frais; mais à partir de la deuxième semaine, leurs éléments se séparent avec la plus grande facilité, et ils se présentent dans un état de conservation parfaite. C'est avec raison que M. ORTH (3) a préconisé ce mode de dissociation pour les cellules nerveuses de la moelle et des cornes antérieures. Mais il s'applique aussi aux autres tissus; seulement on fera bien d'ajouter à l'acide osmique une solution de chlorure de sodium à 7 pour 1000, afin d'empêcher les ravages de l'eau distillée à l'intérieur des cellules.

Ce procédé est des plus précieux pour les recherches qui se rapportent à l'étude du sang, l'acide osmique ne manifestant aucune tendance à

(1) M. SCHULTZE, *Virchow's Arch.*, 1864.
(2) RANVIER, *Traité techn. d'Hist.*, p. 77.
(3) *Cursus der normalen Histologie*, etc.; 1878, p 145.

enlever l'hémoglobine des globules rouges, tandis que les réactifs aqueux en général, mais surtout l'alcool au tiers, la soutirent immédiatement.

On peut aussi recourir, pour faire macérer les objets, à des réactifs plus énergiques, aux bases et aux acides.

Et d'abord, on peut faire macérer les tissus végétaux dans la potasse. A cet effet, on débite grossièrement les objets, et on les dépose dans une capsule en porcelaine renfermant une dissolution de potasse de 40 à 50 %. On chauffe pendant dix à vingt minutes. Ce procédé est surtout utile pour séparer les cellules parenchymateuses, et pour mettre les cellules laticifères en liberté. MOLESCHOTT a employé le même réactif sur le porte-objets, pour dissocier les cellules animales : mais cette méthode n'est pas à conseiller pour nos études. Elle ne peut servir que pour séparer les cellules des poils, des ongles et de l'épiderme; encore faut-il alors employer une solution de potasse diluée, à 1 % environ.

On peut remplacer, dans l'opération précédente, la potasse par l'acide azotique. L'acide chromique, dilué et employé à froid, rend les mêmes services. M. SCHULTZE (1) a indiqué ce dernier réactif pour dissocier les cellules animales, en particulier les cellules nerveuses, après les avoir laissé séjourner, pendant un ou deux jours, dans une solution de 2 à 3 pour 10,000. Dilué à ce point, il peut servir; mais ce mode de macération nous est peu utile.

Un procédé, analogue aux précédents, rend de grands services en cytologie végétale, pour l'étude des membranes : il est connu sous le nom de procédé de macération de SCHULZE (2). Pour l'employer, on met dans un tube à essai des copeaux de bois, des lambeaux d'écorce, en un mot des fragments d'un tissu quelconque, avec de l'acide azotique et du chlorate de potassium. On chauffe jusqu'au dégagement des vapeurs rutilantes, et on laisse l'action se continuer pendant 2 à 5 minutes; enfin, on verse le tout dans l'eau et l'on reprend par l'alcool. Cette méthode est excellente pour dissocier les tissus parablastiques des végétaux, le stéréome et l'hadrome.

KÜHNE (3) a utilisé ce réactif pour faciliter la dissociation des cellules musculaires. Il place pendant une demi-heure un fragment musculaire frais dans le mélange précèdent à froid. Nous préférons dissocier le tissus frais lui-même.

Il est impossible d'étudier la constitution du protoplasme et du noyau sur des cellules qui ont été mises à macérer, de cette façon, dans les bases et dans les acides forts.

---

(1) M. SCHULTZE, *Unters. über den Bau der Nasenschleimhaut;* Halle, 1862.

(2) Voyez SCHACHT, *Das Mikroskop*, p. 46 de la trad. franç.

(3) *Ueber die periph. Endorg. der motor. Nerven.* Leipzig, 1862.

§ II. Préparation a l'aide d'objets durcis. — Des coupes en général.

Outre les divers *articles* qui seront cités en note dans ce §, on peut consulter :

1° La *Littérature*, p. 101, (Mayer, Withman, Pelletan.)

2° R. Thoma : *Ueber ein Mikrotom*; Virchow's Archiv. 1881, T. 84, p. 189. Voir, au sujet de cet instrument, les Mitth. aus der Zool. Stat. zu Neapel, vol. IV, 1883, *Neuerungen in d. Schneidetechnik*. — Pelletan vient aussi d'en donner une description détaillée dans son *Journ. de Microgr.*, Nov., 1883. — Se vend chez J. Jung, à Heidelberg.

3° L. Dippel : *Das neue Mikrotom* von C. Zeiss; Bot. Centralblatt, t. XIII, p. 388, 1883. — D'autres microtomes sont décrits dans les Revues anglaises et américaines de 1882 et 1883. — C. O. Withman : *Orientation in microtomic sections*; Americ. Naturalist, 1883. — Kossman : *Zur Mikrotomtechnik*, Zool. Anz., 1883. — Latteux, *Manuel de technique microscopique*, 2e éd., 1883 (microtome de Lelong).

Ce que nous venons de dire de la dissection dans les réactifs et de la macération forme la transition naturelle à la préparation des objets fixés et durcis à l'avance.

On peut suivre, pour préparer ces objets, les diverses méthodes que nous venons de détailler. Les objets durcis sont disséqués et dissociés comme les objets vivants, et suivant les mêmes procédés : nous n'avons donc pas à y revenir. Nous ferons seulement remarquer que la dissociation et la dissection des objets sont souvent rendues beaucoup plus laborieuses par le durcissement. A moins d'y être forcé, il est donc toujours préférable de choisir des matériaux frais pour exécuter ces deux modes de préparation. Aussi le mode par excellence auquel on soumet les objets durcis est-il différent : on les débite en lames minces à l'aide d'instruments tranchants. Nous devons donc parler de la manière de confectionner les coupes. Afin d'éviter tout double emploi, nous avons réservé pour cet article tout ce qui a trait à la réduction en lamelles minces et transparentes des corps opaques en général.

On se sert, pour confectionner ces lamelles, de deux procédés : on *use* les objets sur une meule ou sur une pierre, ou bien l'on y pratique des *coupes* au moyen du rasoir et du microtome.

I. Procédé par usure.

Le premier procédé, on le comprend, ne s'applique qu'aux objets trop durs pour être coupés : les bois fossiles, les os, les coquilles et les carapaces calcaires, les foraminifères, etc., les minéraux et les roches. Le cytologiste a rarement besoin d'y recourir. Voici du reste en deux mots comment il se pratique. Ces objets sont débités en fragments, à l'aide du marteau ou à l'aide d'une scie très mince, suivant le cas. Ensuite, on use ces fragments ou ces lamelles entre deux morceaux de pierre ponce, sur une meule ou sur une plaque de verre saupoudrée d'émeri. A cet effet, on colle l'objet sur la section d'un cylindre de bois ou de liège, qu'on tient entre les doigts pendant le polissage. L'opération s'achève sur une pierre fine à aiguiser.

Ces manipulations exigent du temps. Si l'on était obligé de confectionner beaucoup de préparations semblables, il serait avantageux de se procurer une petite machine spéciale, ou encore, d'envoyer les matériaux bruts aux spécialistes en ce genre de travail.

II. Procédé des coupes.

Le second procédé, celui des coupes, mérite plus d'attention de notre part, car il est d'une grande importance en biologie.

Il est un certain nombre d'objets, soit frais, soit durcis, qui peuvent être coupés immédiatement : ce sont les objets résistants et massifs d'un certain volume. Les organes des végétaux réalisent généralement ces conditions; les corps congelés sont dans le même cas. Mais les objets filamenteux ou lamellaires, minces et ténus, les objets plus ou moins spongieux, méatiques et lacunaires, peu résistants d'ailleurs, même lorsqu'ils ont été durcis, comme le sont la plupart des tissus animaux, doivent subir une opération préalable. Cette opération est connue sous le nom d'*enrobage*.

A. Enrobage des objets.

L'enrobage consiste à inclure l'objet dans un milieu solide ou solidifiable et facile à couper.

1° *Enrobage dans la moelle de sureau.*

Le mode d'enrobage le plus simple nous est offert par l'inclusion des objets dans une fente pratiquée au milieu d'un bâton de moelle de sureau, d'une tige tendre, d'une racine aérienne, etc. (1). Ce procédé convient aux tissus lamellaires, assez résistants pour ne pas être écrasés par la pression des deux lèvres de l'entaille : tels sont les feuilles et les écailles des végétaux, les cuticules d'insectes, etc.

2° *Enrobage dans la gomme.*

Un second mode, beaucoup plus utile, est l'enrobage dans la gomme arabique. Il est employé depuis longtemps pour la confection des coupes transversales sur les poils et sur les corps filamenteux en général. On commence par les réunir en cylindre à l'aide d'une solution épaisse de gomme. On laisse sécher. Puis on fait les coupes en se servant, s'il le faut, de la moelle de sureau.

On peut obtenir, par un procédé semblable, d'excellentes coupes de corps très ténus : grains de pollen, spores, grains de fécule, pe-

(1) Le liège doit être écarté, car il émousse et ébrèche le rasoir.

tites graines, œufs, etc. On opère de la manière suivante : on trempe l'extrémité d'un bâton de moelle de sureau dans une solution concentrée de gomme; on y sème les objets à étudier; après dessiccation, on répète les mêmes opérations, jusqu'à ce qu'on ait obtenu une couche assez épaisse pour être coupée (1).

Le Dr ANDRES (2) a appliqué ce genre d'enrobage aux tissus animaux : il procède comme suit. Les parties fraîches, ou les petits animaux tués et fixés par le bichlorure, sont placés pendant 24 heures dans l'alcool faible (25 pour 100). Puis ils sont plongés pendant un temps très court dans une solution de gomme, faible d'abord, plus forte ensuite, et finalement dans une solution très épaisse. Après quoi, ils sont transportés dans l'alcool à 90 pour 100, qui en fait un tout homogène et durci, propre à être coupé.

3° *Enrobage dans le savon.*

On se sert à cet effet de savon entièrement soluble dans l'alcool.

L'objet, après avoir été *déshydraté* dans l'alcool absolu, est transporté dans un tube ou dans une capsule renfermant une dissolution alcoolique de savon légèrement chauffée et très fluide. Après quelques minutes il est imbibé. On le transporte ensuite dans du savon solide qu'on chauffe et qu'on laisse refroidir à deux reprises : l'opération est terminée. Cette méthode, comme on le voit, est fort simple et très expéditive; elle donne aussi d'excellents résultats. C'est avec raison que M. RÖSLER (3) dit avoir obtenu, en l'appliquant aux phalangides, de meilleures coupes qu'avec le procédé de la paraffine dont nous allons parler : celui-ci exige l'emploi de dissolvants qui rendent les pièces dures et cassantes, prêtes à se briser sous le rasoir lorsqu'elles ont peu de cohésion naturelle.

4° *Enrobage dans la paraffine, la celloïdine, le blanc de baleine*, etc.

Ce genre d'enrobage exige plus de temps et des manipulations plus nombreuses. On a proposé diverses manières de le pratiquer. Voici comment nous avons coutume de procéder (4).

On commence par déshydrater complètement l'objet durci, en le laissant séjourner dans l'alcool absolu, de 10 minutes à 1 heure, suivant son volume.

La deuxième opération consiste à remplacer l'alcool qui imbibe l'objet par un dissolvant de la paraffine. Cette opération est délicate,

---

(1) H. SCHACHT, *Das Mikrosk.*, p. 74 de la trad. franç.

(2) Dr ANDRES, dans WITHMAN, *Journ. de Micr* PELLETAN, 1883.

(3) RÖSLER, Zeitsch. f. wiss Zoologie, 1882, p. 672.

(4) Cette méthode est une combinaison de la méthode de GIESBRECHT, (*Zur Schneidetechnik*, Zool. Anz., 1881.) et de celle du Dr ANDRES, (PELL., Journ. Micr., 1883, p. 191,) quelque peu modifiées pour notre usage.

surtout lorsque l'objet est peu homogène et porte des cavités internes. Les dissolvants de la paraffine ne manquent pas : les essences de térébenthine, de girofle, de bergamotte, d'origan; le chloroforme, la créosote, le xylol, peuvent servir; chacun a ses préférences. Le chloroforme nous sert généralement mieux que les autres, le xylol nous paraît aussi excellent.

Une chose plus importante, à notre avis, que le choix de ces liquides, est le remplacement *graduel* de l'alcool. Au lieu de transporter directement la pièce de l'alcool dans le dissolvant pur, nous la faisons passer successivement par deux ou trois mélanges d'alcool et de dissolvant où celui-ci prédomine de plus en plus, et, alors seulement, dans le dissolvant à l'état de pureté.

Il s'agit, en troisième lieu, de remplacer le dissolvant par la paraffine elle-même. On dépose d'abord l'objet dans la paraffine molle, chauffée au bain marie jusqu'à 50°, pendant 1 h. environ; puis dans la paraffine plus dure, où ils séjournent de 1/4 h. à 1 h., à la même température. Les objets sont alors parfaitement imbibés de paraffine. Telle est la marche qui est généralement suivie. Cependant nous préférons procéder de la façon suivante. Nous plaçons d'abord les pièces dans un mélange à parties égales de paraffine et de térébenthine, chauffé au bain marie pendant une à deux minutes. Puis nous les transportons dans un autre mélange formé de 2 parties de paraffine et de 1 partie seulement de térébenthine, où elles digèrent pendant 5 à 10 minutes. Finalement, elles sont placées dans la paraffine pure maintenue liquide pendant 5 à 10 minutes, suivant les objets. Cette méthode est plus expéditive que la première et elle facilite beaucoup l'imprégnation des pièces par la paraffine.

Cela fait, il n'y a plus qu'à transporter les objets dans un petit châssis, ou dans un moule approprié (1), où ils sont orientés et englobés dans la paraffine solide. C'est dans ce bloc homogène qu'on pratique les coupes.

La paraffine qu'il convient le plus généralement d'employer est la suivante :

Paraffine, = 4 p.
Vaseline, = 1 p.

On peut aussi enrober les objets dans le blanc de baleine. Le mélange suivant, donné par SILVESTRO SELVATICO (2), est très convenable.

Blanc de baleine, = 4 p.
Beurre de cacao, = 1 p.
Huile de ricin, = quelques gouttes.

(1) Ces châssis se font en métal, en carton, voire même en papier.

(2) SILVESTRO SELVATICO, *Sur le dével. embryon. des Bombiciens*; Journ. Microg. PELLET., 1882, p. 221,

B. Confection des coupes.

Les coupes se font au rasoir et au microtome.

1° *Coupes à main levée.*

La première condition pour faire une bonne coupe est d'employer un bon rasoir, qu'on passe sur le cuir avant chaque coupe pour l'aviver.

La manière dont le rasoir est tenu n'est pas indifférente : le pouce est appliqué sur le talon de la lame, les trois premiers doigts sur le manche à l'extérieur, et le petit doigt en dessous, au niveau de l'annulaire. Le bras est relâché et la main joue librement. La main gauche, qui tient l'objet entre le pouce et l'index, est mobile sur le poignet, de droite à gauche et de gauche à droite, pour diriger l'objet.

Lorsqu'on procède aux coupes, on pratique d'abord un premier avivement de l'objet en tirant vivement à soi le rasoir maintenu horizontalement; on exécute ensuite les coupes utiles, en conduisant le rasoir et l'objet d'une main ferme et intelligente.

Les débutants ne sauraient assez s'exercer au maniement du rasoir. Le cytologiste ne pourra jamais s'en passer; tandis que, à la rigueur, un observateur habile à faire des coupes, pourra presque toujours se dispenser de recourir au microtome. Nous connaissons quelqu'un qui fait, à main levée, plus de 120 coupes parfaites dans un embryon de 2 m.m. de longueur. Il est assez rare que l'observation exige des coupes plus fines ([1]).

2° *Coupes au microtome.*

Le microtome est indispensable pour faire des coupes très étendues et d'une épaisseur déterminée. Il l'est également pour faire des coupes d'une très grande minceur (de 5 à 2 μ). Enfin, lorsque les objets sont difficiles à couper, il réussit beaucoup mieux que le rasoir. Les systèmes de microtomes ne manquent pas. Il en est deux qui sont justement renommés : celui de Zeiss et celui de Thoma. Le premier est fort simple. Un coup d'œil jeté sur la fig. **25**, en fera saisir le mécanisme. L'objet est placé dans l'étau *i*, le rasoir est fixé par la pièce *e*. A l'aide de la vis graduée *h*, on hisse l'objet à la hauteur voulue pour être coupé.

L'épaisseur des coupes est réglée par le limbe gradué de cette vis, une de ses divisions correspondant à 0,01 m.m. La monture du rasoir, *f*, est mobile dans une coulisse : la main indique qu'on la tire à soi pour pratiquer les coupes.

([1]) En anatomie végétale on peut aussi se passer du microtome; mais cet instrument est précieux pour faire l'anatomie et l'embryologie des animaux.

Le microtome du professeur Thoma est construit différemment : la vis, *h*, au lieu de faire monter l'objet verticalement, le pousse sur un plan incliné : ce qui présente des avantages pour régulariser son mouvement et, par suite, l'épaisseur des coupes.

Fig. **25**.

Microtome de Zeiss.

Les bons microtomes permettent d'exécuter des coupes qui n'ont que 2 à 3 μ d'épaisseur, c'est-à-dire, 0,002 à 0,003 m.m.

Tous les microtomes présentent l'inconvénient d'enrouler les coupes. On y obvie en tenant sur l'objet, pendant qu'on fait la coupe, une spatule, un pinceau ou la lame d'un scalpel. On vient de construire un instrument particulier qui empêche le recoquillement des coupes (1).

Les coupes d'objets congelés se pratiquent comme nous venons de le décrire.

(1) Voir, *Neuerungen* etc., in Mitth. d. zool. stat. z. Neapel ; — et Pelletan, l. c. p. 100.

C. Traitement des coupes.

Les coupes achevées, on les transporte sur le porte-objets. On se sert à cet effet d'un pinceau, d'une spatule, de la lame d'un scalpel. Tous les moyens sont bons, pourvu que les préparations ne soient pas lésées. Ensuite, lorsque les coupes ont été faites sur des objets enrobés, on en dissout la gangue. Le savon s'enlève par l'alcool, la gomme par l'eau, la paraffine ou le blanc de baleine par le chloroforme, la térébenthine, le naphte, etc. C'est à bon droit que M. Gaule (1) à préconisé le xylol pour cet usage : cette substance enlève en quelques instants jusqu'à la dernière trace de paraffine. L'emploi de ce liquide est d'autant plus précieux que son mélange, en parties égales, avec le baume du Canada constitue un excellent *medium* pour inclure définitivement les préparations, comme nous le verrons bientôt.

Lorsqu'on veut monter un nombre plus ou moins considérable de coupes sur un *slide*, il faut les y fixer pour pouvoir enlever la paraffine par un dissolvant et y déposer les *cover*, sans crainte de les déranger, de les bouleverser. Or, on a trouvé depuis peu d'excellents procédés pour immobiliser les coupes. Gaule se contente de les presser et de les aplatir avec un pinceau mouillé d'alcool à 60 pour 100; après l'évaporation de l'alcool, elles sont solidement adhérentes au verre. Giesbrecht (2) enduit le slide d'une mince couche de résine laque dissoute dans l'alcool absolu. Avant d'y déposer les coupes, on chauffe et on passe un pinceau trempé dans l'essence de girofle pour ramollir la surface laquée. Frenzel (3) se sert dans le même but d'une dissolution de gutta-percha dans le chloroforme ou la benzine, et Threlfall (4) emploie une dissolution de caoutchouc dans la benzine ou le chloroforme. Les coupes étant déposées sur le *slide*, il suffit de chauffer jusqu'au point de fusion de la paraffine pour les faire adhérer. C'est avec raison que Schaellibaum, de son côté, a préconisé l'emploi du collodion dissous dans l'essence de girofle ou de lavande. Les coupes, une fois fixées, peuvent être traitées par l'essence de térébenthine, le chloroforme, l'alcool et l'eau, sans crainte de les détacher. On les colore ensuite facilement, et on peut les inclure dans la glycérine, la liqueur de Ripart et Petit, etc., aussi bien que dans le baume (5). Nous trouvons cette méthode excellente.

Il y a longtemps que nous pratiquons un procédé analogue aux précédents. Nous plaçons nos coupes dans une goutte, fraîchement étendue, de gomme laque dissoute dans l'alcool et additionnée de

(1) Gaule, Arch. f. Anat. und Phys., Phys. Abth. 1881, p. 156.

(2) Giesbrecht, *Methode zur Anf. v. Serien-Präp.*; Mitth. Zool. Stat. zu Neapel, 1881, p. 184.

(3) Frenzel. Zool. Anz., 1883. — Aussi dans *Journ. Micr.* Pelletan, 1883, p. 438,

(4) Threlfall, Zool. Anz., 1883. — Dans Pelletan, même page.

(5) H. Schaellibaum, *Ueber ein Verfahren mikr. Schnitte auf d. Objecttr. z. fixiren*, etc.; Archiv f. mikr. Anat., tom. XXI, 1883, p. 689.

créosote. Nous chauffons pour dérouler complètement les coupes. La paraffine est enlevée par la térébenthine pure et la laque elle-même, par un mélange d'alcool et de térébenthine [1].

D. Achèvement de la préparation.

Voilà donc nos objets préparés sur le porte-objets. Pour arriver à ce résultat, nous avons employé divers procédés. Certains objets isolés ou peu volumineux n'ont demandé qu'à y être transportés; d'autres ont exigé une dissection, ou une dissociation compliquée parfois de macération; d'autres enfin ont dû être débités en lamelles transparentes à l'aide de la meule, du rasoir ou du microtome. Il leur manque peu de chose pour être aptes à l'examen microscopique. En effet, la plupart d'entre eux sont déjà dans une goutte de liquide : l'eau, le sérum, un liquide réactif, etc.; seules, nos coupes font exception. Pour les premiers, il nous suffira de les recouvrir d'une lamelle. Quant aux coupes, il y a lieu de distinguer. Les coupes qui ont été pratiquées sur des objets frais, sur des objets durcis et conservés dans l'alcool, ou enfin sur des objets enrobés dans la gomme et le savon, pourront être traitées comme les objets précédents : nous n'aurons qu'à choisir le liquide qu'il conviendra de leur appliquer, suivant le but que nous nous proposerons en les étudiant. Mais il n'en est plus de même des coupes exécutées sur les objets enrobés dans la paraffine ou dans le blanc de baleine. Les dissolvants que nous avons employés pour enlever leur gangue les imprègnent, et ces liquides ne sont pas miscibles à l'eau. A moins de les ramener à l'état où ils se trouvaient avant leur enrobage, il ne nous reste qu'un moyen pour les préparer à l'examen, c'est d'avoir recours à une goutte de ces dissolvants eux-mêmes, ou d'un autre corps qui s'y mélange intimement ou s'y dissout. C'est généralement ce moyen qu'on emploie. On transforme ainsi la préparation en préparation durable, comme nous allons le voir dans l'article suivant.

Il est possible cependant de ramener les coupes à leur état primitif, ce qui est important parfois, en particulier lorsqu'on désire les traiter par les réactifs colorants. Voici comment il faut s'y prendre. On suit la méthode inverse à celle qui nous a servi pour les imbiber de paraffine. On commence donc par les placer dans un mélange d'alcool et d'essence de térébenthine où celle-ci prédomine; puis insensiblement on arrive à l'alcool pur. Alors, il est facile de les traiter par l'eau et par les dissolutions aqueuses des réactifs colorants, l'eau se mélangeant intimement avec l'alcool.

---

(1) Les diatomistes trouveront détaillée dans les *Bulletins de la soc. belg. de Microsc.*, 1883, l'excellente et très ingénieuse méthode de notre ami, M. BARRÉ, pour aligner des centaines de diatomées sur le même *slide*.

ARTICLE SECOND

CONSERVATION DES PRÉPARATIONS.

Voir pour les détails :
M. CORNU et RIVET, *Des préparations microscopiques végétales*, Paris, 1872. — A. CHEVALIER, *L'étudiant micrographe*, 3e éd., 1882 ; et en général les *Traités de Microscopie*. — BEALE, *How to work with the Microscope*, 5e éd., Londres et Philadelphie, 1880. — Les Bulletins des sociétés de Microscopie, et surtout les Revues *anglaises* et *américaines* sont riches en renseignements concernant les *medium* conservateurs et le *montage* des préparations.

Le micrographe peut dessiner les objets intéressants qu'il rencontre ; il peut même les photographier. Mais, ni les dessins, ni les phothographies les mieux réussies, ne peuvent remplacer les préparations originales. Le savant doit donc chercher à conserver indéfiniment et sans altération les préparations qui ont une valeur scientifique à ses yeux.

On peut conserver les préparations de plusieurs manières :

1° *A sec*, ou dans l'air.

2° Dans un *milieu solidifiable*.

3° Dans un liquide appelé *liquide conservateur*.

I. Conservation des objets à sec.

On place les objets parfaitement desséchés sur un porte-objets, ou *slide*, et on les recouvre d'un verre-à-couvrir, ou *cover*, que l'on fixe à l'aide de l'un des vernis dont il va être question.

Ce procédé n'est applicable qu'aux objets inaltérables dans l'air, aux carapaces de diatomées, de rhizopodes, de foraminifères, aux coupes d'os, etc. Aussi le biologiste y a-t-il rarement recours.

II. Conservation des objets dans un milieu solidifiable.

M. A. CHEVALIER (1) nous apprend que c'est LE BAILLIF qui eut le premier l'idée, en 1825, d'inclure les objets dans un milieu résineux. Il se servait, à cet effet, de la térébenthine de Venise. D'après QUEKETT (2), ce serait NEW et BOND qui auraient inauguré, en 1832, l'usage du baume du Canada (*Abies balsamea* Mill.). Ce mode d'inclusion est aujourd'hui très répandu.

Le plus souvent on emploie, comme milieu solidifiable, le baume du Canada ou la laque de dammar (*Dammara orientalis* Lmk.). M. VAN HEURCK a préconisé tout récemment (3) l'emploi du styrax (*Liquidambar orientalis* Mill.) et du liquidambar (*Liquidambar styraciflua* L.), pour des raisons que nous ferons connaître au livre suivant.

---

(1) A. CHEVALIER, *L'étudiant microg.*, 3e éd., p. 279.
(2) Ibidem.
(3) H. VAN HEURCK, *Bull. de la soc. belge de Micr.*, Juin, 1883.

Pour employer ces substances, on les dissout dans le chloroforme ou dans le xylol, jusqu'à consistance sirupeuse. Veut-on y inclure une préparation, on en dépose une goutte sur le *cover*, et on laisse celui-ci descendre doucement, et par un côté seulement, sur les objets, pour éviter que des bulles d'air n'y soient emprisonnées. On presse ensuite légèrement sur le *cover* pour l'appliquer exactement sur la préparation et faire sortir l'excédant du *medium* employé. Le chloroforme s'évapore, le baume durcit, et l'opération est terminée.

Il est une précaution essentielle à prendre pour que ce genre d'inclusion puisse être appliqué. Ces résines n'étant pas miscibles à l'eau, les objets qu'on veut y conserver doivent être complètement déshydratés, et en outre, pour permettre aux résines de diffuser à leur intérieur, il est nécessaire qu'ils aient été préalablement imbibés de l'un ou l'autre des dissolvants de ces résines.

Nous avons vu, tout-à-l'heure, que les coupes d'objets enrobés dans la paraffine ou dans le blanc de baleine se trouvent dans ces conditions, au moment où elles sont fixées sur le *slide*; elles peuvent donc être incluses immédiatement.

Lorsque les objets sortent de l'alcool absolu, ils sont déshydratés, il est vrai; mais il faut en chasser l'alcool par un dissolvant des résines, en opérant comme nous l'avons dit, p. 119, à propos de l'enrobage.

Quant aux objets naturels et, à plus forte raison, quant à ceux qui sortent de l'eau ou d'un réactif aqueux, ils sont loin de se trouver dans les mêmes conditions. Il faut commencer par en soutirer l'eau par l'alcool absolu, chose qu'il n'est pas toujours facile, qu'il est même souvent impossible de réaliser. Cette impossibilité se présente tous les jours dans les recherches cytologiques; à moins de tout gâter et de tout perdre par les manipulations, il faut renoncer, pour la plupart des préparations fraîches, à l'inclusion balsamique. Il est bon aussi de se rappeler, en cytologie, que les dissolvants de la paraffine enlèvent en même temps toutes les enclaves graisseuses, et que la longue série de réactifs appliqués aux objets qu'on traite a pu produire des modifications profondes dans la constitution de la cellule et du noyau. *Les matériaux préparés de cette façon ont donc toujours besoin de contrôle.* Ces diverses raisons font que le cytologiste est souvent obligé de recourir à un autre mode d'inclusion, et ce mode il le trouve dans les *liquides conservateurs.*

III. Inclusion dans les liquides(1).

Voici, en deux mots, en quoi consiste ce nouveau procédé. L'objet étant placé sur le *slide* dans un liquide convenable et recouvert d'une lamelle, celle-ci est lutée au porte-objets, à l'aide d'un vernis qui empêche l'évaporation du liquide et la rentrée de l'air extérieur.

(1) Voir, p. 94, la liste des principaux liquides conservateurs (nos 60 à 74.)

On voit que l'opération porte sur deux points essentiels : l'objet est inclus dans un liquide capable de le conserver indéfiniment, et la préparation est soumise à une fermeture aussi complète que possible.

1° *Liquides conservateurs.*

Ce serait abuser de la patience du lecteur que de faire passer sous ses yeux la série des liquides conservateurs qui ont été recommandés par les micrographes. Ceux que nous allons mentionner nous paraissent répondre aux besoins journaliers du cytologiste : à moins de cas tout-à-fait spéciaux, nous n'en employons plus d'autres.

A. *Pour les matériaux frais.*

a) Nous devons placer en première ligne la liqueur de RIPART et PETIT (¹), seule ou additionnée de quelques gouttes d'acide osmique au 100e.

Cette liqueur, mieux encore que celle de HANTSCH n° 67, conserve merveilleusement les Algues les plus délicates avec leur endochrome, au point, qu'après plusieurs années, elles peuvent encore supporter la comparaison avec les plantes fraîches. Elle conserve aussi bien les cellules à chlorophylle, tous les tissus de développement, les organes mous et tendres des végétaux. Nous l'employons également, depuis longtemps déjà, pour la conservation des cellules animales, et nous pouvons affirmer que ce réactif nous est rarement infidèle. Les sels de cuivre que M. PETIT a introduits dans la formule de RIPART, fixent le protoplasme sans le ratatiner et sans en changer notablement l'aspect : le réseau plasmatique et le noyau s'y maintiennent dans leur intégrité.

Un des grands avantages de cette formule est de permettre à l'observateur d'y ajouter, sans amener de précipité, divers corps dont les circonstances lui dictent l'emploi. Ainsi, on peut y ajouter impunément une goutte d'acide osmique, seul ou additionné d'eau de brome, pour fixer davantage les cellules riches en protoplasme. La coloration du noyau s'obtient instantanément au sein de cette liqueur par le vert de méthyle, et elle s'y conserve sans altération pendant très longtemps. En introduisant une goutte de ce réactif par une ouverture pratiquée dans le lut d'une préparation âgée de plusieurs années, on peut se convaincre que le noyau y a conservé sa structure typique, à l'état de repos aussi bien qu'à l'état de division.

La liqueur de RIPART et PETIT conserve également les préparations colorées au picrocarmin, à la safranine, aux anilines, etc.

b) En second lieu se présentent les liqueurs au bichlorure de mercure : le liquide de GOADBY, les liquides de PACINI, etc. Nous nous servons habituellement d'une formule qui est due à M. G. GILSON, et qui est inscrite dans le *tableau des réactifs*, sous le n° 63.

(¹) N° 68 du tableau précédent.

Nous évitons l'emploi des formules où figurent les sels de sodium, chlorure ou sulfate. Malgré le pouvoir fixateur du bichlorure de mercure, ces sels altèrent souvent la constitution du noyau. Celles qui renferment l'acide acétique sont donc préférables. Le peu de glycérine qui se trouve dans la formule de GILSON suffit pour éclaircir les préparations à protoplasme sombre et granuleux ou chargé d'enclaves.

c) Nous avons dit, p. 114, que nous avions pour habitude de dissocier les tissus animaux délicats dans un réactif fixateur, pour empêcher leur altération. Il y a généralement peu de chose à faire pour transformer ces préparations extemporanées en préparations permanentes. S'est-on servi de la liqueur de RIPART et PETIT, il est tout au plus nécessaire de déposer avec une aiguille une gouttelette d'acide osmique sur le bord du verre-à-couvrir, pour pouvoir fermer la préparation. A-t-on usé d'acide osmique, d'acide chromique et surtout d'un mélange de ces deux acides, on peut aussi luter sans autre traitement. Parfois néanmoins les cellules prennent un peu d'opacité; il est bon alors d'insinuer entre les deux lames de verre une gouttelette d'un liquide légèrement glycériné, tel que celui du nº 70 ou 71 de notre tableau. Il est permis également de procéder à la fermeture directe, lorsqu'on a dissocié dans l'alcool dilué, l'alcool créosoté, ou un liquide tannifère. Au besoin, on éclaircit par l'un des deux liquides glycérinés que nous venons de mentionner. Rien n'est plus facile non plus que de conserver les objets qui ont été dissociés dans le vert de méthyle, soit seul soit additionné d'acide osmique : une goutte de la liqueur de RIPART et PETIT remplit toujours ce but. On peut aussi se servir de la liqueur GILSON.

d) Le chlorure de calcium, nº 72 du tableau, convient à tous les tissus végétaux adultes, mais la fécule s'y altère. C'est pourquoi on préfère aujourd'hui se servir du liquide nº 69, qui conserve également bien ces tissus, et respecte en outre les grains de fécule et la chlorophylle elle-même.

Tels sont les principaux liquides conservateurs qu'il convient d'employer dans les cas ordinaires. Pour conserver certains corps, on a recours à des liquides spéciaux : c'est ainsi qu'on conserve les grains d'aleurone dans l'huile de pied de bœuf, ou dans l'huile fine d'horloger, parce que la moindre trace d'humidité les altère. Les globules rouges du sang des mammifères, qui se dissolvent dans le vert de méthyle, dans la liqueur de RIPART et PETIT et dans beaucoup d'autres menstrues aqueux, exigent aussi un liquide particulier pour se conserver : par exemple, un mélange à parties égales d'une solution d'acide osmique au 1000e et de chlorure de sodium à 7 pour 1000. Il est du reste assez aisé de trouver soi-même un liquide convenable, quand on a étudié les propriétés des objets à inclure.

B. *Pour les matériaux durcis et conservés.*

Il est facile de monter les préparations permanentes de ces objets, qu'ils aient été traités, ou non, par les réactifs colorants ordinaires :

il n'y a qu'à déposer les objets, préparés pour l'observation microscopique, dans une goutte de l'une ou l'autre liqueur glycérinée, nos 70 et 71. On évitera soigneusement l'emploi de la glycérine pure ou des liqueurs qui renferment une forte proportion de cette substance : elle empâte ou altère les objets; mais surtout elle amoindrit notablement leur visibilité, ce qui est un inconvénient capital en cytologie.

2° *Fermeture des préparations.*

La première de toutes les conditions pour obtenir la fermeture hermétique des préparations, c'est de les monter sur des verres qui soient parfaitement nettoyés. Cette condition étant remplie, le *cover* est déposé sur les objets placés dans le liquide conservateur qui leur convient, et l'on extrait à l'aide du papier buvard ou du pinceau l'excédant du *medium;* puis on nettoye et dessèche en même temps, avec un linge propre, le *slide* sur tout le pourtour du *cover.* C'est alors seulement qu'on procède à la fermeture. A cet effet on se sert de lut. On nomme ainsi un vernis, de consistance pâteuse, capable de se durcir *sans se fendiller* par la dessiccation. On a imaginé une foule de luts. Il y a le vernis à la *glu marine* ou colle liquide; le *liquid glue* des anglais, formé de gomme laque dissoute dans le naphte; il y a la solution de *gutta-percha* dans le sulfure de carbone, le *bitume de Judée* dissous dans l'essence de térébenthine, et beaucoup d'autres encore; chacun peut choisir.

Nous n'employons que les deux luts suivants.

Le premier est ainsi composé :

Baume de Tolu,	= 2 parties.
Baume du Canada,	= 1 partie.
Gomme laque en solution saturée dans le chloroforme,	= 2 parties.

On ajoute assez de chloroforme pour porter le mélange jusqu'à consistance sirupeuse.

Le second est le bitume de Judée de meilleure qualité, dissous dans l'essence de térébenthine, aussi jusqu'à consistance sirupeuse.

Pour fermer nos préparations nous commençons par appliquer avec un pinceau le premier de ces luts, à la fois sur les bords du *cover* et sur le *slide.* Nous laissons sécher pendant 15 minutes, et nous appliquons une couche épaisse de bitume sur ce premier enduit. Nous obtenons ainsi une fermeture complète et permanente. Sans employer le premier lut, l'air entre fréquemment dans les préparations.

On empêche la pression du *cover* sur les objets inclus, en laissant tomber quelques tronçons de cheveux ou de poils fins dans la goutte de liquide conservateur, avant d'y appliquer le couvre-objets.

Les préparations, une fois fermées, sont placées *horizontalement* dans des boîtes spéciales ou dans des tiroirs, dans le double but de les mettre à l'abri de la poussière, et d'empêcher les objets de rouler dans le liquide conservateur et de s'amonceler les uns sur les autres; ce qui ne manquerait point de se produire, si les préparations étaient maintenues dans la position *verticale.*

LIVRE III.

De la méthode à suivre dans les observations microscopiques et dans les recherches cytologiques.

Dans les deux livres précédents, nous avons appris à connaître les instruments et les matériaux à employer dans toute recherche micrographique. Mais *comment* doit-on les employer ? Comment doit-on les utiliser pour en faire jaillir la science ? Question capitale à laquelle nous répondrons dans ce Livre III.

La partie fondamentale du travail au microscope réside tout entière dans l'étude méthodique des objets préparés. On ne doit pas se le dissimuler, cette étude est entourée de graves difficultés, mais qui ne sont pas insurmontables. Souvent même il suffira de les signaler et de les exposer pour les dissiper. Nous indiquerons les principaux moyens que possède la science moderne pour atteindre ce résultat. Observons au préalable que trois choses rendent l'étude micrographique spécialement ardue : la vision microscopique, l'*examen* et le *traitement* des préparations. Conséquemment, après avoir dit quelques mots sur l'éducation de l'œil du micrographe, nous exposerons les procédés à employer pour examiner et traiter les objets étudiés et nous ajouterons, en terminant, quelques conseils à suivre dans les recherches micrographiques et dans les recherches scientifiques en général.

CHAPITRE I.

ÉDUCATION DE L'ŒIL DU MICROGRAPHE.

Il y a quelque chose de plus insaisissable encore à l'homme que l'infini de la distance : c'est l'infini de la petitesse. Plus merveilleux que le télescope lui-même, le microscope est aussi beaucoup plus difficile à manier. Les causes ordinaires d'erreur s'y compliquent d'une foule d'autres ; plus loin il étend notre vue, plus grand il rend aussi le danger des illusisions et la difficulté de leurs corrections.

Pour bien voir au microscope il faut s'exercer beaucoup. S'il est vrai, comme le dit Is. G. Saint-Hilaire, qu'il y a déjà si peu d'hommes qui voient bien de leurs yeux, même lorsqu'ils ont développé en eux, par une longue habitude, le sens de l'observation, à plus forte raison doit-il en être ainsi pour ceux dont l'œil est armé du microscope. Mais cela est surtout vrai pour ceux qui s'adonnent aux études cytologiques. D'abord tout ce qui frappe leurs regards est inconnu; ils n'ont jamais vu ces objets, ils n'ont même jamais rien vu dans le monde visible qu'ils puissent comparer avec ce monde nouveau. A chaque pas ils rencontrent de nouvelles figures, tout aussi inconnues, tout aussi étranges que les premières; et ce qui complique singulièrement leur situation, c'est qu'ils ne peuvent regarder ces nouveaux personnages que d'un œil et pour ainsi dire pièce par pièce, sans pouvoir jamais les saisir dans leur totalité à la fois. Le micrographe doit donc faire à nouveau l'éducation de son œil, et pour cela il faut qu'il prenne du temps et qu'il se donne de la peine.

ARTICLE PREMIER.

VISION MONOCULAIRE. — COUPES OPTIQUES.

Parmi les difficultés qu'il doit vaincre il en est deux qui attirent tout d'abord son attention : ce sont la *vision monoculaire* et la vision en *coupes optiques* successives.

1° *Vision monoculaire :*

Tout le monde sait que la vision monoculaire ne nous permet pas de juger du relief ni de la forme des objets sous les trois dimensions. C'est ce qui fait qu'il est tout d'abord difficile de se rendre un compte exact de la forme réelle d'un grand nombre d'objets microscopiques, si on ne les connaît pas d'avance. Heureusement, avec le temps et grâce à certains expédients qu'il emploie, l'observateur arrive à se former l'œil. Comme nous allons le voir, la vis micrométrique lui permet de lire aux diverses profondeurs des objets. Lorsque ceux-ci sont isolés, il peut facilement les déplacer, les faire rouler dans le liquide de façon à ce qu'ils viennent lui présenter leurs diverses faces. C'est ainsi que peu à peu il acquiert l'habitude de juger de leur forme et de leur relief.

Néanmoins l'observateur le plus exercé est toujours frappé lorsqu'il emploie, au microscope, la vision binoculaire. Il existe en effet des appareils qui permettent de regarder au microscope avec les deux yeux : tels sont les microscopes binoculaires et l'oculaire stéréoscopique de C. Zeiss, fig. **26**. Nachet, de Paris, construit de bons binoculaires : seulement il ne peuvent s'employer qu'avec des grossissements peu considérables, ce qui est un grave inconvénient dans l'étude de la cellule. L'oculaire stéréoscopique du professeur Abbe [1] réalise un grand progrès sous ce rapport; car il peut encore servir avec les objectifs très forts. Comme son nom l'indique, il s'installe en place de l'oculaire ordinaire : avec un peu d'exercice et en suivant les indications de la notice qui l'accompagne, on parvient bien vite à se le rendre familier. Il nous a aidé plus d'une fois dans nos études,

---

[1] Zeitsch. für Mikroskopie, 1880, p. 207. — *Journal of the R. Microsc. Soc.*, 1881, p. 203.

en particulier dans l'étude du *reticulum* plasmatique et du boyau nucléinien, pour en saisir la trame enche vêtrée ou les circonvolutions multiples.

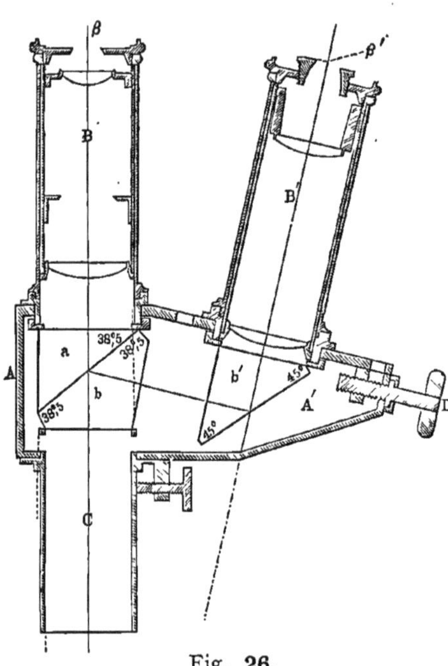

Fig. **26.**
Oculaire stéréoscopique.

2° *Coupes optiques :* La seconde chose qu'il faut se rappeler dans l'étude au microscope, c'est que les images qu'il fournit ne représentent que des plans mathématiques, des *coupes optiques* de l'objet, selon le langage habituel ; les parties qui ne sont pas au point n'existent pas pour l'observateur, ou ne sont perçues que d'une manière confuse. Cette séparation des divers plans se fait d'autant mieux que les objectifs ont un plus grand angle d'ouverture. Il suit de là que, pour se faire une notion exacte des corps qui sont dans le champ du microscope, il faut, en manœuvrant la vis micrométrique, faire passer le foyer de l'objectif par tous les plans qu'ils contiennent. C'est là un inconvénient, mais c'est là aussi un avantage inappréciable du microscope composé. Comme le fait remarquer Ch. Robin (1), il nous permet de disséquer les objets par tranches, et de nous arrêter au niveau de chacune des dispositions de structure véritablement intime qu'ils présentent. Pour être embrassés d'un seul coup d'œil, tous les détails à étudier devraient se présenter dans le même plan. Mais, en réalité, les corps qui offrent ce degré de minceur sont excessivement rares. Il faut synthétiser une suite d'examens pour nous représenter l'objet observé. L'image ainsi formée sera d'autant plus fidèle que l'observation aura été plus minutieusement faite. Et voilà pourquoi la main du micrographe ne peut abandonner la vis pendant toute la durée de l'observation ; sinon, il ne peut apprécier ni la forme des cellules, ni les accidents de leur surface : stries, mamelons, épines, cils, mailles ouvragées, etc., ni les détails si variés de leur structure interne.

(1) *Traité du microscope*, p. 368.

ARTICLE SECOND.

JEUX DE LUMIÈRE. — ILLUSIONS D'OPTIQUE.

Mais les difficultés inhérentes à la vision ne sont pas les seules qui se rencontrent dans l'examen microscopique. Il en est d'autres encore qui ne sont pas moins sérieuses que les premières : les unes dépendent des préparations, les autres de l'observateur lui-même.

1° *Jeux de lumière : réflexion, diffraction, interférence.*

Les objets que le cytologiste soumet à son étude sont des plus différents : leur nature physique et chimique, leur constitution organique varient constamment de l'un à l'autre, elles varient même d'un point à un autre de la même cellule. En outre ces objets, pour être examinés au microscope, sont plongés dans divers véhicules : l'eau, l'alcool, la glycérine, le baume du Canada, les résines, etc. Il en résulte que le milieu inclus entre les deux verres est loin de former, au point de vue optique, un prisme homogène, car les divers corps qui le constituent n'ont ni le même indice de réfraction, ni la même transparence, ni le même pouvoir dispersif. Le pinceau lumineux qui les traverse, en venant du miroir ou du condensateur, doit donc y subir des modifications et donner lieu à une foule de phénomènes des plus compliqués : phénomènes de réflexion, de réfraction, de diffraction et d'interférence. Heureusement, ces aberrations lumineuses sont moins sensibles lorsque les objectifs sont bien corrigés, et les objets peu volumineux. Il n'en est plus de même, toutefois, dans certains cas particuliers, où ils sont de nature à induire en erreur l'observateur non prévenu ou peu attentif. Il importe donc que le micrographe se mette en garde contre ces illusions d'optique (1).

Pour s'orienter au milieu de ces phénomènes lumineux, le lecteur fera bien de porter son attention sur les indices de réfraction des véhicules et des objets qui y sont immergés.

Deux cas peuvent se présenter. Ou bien l'objet à examiner a un indice de réfraction plus élevé, ou bien il a un indice plus faible que celui du véhicule. Dans le premier cas, l'objet agira sur les rayons lumineux qui viennent du miroir à la façon d'un corps plein ou d'une lentille biconvexe; dans le second cas, au contraire, il se conduira comme un espace vide ou comme une lentille biconcave. Les objets de ces deux catégories, vus au microscope, pourront présenter des phénomènes communs; mais ils devront donner lieu aussi à des apparences bien différentes. Prenons comme exemple une gouttelette

(1) Ce n'est pas au micrographe qu'il appartient d'approfondir ces phénomènes. Voyez à leur sujet les divers traités de Physique, ch. *Diffraction*. On peut consulter aussi NAEGELI et SCHWENDENER, *Das Mikroskop*, pp. 186 à 247; et ROBIN, *Traité du microscope*, pp. 189 et 370 à 402, où cet auteur résume NAEGELI.

d'essence de térébenthine (ind. = 1,470) et une bulle d'air (ind. = 1,00029), observées dans l'eau (ind. = 1,336).

La gouttelette et la bulle ont ceci de commun qu'elles présentent un contour noir et un centre blanc ou cendré, et qu'elles montrent, en dedans et en dehors de la bande noire, des cercles concentriques plus ou moins accentués et plus ou moins irisés.

La bande noire de la bulle d'air est due à la réflexion totale des rayons lumineux du miroir à sa périphérie; celle de la gouttelette d'huile est due à ce qu'une partie des rayons est réfractée à l'intérieur de la goutte, et n'arrive pas à l'œil. Si différente que soit la cause, le résultat final est le même pour l'observateur. Les cercles concentriques sont des franges de diffraction et d'interférence des rayons lumineux qui traversent les deux corps et le véhicule environnant. Mais là se bornent les apparences communes. En effet si l'on examine ensemble et comparativement dans la lumière normale, la bulle et la gouttelette, on reconnaîtra bientôt une différence essentielle entre ces deux petites boules. « L'une, celle d'air, représentant un espace vide « et moins réfringent par rapport à l'eau, agira comme une petite « lentille biconcave, et n'aura son centre brillant que si l'on rapproche « l'objectif....., puisque le petit faisceau lumineux qui la traverse de- « vient divergent et doit avoir son foyer au-delà de cette sphère. La « petite boule d'huile, au contraire, réfractant la lumière plus fortement « que l'eau, agira comme une lentille biconvexe et montrera son centre « plus brillant quand on éloigne l'objectif [1]. » Ainsi les images que présentent la bulle d'air et la goutte d'essence sont précisément inverses l'une de l'autre. Ranvier [2] résume ces différences dans les deux aphorismes suivants :

1° « Les corps plus réfringents que le milieu qui les entoure, « ont un centre blanc d'autant plus net et plus petit et un anneau « noir d'autant plus large qu'on se rapproche de leur face supérieure, « c'est-à-dire qu'on éloigne l'objectif.

2° « Les corps moins réfringents que le milieu dans lequel ils « sont placés ont un centre beaucoup plus blanc et plus petit et un « anneau noir d'autant plus large et d'autant plus foncé qu'on se « rapproche de leur face inférieure, c'est-à-dire qu'on abaisse l'objectif. »

Vient-on à observer les corps qui nous occupent dans la lumière oblique, il y a déplacement de l'image. Mais ce déplacement, comme le fait remarquer M. Welcker [3], se fait de deux manières. Dans le cas d'un espace vide ou d'un corps moins réfringent, le point lumineux apparaît, lorsqu'on abaisse le tube, sur le côté opposé au miroir, et l'ombre au contraire sur le côté tourné vers lui. Pour les corps

---

(1) Dujardin, *L'observateur au microscope*, p. 55.

(2) Ranvier, *Traité technique d'Histologie*, p. 19.

(3) Voir Trutat, *Traité élémentaire du Microscope*, tome I, p. 276.

plus réfringents ou les corps pleins, le point lumineux se montre en élevant le tube et sur le côté tourné vers le miroir, tandis que l'ombre apparaît sur le côté opposé. Dans les corps qui au lieu d'être sphériques sont cylindriques, le point de plus vif éclat est remplacé par une ligne lumineuse; mais à part ce détail, tous les phénomènes sont les mêmes.

M. Pelletan [1] donne un excellent conseil aux commençants en les engageant à étudier des bulles d'air, des globules de graisse ou d'essence dans divers milieux, pour se familiariser avec les apparences diverses qu'ils y prennent. « Les observations que l'on fera ainsi soi-« même, dit-il, seront beaucoup plus instructives que toutes les des-« criptions qu'on en pourrait lire. »

Les faits que nous venons de relater ont une grande importance, car ils sont de nature à trancher une foule de questions qui se présentent journellement dans l'observation microscopique. C'est grâce à ces données que nous pouvons distinguer les mamelons et les saillies, des enfoncements et des creux; reconnaître si une aiguille cristalline, une spicule, est pleine ou vide. Elles nous rendent compte en outre des phénomènes présentés par les globules d'huile ou de graisse, par les grains de fécules, les cristaux calciques, les vacuoles, les ponctuations aréolées des cellules; elles nous expliquent les apparences des trachées des insectes et des vaisseaux des plantes, des ponctuations canaliculées des os des animaux et du scléroderme des végétaux, des méats intercellaires, apparences dues à l'air qu'ils contiennent et qui leur donne des contours noirs et sombres.

Il est bon cependant dans certains cas particuliers, de pouvoir éliminer, ou du moins atténuer toutes ces apparences ou illusions d'optique. D'après ce que nous venons de dire, il est évident que le meilleur moyen de les faire disparaître toutes serait l'emploi d'un véhicule ayant à peu près [2] le même indice de réfraction que les objets à étudier : l'alcool, la glycérine, les essences, rendent service sous ce rapport, dans bien des occasions.

Lorsque ce moyen n'est pas applicable, on emploie d'autres expédients. C'est ainsi qu'en recourant aux objectifs plus puissants, on atténue souvent les effets lumineux; du reste, par cela seul que les phénomènes lumineux varient avec les divers systèmes employés, on acquiert la conviction qu'ils ne correspondent à rien de réel. Un excellent moyen de les amoindrir est de colorer fortement les objets à l'aide d'un réactif approprié : leur image tranche alors nettement sur la rétine, à la façon des corps opaques, et la plupart des illusions s'évanouissent.

---

(1) Pelletan, *Le microscope*, p. 192.

(2) Nous allons voir que si l'indice de réfraction était tout-à-fait le même, les objets y deviendraient invisibles.

Il arrive parfois que les franges de diffraction ou les cercles concentriques qui accompagnent les objets sont de nature à nuire à l'observation. Cet inconvénient se présente surtout dans l'étude de la membrane cellulaire. On peut alors avoir recours à la lumière monochromatique, spécialement à la lumière jaune. En effet ce mode d'éclairage multiplie beaucoup les cercles de diffraction, tandis qu'il ne multiplie nullement les images réelles des couches membraneuses.

Enfin dans les cas rares où les reliefs se distinguent difficilement des creux, on emploie l'artifice suivant. On place l'objet dans un véhicule dont l'indice de réfraction est beaucoup plus considérable; dans ces conditions l'image de l'objet est renversée, en ce sens que les creux, maintenant occupés par le menstrue, deviennent des reliefs, et vice-versa.

2° *Illusions d'optique.*

L'observateur doit savoir qu'il est certaines images formées dans son œil et reportées à la distance de la vision distincte, mais qui n'ont rien de commun avec la préparation elle-même. Ces images sont connues sous le nom de *mouches volantes*. Ce sont tantôt des taches brillantes ou irisées passant du rouge au vert, tantôt des globules ou des filaments droits ou spiralés, se présentant sur un ou plusieurs plans. Ce sont là des phénomènes entoptiques et purement subjectifs. On s'en assure facilement en faisant mouvoir la préparation; les images entoptiques ne suivent pas le mouvement ou bien elles offrent une translation en sens contraire, et dans tous les cas indépendante. Enfin, après avoir enlevé la préparation, elles n'en persistent pas moins dans l'œil qui regarde au microscope [1].

ARTICLE TROISIÈME.

VISIBILITÉ DES OBJETS.

Il est un troisième genre de difficultés que le micrographe doit surmonter : ce sont celles qui ont rapport à la *visibilité* des objets.

I. Les objets soumis à notre observation sont transparents et plongés dans un liquide. Or, un objet transparent et immergé n'est visible qu'à la condition de posséder un indice de réfraction différent de celui du liquide qui le baigne. Ainsi, une baguette de crown-glass, dont l'indice de réfraction est 1,5, si on la plonge dans un mélange d'huiles essentielles possédant le même indice, devient tout-à-fait invisible. Les cellules du cristallin, certains corps albuminoïdes (ind. = 1,351), examinés dans l'eau, sont à peine visibles, parce que leur indice coïncide à peu près avec celui de l'eau, (1,336). Tout le monde sait que les carapaces de diatomées (ind. = 1,48 à 1,5 environ) sont

[1] Voir HELMOLTZ, *Optique physiologique*, où ces phénomènes sont décrits longuement.

beaucoup plus difficiles à résoudre dans le baume (1,525) que dans l'eau et que dans l'air surtout. En général, il faut dire que la visibilité d'un objet submergé est d'autant plus grande que son indice de réfraction diffère davantage de celui du liquide où il se trouve.

On comprend tout l'intérêt que trouve le micrographe à rendre les objets aussi visibles et aussi distincts que possible. D'après ce que nous venons de dire, il peut augmenter leur visibilité de deux manières : par l'emploi d'un véhicule dont l'indice diffère davantage de celui de l'objet, ou bien, par l'élévation de l'indice de ce dernier, à l'aide de la coagulation ou d'un réactif convenable. Il a recours à l'un ou l'autre de ces moyens suivant les circonstances.

1° C'est ainsi qu'au lieu d'examiner les diatomées dans le baume, il les examinera dans l'air ou dans l'eau. Ailleurs au lieu de l'eau il se servira de l'alcool (1,372), de la glycérine (1,475) ou d'une liqueur glycérinée, qui ont tous un indice plus élevé. Enfin si les objets s'y prêtent, il pourra les observer dans des substances qui ont un indice de réfraction très considérable : dans le sulfure de carbone (1,678), l'huile essentielle d'amandes amères (1,603), l'essence d'anis (1.536 à 1,601) ou de cassia (1,631), dans la naphtaline monobromée (1,658) (1), ou comme l'a indiqué M. Van Heurck (2), dans le styrax et le liquidambar (1,652).

Ces divers corps sont surtout employés avec les objectifs à immersion homogène. Pour donner tout ce qu'on est en droit d'en attendre, ces objectifs exigent l'emploi d'un véhicule dont l'indice de réfraction est au moins égal à celui du crown-glass (1,5) : tel est le baume du Canada, la laque de dammar, etc.

Mais comme nous venons de le voir, les préparations qui sont incluses dans ces résines perdent de leur visibilité, lorsque leur indice approche de 1,5, comme c'est le cas pour les diatomées. Pour faire disparaître cet inconvénient, il faut les inclure dans l'une ou l'autre des substances à indice élevé dont nous venons de parler.

En biologie on n'a pas encore eu recours à ce procédé. On pourrait l'appliquer parfaitement à toutes les préparations qui sont destinées à l'inclusion balsamique, et il est bien probable que les fins détails de structure y seraient plus visibles que dans ce dernier milieu, parce que la différence entre les indices deviendrait beaucoup plus considérable.

2° Au lieu de toucher aux véhicules, nous avons dit qu'on pouvait augmenter l'indice des objets eux-mêmes en les coagulant et en augmentant ainsi leur densité. On obtient ce résultat par le fait même qu'on se sert des réactifs fixateurs : acide osmique, liqueur de Ripart et Petit, et autres.

---

(1) Dippel, *Botan. Centralb.*, 1880, 1147.

(2) Van Heurck, *Bullet. de la soc. belg. de micr.*; juin, 1883.

II. Mais après avoir épuisé ces deux facteurs de la visibilité des objets transparents, le cytologiste n'est pas encore à bout de ressources. Il emploie tous les jours d'autres moyens qui, pour être moins directs, n'en sont pas moins efficaces. D'une part en diminuant la transparence des objets, d'autre part en dégageant les uns des autres les divers éléments de la cellule, il les rend plus saisissables et plus apparents.

1° Nous venons de parler de réactifs coagulants. La plupart de ces réactifs ne font pas qu'élever l'indice de réfraction, ils rendent aussi les objets plus opaques, et partant leur image plus distincte sur la rétine. Les réactifs colorants sont également un auxiliaire précieux qui agit dans le même sens : les corps colorés en jaune, en rouge, en vert, etc., ne laissent arriver à la rétine que certains rayons qui y forment une image, nettement distincte du pourtour qui est autrement ébranlé par la lumière blanche ou par des rayons d'une autre teinte.

2° En second lieu il ne faut pas oublier que la coagulation peut séparer divers éléments, jusque là indistincts et confondus en une masse homogène à cause de la grande similitude de leur indice de réfraction; c'est le cas pour le *reticulum* et l'*enchylema*, et aussi pour les divers éléments du noyau, dans un grand nombre de cellules fraîches. En dégageant ces éléments les uns des autres à l'aide des réactifs, on les met naturellement en évidence et l'œil les saisit plus facilement.

Dans bien des cas, on peut aussi recourir à un expédient plus énergique, à la dissolution partielle. Ce procédé consiste, comme son nom l'indique, à dissoudre et à enlever certains éléments de la cellule, sans toucher à d'autres qui se trouvent ainsi mis à nu, de cachés et dérobés qu'ils étaient au milieu du contenu cellulaire. Nous aurons souvent l'occasion d'user de ce précieux moyen d'investigation; qu'il nous suffise pour le moment d'en donner quelques exemples. Le réactif de MILLON fait disparaître tous les grains de fécule, sans toucher aux matières albuminoïdes ni, par conséquent, au *reticulum* plasmatique. L'acide sulfurique anglais enlève le squelette cellulosique des membranes, et laisse en place leur squelette inscrutant. Les alcalis dilués et les acides forts, en particulier l'acide chlorhydrique, dissolvent instantanément le boyau nucléinien du noyau, en respectant son *reticulum* et son *enchylema* qui frappent l'œil le moins exercé. On peut pratiquer beaucoup d'autres opérations analogues dans les cas difficiles et embarrassants où elles rendent les plus grands services.

CHAPITRE II.

EXAMEN ET TRAITEMENT DES PRÉPARATIONS.

Ceux qui ne sont pas micrographes de profession, aussi bien que les commençants, s'imaginent qu'ils n'ont qu'à jeter un coup d'œil distrait sur une préparation, pour voir et pour *comprendre* tout ce qui s'y trouve : erreur capitale dont il est nécessaire de les désabuser. *Plus on a l'habitude du microscope, plus on consacre de temps à l'observation.* Une bonne préparation est du reste un trésor inépuisable. *L'étude approfondie d'un seul objet* vaut infiniment mieux que l'examen superficiel et cursif d'un grand nombre de préparations. C'est bien ici le cas ou jamais d'appliquer le vieil adage « *non multa, sed multum.* »

ARTICLE PREMIER.

CHOIX DU GROSSISSEMENT.

La première question qui se pose naturellement à l'esprit du jeune micrographe, lorsqu'il se trouve en présence d'une préparation, est la suivante : quel grossissement vais-je employer pour l'étudier avec fruit? Le débutant fera bien de commencer l'examen d'une préparation sous un faible grossissement, avec l'objectif **A** et l'oculaire **2**, par exemple. En effet il la saisit mieux dans son ensemble; c'est aussi le moyen le plus simple de trouver tout de suite les petits objets, comme les cellules éparpillées, et de les installer au milieu du champ pour être examinées, sans tâtonnements ultérieurs, avec les objectifs plus forts.

Après ce premier aperçu, il passe à des grossissements graduellement plus considérables, **DD**, **F**, en évitant, autant que possible, les oculaires forts. Il ne doit recourir aux objectifs à immersion, surtout aux objectifs à immersion homogène, qu'après avoir essayé les objectifs à sec.

Quant au cytologiste exercé, il sait d'avance à peu près à quel objectif il doit recourir pour examiner un objet donné. Néanmoins pour faire chose utile, il ne se dispensera jamais d'un examen préliminaire avec **DD**, qui est l'objectif par excellence du cytologiste, pour les cas ordinaires. Le plus souvent, s'il recourt immédiatement à un objectif plus fort, il finira par y revenir après avoir perdu son temps et sa peine.

Lorsqu'on doit faire des recherches suivies, il est presque indispensable de posséder plusieurs microscopes munis d'objectifs différents. Ce n'est pas précisément pour éviter la perte de temps qui résulte d'un changement d'objectif : on peut l'éviter par l'emploi du *révolver porte-objectif* (¹). C'est pour d'autres raisons que voici :

(¹) Nous n'en avons pas parlé au chapitre des instruments.

Cette installation permet de comparer avec aisance plusieurs préparations d'un même objet ou d'objets différents ; elle permet de laisser sur un instrument, sans interrompre son travail, une préparation à demeure pendant des jours entiers pour y suivre à loisir soit la formation des cellules, soit le développement des spores ou celui des êtres inférieurs, soit surtout l'action lente ou prolongée des réactifs. Enfin elle fournit le moyen de monter un appareil accessoire, tel que le spectroscope, le micromètre, etc., sans se voir obligé de l'enlever à tout moment pour continuer ses observations.

Il est donc très utile de se procurer deux *stativs*, un grand modèle (**I** à **IV**), et un modèle moyen (**VII**[a]).

ARTICLE SECOND.

ÉTUDE DE LA PRÉPARATION.

Le micrographe étudie les objets :

1° En eux-mêmes ;

2° Dans leurs rapports mutuels.

1° *Étude des objets en eux-mêmes.*

Le cytologiste cherche d'abord les parties les plus minces ou les mieux conservées, et partant, les plus démonstratives de la préparation.

Comme nous l'avons vu tout à l'heure, p. 132, la main constamment appuyée sur la vis micrométrique, il s'efforce de lire aux différentes profondeurs des éléments cellulaires.

Il en étudie le contenant et le contenu : la membrane, le protoplasme, le *reticulum* et l'*enchylema*, le noyau, les enclaves, les inclusions.

Au besoin il essaie, par les moyens que nous connaissons, de déplacer les objets pour se faire une idée juste de leur forme, de leur relief et des détails de structure interne et externe qu'ils présentent.

L'histoire naturelle de la noctiluque que nous avons esquissée au commençement de cet ouvrage (1), nous fournit un bel exemple d'exploration cellulaire, et nous dispense d'insister davantage sur ces détails.

Après la lumière *normale* le micrographe fait agir la lumière *oblique*, et même, s'il le juge utile, la lumière *polarisée*.

Enfin, s'il existe encore des choses obscures pour lui, il a recours aux *réactifs* dont nous allons parler bientôt.

2° *Étude des objets dans leurs rapports entre eux.*

Les cellules et leurs détails si nombreux ont des rapports variés qu'il importe d'approfondir.

a) Ceux qui se présentent tout d'abord sont les rapports de *juxtaposition* et de *connexion* organique. Citons quelques exemples. Les cellules que le micrographe a sous les yeux sont-elles fusionnées en

(1) Introd., pp. 19 et 21.

un *syncytium*, ou bien ne sont-elles que juxtaposées et pressées les unes contre les autres? Les minces trabécules qui traversent la masse plasmatique forment-elles un *reticulum* véritable ? Les anses nucléiniennes du noyau sont-elles séparées, ou sont-elles réunies en un seul boyau continu ? etc., etc. : voilà autant de questions à élucider.

b) Ce ne sont pas les seules. Les rapports de *structure* ou de *composition* se présentent également à l'observateur. Il devra rechercher, tantôt si le protoplasme et le noyau ont la même structure organique et la même composition chimique; tantôt si les cellules sont organisées partout sur un même plan : il se demandera, par exemple, s'il est possible de rattacher la cellule musculaire, la cellule nerveuse, la cellule spermatique, à la cellule type ordinaire, et ainsi de suite. Les problèmes de ce genre se rencontrent à tout instant.

c) Enfin les *rapports d'origine* réclament une étude spéciale, à cause de leur importance scientifique. D'où viennent tous ces noyaux que le micrographe aperçoit dans une cellule ? Comment tous ces corps figurés qu'il y rencontre, fécule, huiles, spicules, cristaux, y ont-ils pris naissance ? Ailleurs se dresse devant lui la longue série des étapes si nombreuses et si variées de la différentiation cellulaire, de la division du noyau, de la spermatogénèse, et de beaucoup d'autres phénomènes biologiques des plus importants : il ne se donnera point de repos qu'il n'ait rattaché ces phases successives à un état antérieur et surpris leur filiation naturelle.

ARTICLE TROISIÈME.

EMPLOI DES VÉHICULES ET DES RÉACTIFS.

L'examen des préparations nécessite l'emploi de ces deux classes de corps. Il faut dire, pourtant, que très souvent un seul et même liquide sert à la fois de véhicule et de réactif; aussi est-on obligé pour en parler de les réunir sous une rubrique commune.

Un bon véhicule doit rendre la préparation visible, mais à la condition *sine qua non* de ne pas l'altérer.

Nous avons déjà parlé du premier de ces caractères [1]. On voudra bien aussi se rappeler ce que nous avons dit p. 138, du rôle que les réactifs eux-mêmes peuvent jouer dans la visibilité des objets. Nous n'y reviendrons plus.

L'innocuité des véhicules vis-à-vis de l'objet à examiner est de première importance. Quand le micrographe utilise des matériaux durcis et conservés, le choix du véhicule exige moins de précautions. Nous savons ce que nous avons à faire dans les diverses circonstances qui peuvent se présenter [2]. Mais nous savons aussi que l'étude de la

(1) Voir plus haut, p. 136 et suivantes.

(2) Item, p. 124.

cellule réclame d'urgence l'emploi de matériaux frais (1); et alors, il importe de régler le choix des véhicules au point de vue de leur innocuité.

Commençons par distinguer entre les recherches d'analyse organique et les recherches d'analyse microchimique. Les premières ont pour but d'élucider la structure ou la constitution organique de la matière vivante; les autres ont trait à la nature chimique des corps figurés ou dissous qui s'y trouvent.

§ I. Analyse organique.

Le grand principe qui doit nous guider dans les recherches organiques est le suivant : *maintenir pendant l'observation les cellules dans leur état naturel, sans y amener la moindre modification de structure.*

I. Le moyen le plus simple, celui qui est naturellement indiqué, c'est de choisir pour véhicule le liquide même qui baigne les cellules pendant leur vie. C'est pourquoi on emploie le sang des invertébrés, qu'on se procure d'ailleurs facilement en les piquant; grâce au système lacunaire, ce sang est uniformément répandu autour de tous leurs éléments. Dans les animaux supérieurs, à part quelques cellules qui sont naturellement plongées dans un liquide ou un plasma, comme les globules blancs, les globules du pus; à part aussi quelques productions plasmatiques, telles que les globules rouges des mammifères, il est assez difficile de maintenir les objets dans un milieu identique à celui où ils vivent. Sans doute il n'est pas difficile de se procurer certains liquides organiques naturels : le liquide amniotique et sous-arachnoïdien, le sérum du sang, l'humeur aqueuse, l'urine, seule ou tenant un peu de sucre en dissolution, la lymphe de la grenouille; et de fait, tous ces véhicules sont souvent utilisés. Mais il faut remarquer que, dans ces animaux, la composition des humeurs varie notablement d'un endroit à un autre; d'où il suit que les cellules qu'on y place sont parfois bien loin de se trouver dans leur milieu habituel. Aussi ne faut-il pas s'étonner si les liquides que nous venons de nommer déforment souvent les éléments délicats. On s'étonnera moins d'apprendre qu'ils altèrent plus profondément encore les cellules des invertébrés et les protozoaires qui vivent dans l'eau.

On a cherché depuis longtemps à remplacer ces liquides naturels par des véhicules artificiels, qu'on tient plus facilement sous la main et dont on peut varier la densité. Tels sont les sérums artificiels (2) et les nombreux liquides au chlorure de sodium, qui ont été préconisés tour-à-tour. En général les formules données par les micrographes ne réussissent que pour les cellules qu'ils ont observées.

(1) Voir plus haut, p. 109 et suivantes.

(2) Voir tableau des réactifs, p. 93.

Souvent, même en suivant exactement leurs indications, on ne parvient pas à maintenir les éléments sans altération.

Quoi qu'il en soit, tous ces véhicules naturels ou artificiels sont infiniment préférables à l'eau. L'eau en effet est le plus détestable de tous les véhicules en cytologie animale. Elle pénètre immédiatement dans les cellules et y produit les altérations les plus profondes. Aussi quand il s'agit d'observer une cellule vivante, dans son état naturel, ou seulement un détail de structure interne du protoplasme ou du noyau, l'emploi de l'eau doit-il être absolument écarté.

La raison de ces altérations cellulaires dans les liquides neutres, servant de véhicules, est facile à trouver : elle réside tout entière dans les phénomènes d'osmose et de plasmolyse. Tantôt à force de soutirer l'eau du véhicule, la cellule se gonfle, devient vacuoleuse, méconnaissable, et finit même par crever. C'est ce qui a lieu lorsqu'on emploie l'eau pure. Tantôt au contraire c'est le véhicule qui soutire l'eau de la cellule : celle-ci se ratatine, perd sa forme et avec elle toute trace de structure normale. Cela se présente, lorsqu'on emploie un milieu trop chargé de sels ou d'acides avides d'eau, d'albumine, de sucre, de gomme, etc. En réalité, l'observateur en est réduit à chercher lui-même un *medium* approprié au genre de cellules qu'il étudie, c'est-à-dire un milieu capable de maintenir leur osmose dans son équilibre normal. Or, ce n'est pas toujours chose facile que la confection d'un pareil *medium*. Nous y avons eu rarement recours.

II. Il existe d'ailleurs un moyen plus simple et plus sûr de maintenir l'intégrité des éléments anatomiques : c'est l'emploi d'un liquide fixateur dont la fidélité a été reconnue. La nature de ces véhicules-réactifs et leur mode d'utilisation nous sont connus : le lecteur voudra bien se rappeler spécialement ce que nous en avons dit à propos de notre méthode favorite de dissociation (1). Nous n'avons plus qu'à parler de leur fidélité, ou propriété qu'ils ont de maintenir les éléments dans leur intégrité naturelle. Voici ce que l'expérience nous a appris à ce sujet.

L'eau alcoolisée ne vaut rien : les éléments s'y recoquillent et y deviennent indistincts. L'acide chromique vaut mieux; mais employé seul, il n'est pas non plus d'une fidélité satisfaisante. Il agit trop lentement à petite dose : les cellules ont le temps de prendre l'eau et de s'y gonfler outre mesure. Au contraire, en y ajoutant une goutte d'acide osmique, il est excellent et la coloration jaune qu'il imprime aux cellules rend souvent leurs détails plus visibles. Le bichromate de potassium n'est pas recommandable : à maintes reprises nous avons vu les infusoires finir par y crever.

Mais le véhicule-réactif par excellence est l'acide osmique, surtout employé en mélange, comme nous venons de le voir à propos de l'acide chromique. Nous avons été amené à la suite d'une

(1) Ci-dessus, p. 114.

longue et minutieuse pratique, à mettre une goutte de cet acide (1 o/o à 1 o/oo) dans toutes nos liqueurs.

Un véhicule d'une fidélité également remarquable, est la liqueur de RIPART et PETIT. Elle conserve parfaitement les éléments les plus délicats; une goutte d'acide osmique ou de bichlorure de mercure n'y produit aucun trouble, et ne fait qu'augmenter son pouvoir fixateur.

Nous devons encore mentionner le vert de méthyle. D'abord il fait mourir instantanément les cellules, sans doute parce qu'il s'y insinue avec une facilité étonnante ; ensuite, il les fixe jusqu'à un certain point, et les empêche de se déformer pendant des heures entières. Avec l'acide osmique, qui ne l'altère nullement, il devient un des meilleurs fixateurs. Ajoutons que c'est le réactif le mieux approprié pour le noyau, soit pour le déceler, soit pour le conserver dans sa forme et sa structure normale.

Nous avons renoncé à l'usage du picrocarmin comme véhicule. Les cellules y demeurent vivantes trop longtemps : ce qui leur permet de se gorger d'eau et de se détériorer d'une manière notable. Un grave inconvénient de ce colorant c'est qu'il précipite par l'alcool et par les acides, par l'acide osmique en particulier; on ne peut donc l'utiliser en mélange avec les bons fixateurs.

La liqueur de MERKEL maintient bien les protozoaires.

Nous terminerons en disant que l'eau chargée de chlorure de sodium à divers états de concentration donne aussi de bons résultats, à la condition d'y joindre une goutte d'acide osmique. On conserve convenablement par ce moyen les éléments délicats, tels que les globules du pus et du sang, les hématoblastes de la moelle, les cellules de la rate, etc.

§ II. ANALYSE MICROCHIMIQUE.

I. But de cette analyse.

Cette analyse a un double but.

Nous nous servons de réactifs chimiques, pour déterminer la nature des corps essentiels et constitutifs de la cellule : du protoplasme, du noyau et de la membrane, et celle des substances accidentelles, enclaves et inclusions, qui y sont renfermées, soit normalement, soit pathologiquement.

Nous y avons recours encore pour constater la transformation des composés cellulaires, leurs migrations d'un point à un autre, et leur utilisation par la cellule.

C'est à l'aide des réactifs qu'on surprend la vie sur le fait. Les progrès de la biologie cellulaire dépendent surtout des progrès de la microchimie. Les débutants ne sauraient assez s'exercer à l'application des réactifs, et à l'étude comparative de leur action sur les divers corps que l'on rencontre dans la cellule, pendant les diverses phases qu'elle peut traverser.

II. Mode opératoire.

La manière d'opérer est généralement assez simple. Néanmoins il serait difficile de formuler des règles fixes sur ce point.

I. Lorsqu'on veut assister au début de la réaction, le mieux est de procéder comme suit : on place à l'avance la préparation sans véhicule entre les deux verres; on dépose, avec une baguette de verre bien propre, une goutte de réactif sur le porte-objets et contre le verre à couvrir, et l'on met immédiatement l'œil au microscope.

Il est encore bien d'autres circonstances où ce mode d'opération à sec est seul applicable. Il en est ainsi, par exemple, lorsque la présence de l'eau entre les deux verres nuirait soit au réactif soit à la préparation elle-même. Le premier cas se présenterait pour la dissolution alcoolique d'anchusine, dans la recherche des graisses ou des huiles essentielles : cette résine étant insoluble dans l'eau se précipiterait immédiatement. Il se présenterait également, si l'on était obligé d'employer l'acide sulfurique anglais à l'état de pureté, l'alcool absolu, l'éther, etc. D'un autre côté, l'eau enlèverait des cellules mises en expérience les substances qui y sont solubles ou qui sont déjà dissoutes dans le suc cellulaire, telles que les grains d'aleurone, les saccharoses, les glycoses, l'asparagine, l'inuline, les acides organiques, et même le glycogène et les dextrines.

II. Dans tous les cas semblables, il va de soi que l'usage de l'eau est prohibé. A part ces cas, du reste assez nombreux, il est généralement permis de déposer la préparation dans une gouttelette d'eau distillée. Comme il ne s'agit plus ici d'observer la structure normale des éléments cellulaires, que l'osmose pourrait altérer, mais bien de constater la présence ou de déterminer la nature chimique d'un corps donné, l'usage de l'eau n'a plus d'inconvénients. Au contraire, sa présence favorisera souvent l'imprégnation de la préparation, et empêchera l'air d'y pénétrer.

Lorsqu'on n'a pas de raison spéciale d'agir autrement, il vaut mieux déposer la goutte de réactif sur la préparation, avant de la recouvrir de la lamelle : la pression que celle-ci exerce sur les objets rend plus difficile la pénétration des liquides. Elle est donc excellente, aussi à ce point de vue, la méthode qui consiste à dissocier les objets dans le réactif lui-même.

L'observation que nous venons de faire s'applique particulièrement à l'emploi des réactifs colorants. Aussi au lieu d'opérer sur le porte-objets, est-il souvent preférable de déposer les coupes ou les objets dans un verre de montre, et de les y laisser dans le réactif pendant le temps voulu : ils se colorent ainsi plus facilement et plus régulièrement. En agissant de cette façon il est aussi plus facile de saisir les objets et les passer, au sortir du réactif, dans l'eau ou dans l'alcool pour enlever l'excédant de la matière colorante.

Cette méthode est souvent employée pour la coloration du noyau à l'aide du picrocarmin, des couleurs d'aniline, de la safranine, de l'hématoxyline, etc. Pour pratiquer ces colorations on peut employer deux procédés.

1° *Coloration à l'aide de solutions diluées.*

On laisse séjourner les objets pendant de longues heures — 24 à 48 — dans une solution très faible de matière colorante. Grâce à l'action élective des éléments du noyau, on parvient ainsi à ne colorer que ce dernier, ce qui peut être avantageux dans certaines circonstances. Malheureusement un aussi long séjour dans l'eau est de nature à modifier l'état naturel de la nucléine; c'est pourquoi les cytologistes ont souvent recours de nos jours à la méthode suivante.

2° *Surcoloration suivie de décoloration.*

Ce procédé est surtout employé avec la safranine, le violet de Paris et les anilines en général; il est connu sous le nom de méthode de HERMANN (1).

a) FLEMMING opère de la manière suivante. Les coupes sont laissées, pendant 10 à 12 heures, dans un mélange à parties égales d'eau distilée et de solution alcoolique concentrée de matière colorante. On les lave à l'eau, on les déshydrate par l'alcool, rapidement pour ne pas enlever la matière colorante du noyau; on les traite ensuite par l'essence de girofle et on les inclut dans la laque de dammar.

b) VICTOR BABES (2) vient de préconiser une méthode un peu différente. Il place les objets dans une solution aqueuse sursaturée, contenant de petits cristaux en suspension; il chauffe jusqu'à ce que le liquide devienne clair, ce qui a lieu après quelques secondes. On laisse refroidir pendant quelques minutes, on lave à l'eau et à l'alcool; puis, après avoir traité les objets par l'essence de térébenthine, on procède à leur inclusion dans le baume. Ce mode opératoire est avantageux : il est expéditif, il permet de ne laisser les objets que pendant quelques instants dans l'eau, enfin, en employant l'essence de térébenthine, il empêche la matière colorante du noyau de diffuser comme cela a lieu avec l'essence de girofle. Nous devons avouer qu'il nous a donné de bons résultats. Néanmoins nous préférons toujours nous servir du vert de méthyle, lorsqu'il s'agit d'étudier la structure normale du noyau : ce réactif agit vite et bien dans toutes les circonstances, même entre les deux lamelles, et sa partie excédante s'enlève par l'eau avec facilité, le noyau seul restant coloré.

III. Les réactifs exigent parfois un temps assez long pour que leur

(1) BÖTTCHER und HERMANN, Tagblatt. d. Graz. naturf. Versuch., 1875, p. 105. — Voir FLEMMING, Archiv f. mikr. Anat., 1881, t. XIX, p. 317.

(2) VICTOR BABES (iu), *Ueber einige Färbungsmethode*, etc.; Archiv f. mikr. Anat., 1883, t. XXII, p. 356. — Pour obtenir la solution aqueuse dont nous parlons on porte une solution ordinaire avec un excédant de safranine à la température de 60°, et l'on filtre à chaud.

effet soit complet. On fait toujours bien de conserver sous cloches les préparations traitées, afin de les soumettre plus tard à un nouvel examen. Il est parfois nécessaire, ou du moins utile, de chauffer la préparation, pour déterminer ou accélérer l'action du réactif. C'est ce qui a lieu avec le réactif de MILLON et la liqueur de FEHLING. On se sert à cet effet de la lampe à alcool, de l'étuve, ou du bain-marie.

IV. On est souvent obligé d'enlever le réactif, après qu'il a agi sur la préparation, sans toucher à la lamelle. A cet effet, on dépose contre le verre-à-couvrir une goutte d'eau, d'alcool, etc., suivant le cas, et on incline légèrement le porte-objets pour faciliter la pénétration entre les deux verres. En même temps on soutire le réactif du côté opposé, à l'aide du pinceau ou du papier buvard. En répétant cette opération, on finit par laver entièrement la préparation. C'est ainsi qu'on élimine les acides, les bases, l'excédant des réactifs colorants, etc. C'est ainsi également qu'on remplace un véhicule par un autre.

En général, quand on doit traiter un objet par plusieurs réactifs successifs, il est à conseiller, si rien ne s'y oppose, de laver la préparation après l'application de chacun d'eux : par exemple, après avoir traité les grains de fécule par la potasse pour en enlever la granulose, on lavera à grand eau, avant d'employer l'iode destiné à mettre en évidence leur squelette cellulosique.

III. Nature des réactifs.

Les réactifs dont on se sert en microchimie sont nombreux et variés. On peut les ranger en plusieurs classes suivant leur mode d'action.

1° *Les dissolvants.*

Ces sortes de réactifs sont souvent employés, pour distinguer les substances qui se trouvent côte à côte dans une même cellule, ou bien qui présentent le même aspect au microscope. Ainsi l'alcool à froid dissout les huiles essentielles, et laisse en place les corps gras. L'acide sulfurique dissout complètement le squelette cellulosique des membranes végétales, en maintenant leur squelette incrustant; la potasse agit en sens inverse. L'eau, seule, enlève la masse fondamentale de la plupart des grains d'aleurone, et ne touche pas aux cristalloïdes qu'ils renferment. L'acide chlorhydrique concentré dissout la nucléine et respecte le *reticulum* plasmatique du noyau. Nous savons déjà que le réactif de MILLON dissout peu à peu les grains de fécule, sans attaquer les corps gras ni les albuminoïdes. Pour enlever les cristaux de soufre des filaments des *Beggiatoa*, petites algues incolores qui vivent dans les eaux sulfureuses, on les traite par le sulfure de carbone.

Les digestions artificielles, les saponifications, aboutissent finalement à une dissolution, si les corps ne sont déjà dissous. Les dissolvants sont d'un usage journalier.

2° *Les colorants.*

Les réactifs colorants ne sont pas moins employés.

L'acide osmique colore en noir les corps gras et les essences, qu'il permet ainsi de distinguer des autres corps, en particulier des albuminoïdes et des grains de fécule. La dissolution alcoolique d'anchusine agit de même; seulement elle les colore en rouge.

L'iode teint la fécule en bleu, les albuminoïdes en jaune, conserve aux corps gras leur aspect naturel, imprime au glycogène et à plusieurs dextrines une teinte d'acajou; aidé d'un acide, il bleuit fortement les matières cellulosiques.

Nous connaissons déjà le vert de méthyle comme étant la pierre de touche de la nucléine du noyau. Le carmin, le picrocarmin, la safranine, les couleurs d'aniline, l'hématoxyline, colorent également cette substance plus fortement que les albuminoïdes du protoplasme. L'éosine teint les globules rouges du sang et certaines granulations albuminoïdes des hématoblastes, appelées pour cette raison éosinophiles. La phloroglucine et l'indol, aidés d'un acide, font apparaître dans les membranes cellulaires incrustées une coloration rouge d'une grande richesse. Le vert de méthyle, les couleurs d'aniline, le violet de méthyle, le bleu de méthylène, se fixent également sur les membranes animales et végétales incrustées. Le vert de méthyle et le picrocarmin colorent la soie fraîche aussi intensément que la nucléine du noyau.

Les gommes absorbent avec une prédilection marquée l'alun carminé; les épaississements collenchymateux se comportent de la même manière. Les vacuoles cellulaires imprégnées de tanin deviennent autant de perles d'émeraude ou d'ébène, sous l'influence des sels ferriques.

Malgré cette énumération déjà longue, nous sommes loin d'avoir épuisé notre trésor de réactifs colorants, mais ces exemples suffisent pour le moment.

3° *Les réactifs précipitants ou coagulants.*

Ces réactifs sont également nombreux. Citons-en quelques exemples. L'alcool précipite l'inuline sous la forme de granules gris, qui bientôt se réunissent en sphérocristaux volumineux. Il précipite également l'asparagine en plaques losangiques, et les sucres en prismes délicats. L'acétate de calcium met l'acide tartrique en évidence, par la formation de gros cristaux hémiédriques de tartrate calcique, tandis qu'il transforme l'acide citrique en petits cristaux étoilés de citrate du même métal. L'acétate de baryum révèle la présence de l'acide citrique, par les houppes d'aiguilles ou de cristaux radiés dont il émaille la préparation. L'acide sulfurique donne, avec les gommes, les membranes et les produits cellulaires imprégnés de sels calciques, des cristaux de gypse, de forme tout à fait caractéristique.

L'alcool et le bichlorure de mercure coagulent et solidifient les corps albuminoïdes. Le premier de ces réactifs coagule aussi les gommes et leur donne un aspect réticulé remarquable. La liqueur de Fehling est réduite par les glycoses, avec précipitation de petits cristaux rouges ou bruns d'oxydule de cuivre. Les sels d'or et d'argent sont réduits également, par certaines membranes et certaines substances cellulaires, à l'état de poussière métallique moléculaire. La coloration brune ou violette imprimée par ce dépôt aux éléments qui en sont imprégnés sert à les dévoiler.

IV. Choix des réactifs.

Le savant se laisse guider dans le choix des réactifs par trois ordres de considérations :

Le *but* qu'il poursuit,

La *nature* des objets qu'il examine,

Le *nombre* de préparations dont il dispose.

Lorsqu'il s'adonne à des recherches dont le but est restreint et tout-à-fait spécialisé, comme le serait la constatation de la fécule, de la graisse, des grains d'aleurone; la distinction des cristaux de carbonate et d'oxalate calcique, l'étude du noyau, etc., les réactifs sont généralement indiqués d'avance, et il est rare qu'un seul ne suffise point.

Il en est à peu près de même quand on possède déjà quelques données sur la nature des objets à examiner; on parvient le plus souvent à se faire une conviction, après l'application de deux ou trois réactifs sur autant de préparations distinctes.

Mais lorsque l'observateur se trouve devant l'inconnu, la chose est plus compliquée. Deux cas peuvent alors se présenter : ou bien il possède un nombre suffisant de préparations, c'est le cas le plus fréquent; ou bien il n'en tient qu'une ou deux seulement.

Dans la première hypothèse, sa ligne de conduite est toute tracée. Il applique un certain nombre de réactifs, chacun sur une préparation séparée; puis il étudie et il compare leur action. C'est ainsi qu'on procède généralement pour débrouiller le contour si complexe des cellules avec lesquelles on n'est pas familiarisé.

Dans la seconde hypothèse, il est sage de procéder de la manière suivante.

On commence par appliquer les réactifs neutres et inoffensifs, tels que les liquides colorants, l'alcool, etc. On peut déjà par ce moyen et sans trop altérer la préparation, s'éclairer sur bien des points : la présence du noyau, de la fécule, des huiles, des albuminoïdes, de l'inuline, etc.

On essaie alors les acides ou les dissolvants particuliers, suivant qu'on le juge utile. Les réactifs basiques ne s'emploient qu'en dernier lieu, parce qu'ils altèrent profondément les cellules.

Telle est la marche générale à suivre; mais c'est à l'observateur de choisir, dans chacun de ces groupes, les réactifs qu'il juge convenir le mieux, suivant l'idée qu'il se fait de la nature de l'objet ou du corps à déterminer. Il est impossible de formuler des règles précises sur ce point.

ARTICLE QUATRIÈME.

ENTRETIEN DES VÉHICULES ET DES RÉACTIFS.

L'entretien des liquides qui baignent les préparations extemporanées est chose facile.

Le moyen qui se présente naturellement à l'esprit consiste à déposer sur le porte-objets une goutte du liquide, à mesure qu'il s'évapore. Mais ce moyen est incommode et l'on risque d'en oublier l'emploi, lorsque l'opération doit durer longtemps. Il est bien préférable alors de placer la préparation dans une enceinte saturée : soit dans une chambre humide spéciale, soit sous une cloche renfermant une éponge imbibée, ou mieux, sous une cloche déposée sur une soucoupe, dont le fond est couvert d'eau, et au centre de laquelle s'élève un support destiné à recevoir les préparations [1].

Pour produire un *courant d'eau continu*, ce qui est souvent nécessaire pour assurer la réussite des cultures sur porte-objets, on insinue sous le verre à couvrir un fil de coton qui plonge dans l'eau par le bout opposé. Si on le juge utile, on place de l'autre côté un fil semblable dont l'extrémité libre et pendante élimine l'excès d'eau et accélère le courant.

CHAPITRE III.

DE LA MÉTHODE A SUIVRE DANS LES RECHERCHES ET PUBLICATIONS SCIENTIFIQUES.

BACON, *Novum organum*, Londini, 1620. — Is. G. SAINT-HILAIRE, *Histoire générale des règnes organiques*, Paris, 1854, tome I, livre II : De la méthode dans son application aux sciences naturelles, p. 267. — CLAUDE BERNARD, *Introduction à l'étude de la médecine expérimentale*, Paris, 1865. — PAUL JANET, *Les causes finales*, Paris, 1876. — ALEX. BAIN, *Logique déductive et inductive*, Paris, 1875. — ERNEST NAVILLE, *La logique de l'hypothèse*, Paris, 1880.

La **science** est la connaissance raisonnée de la vérité. La science biologique est la connaissance raisonnée des faits biologiques démontrés, élevés au rang de vérités. Dans toute science on peut distinguer deux éléments :

1° L'ensemble des vérités démontrées par le genre de preuves qui leur convient;

2° L'enchaînement de ces vérités, leur coordonation logique en un corps de doctrine par le travail de la raison.

---

[1] Voir, livre I, ch. IV, *Laboratoire*, p. 84.

La méthode est l'ensemble des procédés qui servent à découvrir et à démontrer la vérité. La méthode n'est donc pas la science; mais elle est son instrument indispensable, puisque c'est elle qui trouve et établit une à une les vérités qui constituent son corps doctrinal. « Le fruit de la démonstration — et par conséquent de la méthode — « a dit BOSSUET, est la science. [1] »

La méthode donc a une importance capitale dans toutes les sciences. « Sans la méthode point de science. Telle est la méthode, « telle est la science. La méthode est l'instrument de l'esprit; et le « principe de sa force, comme la cause de sa faiblesse ou de ses « erreurs, est surtout dans la rectitude, l'insuffisance ou le vice de « la méthode qu'il emploie [2]. » Aussi, CONDORCET n'a pas craint d'affirmer que « dans toutes les sciences, la connaissance de la mé« thode employée à trouver les vérités est, pour ainsi dire, plus « précieuse que celle des vérités même, puisqu'elle renferme le germe « de celles qui restent à découvrir. [3] »

Or, chaque science a sa méthode particulière; mais nous n'avons à nous occuper ici que de celle qui est suivie dans les sciences biologiques.

ARTICLE PREMIER.

DE LA MÉTHODE A SUIVRE DANS LES RECHERCHES CYTOLOGIQUES ET BIOLOGIQUES.

§ I. MÉTHODE GÉNÉRALE.

Quel est donc cet ensemble de procédés que l'on doit employer pour arriver à la connaissance et à la démonstration des vérités ou des faits biologiques?

On suit, en biologie, la méthode adoptée par les autres sciences naturelles, la *méthode d'observation* appelée aussi *méthode expérimentale.*

I. L'observation est l'examen d'un objet, d'un détail, d'un phénomène, à l'aide des sens, soit seuls soit armés d'instruments. C'est donc par elle que nous constatons les faits. Or, dans nos sciences, tout dérive immédiatement ou médiatement des faits; c'est par les faits seuls que nous allons aux idées; il s'en suit que l'observation est le point de départ obligé de toutes nos connaissances biologiques. Vouloir, à l'exemple de SCHELLING [4] et des philosophes de la nature, édifier ces sciences à l'aide de la raison, en partant de principes métaphysiques préétablis, et indépendamment des faits, c'est évidemment faire fausse route.

(1) BOSSUET, *Connaiss. de Dieu et de soi-même*, ch. I, p. 13.

(2) Is. G. SAINT-HILAIRE, *Hist. génér.* etc., p. 269, tome I.

(3) CONDORCET, *Éloge de Lieutaud*, Œuvres, tome II, p. 398.

(4) SCHELLING, *Ideen zu einer Philosophie der Natur*, 1797. — *Erster Einwurf eines Systems der Naturphilosophie*, 1799. — Voir le résumé qu'en donne SAINT-HILAIRE, p. 295 et suivantes.

Aussi, dès l'origine, s'est-on élevé avec force contre cette méthode destructive de toute science positive de la nature.

GEOFFROY SAINT-HILAIRE disait aux disciples de SCHELLING (1) : « Vos espérances sont trop sublimes pour ne pas être illusoires..... « Les idées doivent être immédiatement engendrées par des faits « précis et évidents, non créés par votre esprit, comme à volonté. « La subtilité de votre pensée ne vous conduit qu'à des suppositions : « vous élevez de vastes édifices, mais craignez qu'ils ne soient fondés « que sur l'erreur. Vous pressentez les faits, démontrez-les. » Aujourd'hui, l'observation a reconquis ses droits légitimes et personne ne songe plus à les lui contester.

La raison n'aurait-elle donc aucune part, à côté des sens, dans la constatation de faits? Oui, certes, et une part importante encore. A force de parler d'observation, de méthode expérimentale, de méthode positive, on s'imagine facilement qu'il suffit de prendre une loupe ou un microscope et d'ouvrir les yeux pour obtenir un résultat certain. Malheureusement l'observation est entourée de graves difficultés que les sens sont impuissants à lever. En réalité elle ne nous donne de résultats certains, qu'autant qu'ils ont été contrôlés par la raison. C'est en effet la raison qui dirige l'observation, l'apprécie, corrige les erreurs provenant des sens ou des circonstances au milieu desquelles se fait l'examen; elle intervient donc pendant toute la durée de l'observation pour dégager le fait *réel* du fait *apparent*, le seul que les sens nous révèlent. Voir n'est pas observer. L'animal est incapable d'observation; d'où LINNÉ plaçait la faculté d'*observer* parmi les prérogatives de l'homme (2).

La part qui revient à la raison dans l'observation est bien plus large encore en biologie que dans les autres sciences naturelles, car les êtres vivants renferment une foule d'éléments inconnus dans les corps bruts. Leur organisation si compliquée, les phénomènes si nombreux de l'activité vitale, rendent chez eux l'observation beaucoup plus difficile, susceptible de méprises et d'erreurs sans nombre.

La raison intervient dans la constatation des faits pour la contrôler et l'apprécier. Mais c'est surtout après l'observation que le rôle de la raison devient prépondérant : en établissant les faits, nous avons extrait, en quelque sorte, les matériaux bruts de la science; c'est à la raison qu'il appartient de les façonner et de trouver leur place naturelle dans l'édifice scientifique; c'est à elle qu'il appartient de transformer le fait réel en fait *scientifié*, suivant l'heureuse expression de G. SAINT-HILAIRE. En effet, c'est la raison qui tire les conclusions logiques des faits, découvre leurs rapports, généralise, explique. A elle la détermination des lois, la recherche profonde des causes; à elle en un mot de nous donner la science des vérités biologiques.

---

(1) Art. *Nature*, Encyclop. mod., t. XVII, 1829.

(2) LINNÉ, *Systema naturæ*, Intr. p. I.

Ce rôle si grand, si nécessaire de la raison, dans les sciences biologiques, a été presque méconnu par CUVIER[1] et ses disciples. En voulant réagir contre l'école philosophique allemande, ils sont tombés dans l'excès opposé. « Observer, décrire, classer, » voilà disait CUVIER toute la méthode scientifique. C'est à peine s'il osait permettre à ses partisans de tirer les conclusions immédiates des faits observés : « des faits, rien que des faits ! » Si SCHELLING avait exagéré le rôle de la raison en voulant fonder sur elle la science tout entière, CUVIER restreignait à l'extrême l'exercice de la pensée. Pour être moins dangereuse que celle de SCHELLING, la méthode de CUVIER n'en est pas moins erronée. Nous reconnaissons volontiers qu'à l'origine d'une science elle est seule applicable : il faut d'abord observer scrupuleusement les faits, inventorier les matériaux. Mais bientôt il faut laisser à l'intelligence la part qui lui revient. La méthode *positive*, comme l'appelaient ses partisans, si elle était suivie rigoureusement, rendrait toute science impossible. « Des faits, même très industrieu« sement façonnés par une observation intelligente, ne peuvent jamais « valoir à l'égard de l'édifice des sciences, s'ils restaient isolés, qu'à « titre de matériaux amenés à pied d'œuvre. Vraie déception si on « ne les assemble et ne les utilise dans un édifice [2] ». L'observation et l'analyse ou les faits d'abord; le raisonnement et la synthèse ensuite : sans la synthèse tout est de métier, il n'y a point de science.

II. Pour établir la science en partant des faits démontrés, la raison use tour-à-tour de la *déduction* et de l'*induction*. D'abord elle déduit logiquement les conclusions immédiates et médiates des faits, n'oubliant pas que les conséquences logiquement déduites des faits ne peuvent avoir que le degré de certitude des faits eux-mêmes, certaines si les faits sont certains, probables ou douteuses si les faits ne sont pas bien établis. Des faits particuliers bien démontrés la raison s'élève ensuite par induction aux conséquences générales, elle compare et synthétise les données de l'observation pour en faire sortir des lois et les rattacher à leurs causes premières. Pour être tout-à-fait rigoureux, les raisonnements par induction supposent connus et démontrés *tous* les faits particuliers auxquels la conséquence générale est applicable. Malheureusement ce cas se présente rarement en biologie, où chaque catégorie de faits est pour ainsi dire indéfinie. On y est presque toujours obligé de partir d'un certain nombre de faits seulement pour conclure au général : on *suppose* alors, en se basant sur l'analogie et la constance des *processus* de la nature, la conformité des faits qui manquent encore avec ceux qui sont déjà obtenus. Ici l'induction est hypothétique ou analogique, non rigoureuse. Elle conduit à une probabilité plus ou moins grande suivant le nombre, la

(1) G. CUVIER, *Hist. nat. des poissons*, 1828, t. I, p. 1. — *Avertissement* placé en tête des Nouv. Ann. du Museum, 1832. — *Mémoire sur un ver parasite*, etc.; Ann. Sc. nat., 1829, p. 147. — *Règne animal*; Introd., p. 8 et 9.

(2) Is. G. SAINT-HILAIRE, l. c.

valeur et le choix des faits, et suivant le degré de conformité qu'ils présentent entre eux. Dans certains cas cette probabilité devient si grande qu'elle équivaut à la certitude physique.

On ne peut nier cependant que cette certitude est beaucoup plus difficile à obtenir en biologie que dans les sciences physiques. En physique et en chimie l'observation est presque toujours *typique* : c'est-à-dire qu'elle représente exactement toutes les observations analogues qui ont été faites ou qui le seront à l'avenir. Chaque fois que l'on répète l'observation dans les mêmes circonstances, le résultat est identique. En biologie au contraire l'observation n'est qu'*individuelle*. A cause des variations incessantes des éléments organiques, comme nous le dirons plus loin, les observations ne se copient jamais : de là l'immense travail de l'esprit pour en induire des lois générales, abstraction faite des difficultés pratiques et des causes d'erreurs beaucoup plus nombreuses dont est entourée l'observation des êtres vivants.

Enfin, des notions générales obtenues par l'induction, la raison peut procéder par déduction. Mais il faut se rappeler que les conséquences ainsi déduites, en supposant qu'elles le soient logiquement, ne sauraient avoir plus de valeur que les notions elles-mêmes d'où l'on est parti. La déduction consécutive à l'induction ne fait qu'étendre et multiplier les résultats de cette dernière, en conservant leur valeur.

Mais il arrive souvent, trop souvent même, hélas! en biologie, que l'induction elle-même n'est pas applicable : la raison est impuissante à saisir les rapports des faits observés pour en tirer une loi. On recourt alors à *l'hypothèse*. « Où l'on ne sait pas on conjecture, « on devine, on suppose un rapport, une loi possible. Vérité peut-être, « erreur peut-être aussi, c'est à l'observation seule d'en décider » (1).

Rien de plus légitime que l'usage bien entendu des hypothèses en biologie. « L'œuvre du génie dans les sciences, dit avec raison « M. H. Martin (2), c'est la création des bonnes hypothèses. » Celles-ci ne sont en effet que des conséquences des faits, formulées avant le temps où elles se manifestent aux esprits ordinaires.

Mais le biologiste qui émet une hypothèse ne peut oublier qu'avant d'en avoir réalisé la vérification expérimentale, il doit la donner pour ce qu'elle est, en présenter les conséquences aussi pour ce qu'elles sont, c'est-à-dire pour de simples possibilités, comme une direction imprimée à de nouvelles recherches; la considérer comme un doute émis, une question posée, un soupçon, disait Condillac (3), tout au plus comme un problème mis en équation. « Raisonner à partir d'une « simple supposition de notre esprit, si ingénieuse qu'elle soit, comme « à partir d'une vérité démontrée, voilà l'abus; et je me hâte de re- « connaître qu'il n'en est ni de plus réprouvé par la logique, ni de « plus préjudiciable à la science (4). »

(1) Is. G. Saint-Hilaire, *Hist. natur. génér.*, t. I, p. 432.
(2) H. Martin, *Philosophie spiritualiste de la nature*, t. II, p. 108.
(3) Condillac, *œuvres*, 1798, t. II, p. 328.
(4) Is. G. Saint-Hilaire, l. c., p. 435.

Ainsi en résumé la méthode générale à suivre en biologie, pour arriver à la connaissance scientifique, peut se formuler de la manière suivante :

1° Nous constatons les faits par l'observation, sous le contrôle de la raison ; *l'observation* est donc le point de départ obligé de la science.

2° La raison discute les faits, tire leurs conséquences, établit leurs rapports, les coordonne : donc le *raisonnement* en second lieu.

3° A la suite du travail précédent, la raison induit des faits leurs conséquences générales, leurs lois et leurs causes : donc après le raisonnement la *synthèse*.

4° A défaut d'induction, l'esprit suppose ces idées générales, ces lois, pour en chercher ensuite la vérification expérimentale : donc *l'hypothèse* en dernier lieu.

§ II. Caractères de l'observation scientifique.

Nous venons de dire que l'observation est le point de départ de la science biologique comme de toutes les autres sciences naturelles.

La valeur des ces sciences dépend avant tout de la valeur de l'observation : les faits qu'elle établit seront plus ou moins certains, suivant qu'elle sera plus ou moins exacte. Il est donc important de rechercher les conditions d'une bonne observation. Nous pouvons les résumer ainsi :

1° *De bons instruments ;*

2° *De bons matériaux ;*

3° *Un bon esprit ;*

4° *Une étude longue et patiente* des objets faite d'une manière comparative, avec accompagnement de dessins et de notes prises sur l'heure.

Reprenons :

I. Bons instruments.

Il va de soi qu'on ne peut faire une bonne observation avec de mauvais instruments. Cette remarque vise surtout les objectifs des microscopes. Les objectifs mal corrigés ou insuffisants pour le genre de recherches auxquelles on se livre, soit quant au pouvoir amplifiant, soit quant au pouvoir résolvant, doivent être rejetés. Nous avons suffisamment insisté sur les difficultés particulières de la biologie cellulaire pour ne plus revenir sur la nécessité d'employer, dans l'étude de la cellule, des objectifs à grand angle d'ouverture et à immersion dans l'eau et dans l'huile. Ce que M. Flemming affirme de la division cellulaire nous n'hésitons pas à l'étendre à tous les détails cytologiques. « Mon livre, dit-il, n'est pas écrit pour ceux qui croient encore qu'on « peut étudier la division cellulaire sans le condensateur Abbe et les « objectifs à immersion homogène (1). »

(1) W. Flemming; *Zellsubstanz*, etc.; Einl., p. 9.

Il y a beaucoup d'observations qui ont péché contre cette première condition.

II. Bons matériaux.

Nous savons déjà qu'il est aussi de la plus haute importance de recourir, dans les observations cytologiques, à des matériaux bien *choisis* et bien *préparés*, p. 98 à 124.

Dans les recherches microchimiques, si l'on peut ne pas tenir compte d'une certaine altération de la structure organique, il y a néanmoins plusieurs précautions à prendre pour arriver à des résultats probants.

1° On veillera à ce que les substances renfermées dans la cellule ne soient pas enlevées par les manipulations, les véhicules, etc., p. 145.

2° On se gardera de traiter préalablement les cellules par des réactifs, durcissants et autres, qui pourraient modifier certains corps cellulaires, ou bien altérer les réactifs eux-mêmes dont on se servira dans la recherche microchimique. C'est pourquoi il est toujours préférable d'opérer sur les cellules vivantes, ou fixées par la chaleur, p. 103, ou par la dessiccation, p. 114.

3° Les réactifs microchimiques seront appliqués dans un grand état de pureté, à la dose convenable et pendant le temps voulu, p. 145 et suivantes.

4° Leur action sera spécifique, caractéristique des substances à déterminer, à l'exclusion des autres. S'ils agissent sur plusieurs catégories de substances, il faudra du moins qu'on puisse discerner sûrement ces dernières par un caractère extérieur quelconque, ou par d'autres réactions.

Quelques-unes de ces recherches microchimiques sont délicates et demandent à être contrôlées soigneusement et répétées sur plusieurs préparations.

Mais les observations qui ont trait à la structure de la cellule, du protoplasme et du noyau, exigent plus de soins encore. Il s'agit d'y maintenir intacts les plus fins détails d'organisation, et ce n'est pas toujours chose facile. Aussi nous sommes-nous attaché à signaler à diverses reprises, p. 114, p. 142, les réactifs les plus inoffensifs et les plus fidèles. Nous avons vu que les réactifs osmiques en mélange et le vert de méthyle sont spécialement avantageux sous ce rapport.

Dans certaines explorations plus intimes, le contrôle exercé sur les objets vivants, p. 109 à 117, est indispensable. Sans ce contrôle on peut bien arriver à une probabilité plus ou moins grande, suivant le degré d'expérience et d'habilité de l'opérateur, mais jamais à une certitude complète, capable d'entraîner l'assentiment des autres et de trancher définitivement les questions controversées. Nous citerons, comme exemple, la spermatogénèse, la fécondation, la structure du boyau nucléinien et du *reticulum* plasmatique, etc.

Enfin dans toutes les questions d'origine et de développement, dans celles qui touchent à la division cellulaire, à la différentiation ou à la transformation, soit des éléments, soit des corps qui s'y trouvent, il est indispensable non seulement de redoubler de précautions pour éviter la moindre altération, mais encore de multiplier les préparations, jusqu'à ce qu'elles reproduisent toute la série des étapes que parcourt l'objet ou le phénomène mis à l'étude. Aussi longtemps que certaines lacunes existent, on ne peut conclure à aucun résultat certain. Dans ces sortes de recherches comme dans les précédentes, on ne saurait assez insister sur la nécessité d'une vérification sur l'objet vivant.

III. Bon esprit.

L'observateur lui-même doit réaliser certaines conditions et posséder certaines qualités, naturelles ou acquises, pour imprimer à ses observations ce cachet d'exactitude et de précision requis par la véritable science. La présence ou l'absence de ces qualités entre pour une large part dans l'appréciation des travaux scientifiques des auteurs.

1° D'abord on exige que l'observateur soit versé dans le *maniement des instruments et des matériaux*, dans la confection et le traitement des préparations, en un mot, qu'il ait l'habitude et le talent de l'observation biologique. Nous le savons, pour bien voir et bien observer, un stage sérieux, un travail personnel long et suivi, s'impose au micrographe surtout en biologie, p. 108 et p. 130 à 143.

2° La *connaissance générale de la cellule* peut seule permettre à l'observateur de pénétrer dans son intimité et de l'explorer, sans courir trop de périls de méprises et d'erreurs. Les débutants feront bien de ne pas se livrer à des recherches personnelles et indépendantes, avant de posséder les éléments nécessaires pour apprécier ce qui passe sous leurs yeux, p. 6 et suivantes.

3° Un bon observateur est *calme et patient, tenace et persévérant*.

Il évite l'empressement et l'agitation. Il sait que le travail fiévreux conduit naturellement aux observations superficielles et incomplètes. Il sait aussi que dans bien des circonstances il sera forcé de revenir coup sur coup à une préparation avant de la résoudre, ou bien d'exécuter un très grand nombre de préparations laborieuses pour élucider les détails les plus minimes en apparence. S'il veut réussir, il aura souvent l'occasion d'appliquer la maxime du poéte : « *labor omnia vicit improbus* » (1).

4° Il est *positif et parfois sceptique*.

Rendre ses observations précises et probantes, tel est le but de tous ses efforts. L'esprit critique est la marque distinctive de son travail; il a le besoin de l'exactitude, la passion de la précision. Aussi n'est-il pas vite satisfait de ses recherches et prend-il soin d'en vérifier les résultats. Sévère envers lui-même, il l'est envers les autres. Il se garde d'accepter sans examen leurs conclusions; il les passe

(1) Virgile, Georg. lib. I, v. 145.

au creuset d'une critique juste et éclairée. Parfois même il se croit autorisé à faire profession de scepticisme vis-à-vis d'elles, jusqu'à ce qu'il ait pu lui-même en faire la vérification. De pareils cas peuvent en effet se présenter. M. BILLINGS n'a pas craint d'en signaler quelques-uns au congrès médical de Londres.

« Dans la littérature médicale, comme dans les autres branches « de la science, dit-il, nous trouvons des livres et des mémoires ré- « digés par des hommes qui sont, constitutionnellement ou non, in- « capables de dire la vérité simple, littérale, sur leurs observations « et leurs expériences, bien qu'ils puissent ne pas écrire avec l'in- « tention arrêtée de tromper, ou par des hommes qui cherchent à « se mettre en évidence, en publiant, de propos délibéré, des faus- « setés sur les résultats de leur pratique......

« Je présume, continue-t-il, que vous êtes tous familiers avec la « sensation particulière de défiance que soulève une explication trop « complète. La relation...... dans laquelle aucun phénomène ne reste « sans explication est d'ordinaire suspecte, car elle implique soit une « observation superficielle, soit la suppression ou la distorsion de « quelqu'un des faits. »

Le scepticisme est bien permis aussi lorsqu'on se trouve en présence d'une polémique virulente, où les adversaires, voulant avoir raison à tout prix, s'entêtent en s'aveuglant chacun dans son opinion. Il est permis encore vis-à-vis d'une réponse ou d'une critique acerbe, passionnée ou personnelle, où l'on ne se « guide pas uniquement sur « des criteriums objectifs, comme font les hommes bien élevés, dans « la recherche du vrai, mais par des considérations subjectives ten- « dant à obscurcir la vérité ou à diminuer l'importance des travaux « d'autrui [2]. »

Ajoutons qu'on ne saurait accepter avec trop de défiance les résultats qui vont à l'encontre d'un grand nombre de faits bien observés, ou qui sont opposés aux principes généraux de la biologie cellulaire. Le plus souvent ces résultats reposent sur un petit nombre d'observations cursives, incomplètes, mal interprétées ; ils demandent toujours à être soigneusement contrôlés.

e) *Il est logique et prudent.*

Logicien, il sait s'astreindre à des déductions rigoureuses des faits qu'il observe et de ceux qui ont été constatés par d'autres savants. Il connaît les droits légitimes de l'induction ; mais il se garde de formuler d'une manière certaine des conclusions prématurées, qu'on ne peut encore faire reposer que sur un petit nombre de faits, ou sur des observations peu variées et peu étendues dans l'échelle organique. Un bon observateur fait profession de n'appartenir à aucune école, à aucune dynastie scientifique, et il se garde bien de se faire avant

(1) Revue scientifique, l. c., 1882, p. 595.

(2) PELLETAN, *Journ. de Microgr.*, juillet, 1883, p. 377.

le temps le partisan déclaré d'aucune opinion. L'histoire des sciences, surtout des sciences modernes, lui a trop bien appris le sort que l'avenir réserve, le plus souvent, aux conceptions qui n'ont pas été suggérées par une analyse minutieuse des faits. Philosophe autant que savant, il est convaincu qu'à force de vouloir défendre une théorie, l'esprit finit par se persuader, sans autre preuve, qu'elle est élevée au rang de vérité démontrée, voire même de premier principe, et le langage de certains ouvrages n'est pas de nature à changer sa conviction sur ce point. C'est pourquoi il juge prudent de ne voir dans les théories les plus à l'ordre du jour que de simples hypothèses, des conceptions provisoires, attendant qu'une démonstration rigoureuse leur donne droit de cité dans la science.

Il agit de même envers ses propres théories. Comme les savants les plus *avancés*, il conçoit aussi souvent *à priori*; mais il s'efforce en même temps de démontrer *à postériori*. Au lieu de trancher la question d'autorité et de dire : cela est! il dit : cela peut être, ou, cela doit être! et il examine, il cherche et il trouve des faits qui viennent confirmer ou infirmer ses prévisions, et c'est alors seulement qu'il ose formuler son jugement. Rien n'est capable de le faire dévier de cette ligne de conduite sage et prudente; et s'il vient à coudoyer, dans le champ des travailleurs, les hautes personnalités autoritaires qui daignent à peine laisser tomber sur lui un regard de dédain, il les considère comme les plus grands ennemis de la science, malgré leurs airs de grandeur et l'auréole d'emprunt qui ceint leur front majestueux.

IV. Observation comparée et approfondie.

De bons instruments, de bons matériaux, un bon esprit : voilà les trois premières conditions requises par une bonne observation. Il en est une dernière qui n'est pas moins importante, la voici :

Une bonne observation repose sur une étude approfondie et comparative des objets, accompagnée de notes et de dessins.

1° *Étude approfondie.*

Sans être attentive et prolongée une observation est rarement approfondie; elle n'aboutit le plus souvent qu'à un examen distrait et incomplet, « qui est plus nuisible qu'utile à la science et à l'ob« servateur lui-même (¹). »

Pour faire l'étude approfondie d'un objet, d'une cellule, il est utile et parfois nécessaire d'employer successivement la méthode analytique et la méthode synthétique. On prend d'abord une connaissance générale de l'objet et des détails qu'il renferme. Cela fait, on reprend chaque détail en particulier pour l'étudier d'une manière minutieuse et approfondie, en lui-même et dans ses rapports avec les éléments voisins. En synthétisant tous les résultats partiels ainsi obtenus, on arrive enfin à une connaissance scientifique de l'objet.

(¹) H. SCHACHT. — *Le Microscope*; Introd., p. 4.

2° *Étude comparée.*

Dans la grande majorité des cas, on ne peut se contenter en biologie d'observations isolées, si parfaites soient-elles. Ce n'est habituellement qu'après l'étude comparative d'un très grand nombre de préparations que l'on arrive à se fixer les idées, à s'assurer que telle ou telle particularité est bien un fait général, et non un détail accidentel ou insignifiant, une anomalie, une exception, un fait pathologique.

Le nécessité de multiplier les observations en biologie vient des variations sans nombre, tant spécifiques qu'individuelles, des éléments cellulaires. Quand vous aurez fait l'étude d'une cellule, aussi complète qu'elle puisse être, l'étude d'une seconde, d'une centième, d'une millième cellule ne répètera pas, comme en physique et en chimie, ce que vous avez vu et découvert; mais elle le complètera. Cette étude comparative n'est donc pas seulement utile pour vérifier, mais indispensable pour compléter nos connaissances et les corriger, pour nous donner l'interprétation d'une foule de choses qui, sans elle, resteraient obscures, sans signification précise ni même prévue.

La comparaison est donc le procédé fondamental de l'observation biologique, de l'observation cytologique tout spécialement, p. 8 et 9.

Ce qui rend cette comparaison possible et si fructueuse à la fois, c'est ce fait que tous les êtres vivants ont nécessairement un fond commun de composition et de structure, et qu'ils sont essentiellement doués d'un mode commun d'activité, de vitalité. Ce fond commun est le *substratum* des variations infinies qu'ils présentent, variations qui sont de plus en plus compliquées à mesure qu'on s'élève dans l'échelle organique. C'est ce fond même qui nous permet de comparer tous ces êtres et leurs diverses parties constituantes, au point de vue morphologique, anatomique, chimique et physiologique. Il n'est pas un seul de leurs détails, pas un de leurs phénomènes qui ne puisse être soumis à ce genre particulier d'examen. Pour ce qui regarde la cellule, nous pouvons en faire l'étude comparée de plusieurs manières.

Nous pouvons étudier comparativement chaque genre de cellules dans un même individu, dans une espèce, dans un groupe d'êtres, dans tous les êtres vivants.

Nous pouvons poursuivre chaque cellule à travers toutes les étapes de son évolution, depuis sa naissance jusqu'à sa mort, et cela aux différents points de vue qu'elle présente à l'étude.

« Il est aisé de comprendre qu'il n'est pas de disposition orga« nique, ni d'acte, dont la connaissance ne puisse être perfectionnée « par l'examen de ce que les divers organismes offrent de commun « à ces divers égards. Aucune disposition anatomique, et à plus forte « raison aucun phénomène physiologique, ne saurait être vraiment « connu, tant qu'on ne s'est pas appliqué à l'analogie comparative

« graduelle des dispositions organiques, puis à celle des conditions « d'activité, jusqu'à ce qu'on arrive à la notion de ce que le phéno- « mène offre de plus constant dans la série organique en y ratta- « chant successivement toutes les autres notions complémentaires ; « le plus ou moins d'importance de celles-ci se trouve indiqué na- « turellement par leur persistance plus ou moins étendue dans cette « série.... Ces comparaisons peuvent s'étendre aux deux règnes. La « nature de bien de phénomènes fondamentaux ne saurait être net- « tement déterminée sans l'extension de la comparaison biologique « jusqu'à ce terme extrême; tels sont particulièrement les phéno- « mènes dits de la vie végétative qui se retrouvent jusque dans « l'homme (1) ».

Nous avons dit qu'en observant on devait prendre des *dessins* et des *notes*.

3° *Dessins*.

Le micrographe se fait une loi de dessiner à *la chambre claire* tous les objets intéressants qu'il rencontre dans le cours de ses observations, ou de les photographier si la préparation se prête à ce mode de reproduction. Il est très utile de s'astreindre à cette règle dès le début des études. La nécessité de dessiner force l'étudiant à examiner attentivement les objets et à éviter ainsi les observations superficielles : c'est seulement lorsqu'il a le crayon en main qu'il s'aperçoit combien il faut étudier une cellule, un détail même, pour le *comprendre* et le reproduire exactement. Celui qui ne dessine pas parcourt la préparation d'un œil distrait, et s'imagine aisément qu'il a tout vu et tout compris !..... D'autre part, apprendre tôt à dessiner les objets microscopiques est un immense avantage qui se traduira plus tard, lorsque le moment des recherches personnelles et des publications sera venu, par l'économie d'un temps devenu plus précieux que l'or, et l'affranchissement de la triste nécessité de recourir, pour ce travail, à une main étrangère : il n'est pas rare qu'un jeune savant renonce à publier les observations les plus neuves et les plus intéressantes plutôt que de se soumettre aux difficultés et aux ennuis.

L'exécution d'un bon dessin micrographique n'est d'ailleurs pas entourée de trop grandes difficultés. Pour y arriver il suffit de comprendre l'objet, et d'avoir quelque habitude de la chambre claire et du crayon. Aussi, alors même qu'on n'a pas appris à dessiner, on arrive bien vite à rendre exactement et d'une manière convenable, sinon d'une façon artistique, les objets qui sont du ressort du biologiste micrographe.

Qualités d'un dessin scientifique.

Un dessin pour être bon doit réunir plusieurs qualités : il doit être *vrai*, *clair* et rigoureusement *mesuré*. Un mot sur chacune de ces qualités.

---

(1) Ch. Robin, Art. *Biologie*, Dict. de Dechambre.

a) Tout dessin doit être *vrai*, c'est-à-dire qu'il doit répondre à la réalité. C'est cette fidélité qui en fait toute la valeur. Le savant digne de ce nom se garde bien de forcer la nature pour appuyer ses idées théoriques ou soutenir son opinion. Mais il est une chose contre laquelle on ne saurait trop se garer, si l'on veut faire des dessins exacts : ce sont les *observations superficielles et incomplètes.* Il ne suffit pas en effet de copier fidèlement un objet qu'on a sous les yeux; cet objet peut être incomplet, défectueux, anormal; il peut avoir été défiguré par les manipulations, altéré par les réactifs; il peut être mal placé ou présenter des apparences trompeuses; un corps étranger a pu s'y introduire, etc., etc...... Ce n'est le plus souvent que par l'examen comparatif d'un grand nombre de préparations, traitées de diverses manières, qu'on parvient à rétablir la *réalité.* C'est alors seulement qu'on doit prendre le crayon. *Un bon dessin n'est que la synthèse naturelle d'une bonne observation.*

Cette étude comparative serait elle-même insuffisante, si elle était faite sous un grossissement trop faible ou avec des objectifs imparfaits : tout en rendant fidèlement ce qu'il a vu, l'observateur représenterait des *apparences* plutôt que la réalité. On pourrait citer à l'appui de cette assertion les planches de certains ouvrages, très méritants et très consciencieux d'ailleurs, particulièrement de ceux qui traitent de la constitution de la cellule et du noyau ou de la division cellulaire. Ces planches peuvent charmer l'œil et paraître *très naturelles*; mais en y regardant de près on s'aperçoit sans peine que les préparations n'ont pas été résolues, que leurs diverses parties sont demeurées confuses, sans rapports comme sans liaisons déterminées.

Il est nécessaire aussi de se rappeler, lorsqu'on dessine, que les images microscopiques ne représentent qu'un des nombreux plans de l'objet. Dessiner une telle image c'est reproduire une des *coupes optiques* de l'objet, rien de plus. Comme le fait remarquer justement M. Trutat [1], la représentation la plus fidèle, qui reproduirait un objet tel qu'il se présente à l'observateur dans le champ visuel, sans rien ajouter ou sans rien retrancher, ne peut en aucune façon être regardée comme la meilleure et la plus vraie. *Il faut en effet arriver à représenter pour les autres ce qui est le résultat total de l'observation*, et, comme celle-ci n'est complète que par la réunion de plusieurs impressions successives, il ne sera pas suffisant, dans la plupart des cas, de représenter seulement ce qui se voit nettement à une distance focale déterminée; il faut donc par une mise au point successive donner à chaque élément toute sa valeur et *le dessiner seulement alors.*

Ainsi ce que la science demande avant tout c'est qu'on nous donne au moins, dans chaque figure, un lambeau de la nature.

b) A la fidélité il faut joindre la *clarté* : les dessins doivent être lumineux et avoir une signification précise.

---

(1) *Traité élémentaire du microscope*; Paris, tome I, p. 277, 1883.

« L'homme de science, dit SCHACHT [1], lorsqu'il n'est pas artiste « en même temps, et cela est malheureusement le cas le plus général, « met trop de choses dans son dessin. »

Que tous les détails inutiles, ceux qui n'ont aucun rapport avec la chose qu'on veut mettre en relief, soient donc laissés de côté, alors même que leur présence rendrait la figure plus artistique. Toute figure devrait, nous paraît-il, représenter d'une manière aussi stricte que possible ce que l'auteur veut indiquer par son dessin. Nous voudrions que cette règle ne souffrît pas d'exceptions.

c) Enfin nous avons ajouté que tout bon dessin est *pris à la chambre claire* et porte l'indication du grossissement sous lequel il a été exécuté. Cela se comprend aisément. Sans cette précaution il serait impossible de le comparer avec ceux qui représentent d'autres objets, ou avec les figures du même objet données par d'autres auteurs. Comment du reste voudrait-on donner aux lecteurs une idée exacte de la cellule qu'on dessine si on lui laisse ignorer ses dimensions réelles ? C'est donc avec raison que les dessins *ad libitum* d'autrefois sont aujourd'hui sévèrement prohibés.

4° *Notes.*

Aux dessins il est nécessaire de joindre des *notes*. SCHACHT dit excellement à ce sujet : « On ne saurait prendre trop de notes sur « ses observations. Tel détail minime en apparence peut acquérir « beaucoup d'importance dans le cours des recherches » [2]. En se fiant à sa mémoire on s'expose du reste à des méprises regrettables.

Ces notes doivent porter :

a) Le *nom* de l'objet et le nom de l'animal ou de la plante d'où il est tiré.

b) La *nature* du détail qui a été remarqué ou reproduit par le dessin, avec une explication suffisante.

c) La *manière* dont la préparation à été traitée.

d) La *date* de l'observation : on a souvent besoin de consulter ces dates, soit pour retrouver la même chose, soit pour rechercher les étapes du développement qui ont échappé jusque là, etc. etc.

5° *Préparations à l'appui.*

Enfin pour appuyer ses dessins et ses notes, le savant conserve, si faire se peut, toutes les *préparations démonstratives* qui ont une portée scientifique à ses yeux. Ces préparations sont utiles pour justifier une opinion, une assertion. L'observateur lui-même doit y recourir souvent dans certaines questions compliquées, et surtout dans les questions de développement, pour s'assurer qu'il a bien vu et bien interprété, en les comparant avec de nouvelles préparations plus complètes, ou qui représentent un autre stade, ou qui ont été traitées par un autre réactif, etc. etc.

---

(1) H. SCHACHT, Das Mikr., p. 254 de la trad. franç.

(2) L. c., p. 81.

Lorsque les préparations ont une valeur exceptionnelle et qu'on ne peut les conserver, par exemple si l'observation se fait sur le vivant, c'est prudence que de les montrer à un homme compétent et loyal, et d'en discuter avec lui la portée scientifique.

ARTICLE SECOND.

DES PUBLICATIONS SCIENTIFIQUES.

J. S. Billings, Transactions of the international medical Congress, London, 1881, vol. 1, p. 54. — Traduit dans la Revue scientifique, 13 mai 1882 : *La bibliographie médicale*, p. 586.

Que dire des publications scientifiques ?

On publie trop et trop vite, dit-on, à tort et à travers ; on fait des mémoires interminables, sans ordre ni synthèse, où il n'y a rien de neuf, ni d'important. Oui, ajoute-t-on, et vous ne parlez pas de ces travaux où la logique reçoit de si rudes coups, de ces mémoires risqués, basés sur des théories plutôt que sur des faits ; vous ne dites rien des discours à sensation, de la réclame qui s'organise dans les journaux et les sociétés scientifiques en faveur des œuvres les plus médiocres, etc.

Ces critiques sont en partie fondées.

I. Tout travail est bon lorsqu'il apporte une observation bien faite, précise, positive et logiquement généralisatrice : une pareille observation est toujours un rayon de lumière pour la science, et peut devenir le point de départ des plus grandes et des plus utiles découvertes.

Les sujets du reste ne manquent pas ; chacun peut choisir sans crainte de les épuiser : nous en laisserons pour nos arrière-neveux!... La science se fait, elle n'est point faite. « Ce que nous « possédons est considérable, ce qui nous reste à acquérir est plus « considérable encore ; si loin qu'aient pu aller nos prédécesseurs, « il est toujours vrai de dire : l'infini est devant nous ! (1) » Ces paroles prononcées par Is. G. Saint-Hilaire, il y a près d'un demi siècle, sont encore la peinture fidèle de l'état actuel de la science. Malgré les innombrables recherches qui ont été faites et publiées depuis lors, *l'infini est toujours devant nous !*

« De points un peu élevés, dit Billings, nous triangulons de « vastes espaces, renfermant une infinité de détails inconnus. Nous « jetons la sonde et nous retirons un peu de sable d'abîmes dont « nous n'atteindrons jamais le fond avec nos dragues ». A l'œuvre donc les travailleurs ! à l'œuvre les jeunes savants ! Défrichez une lande, ouvrez un sentier, faites jaillir une source d'eau vive, apportez de nouvelles pierres au temple de la science ! Mais que votre travail soit bien dirigé, qu'il soit sérieux et irréprochable, sinon il portera

(1) I. G. Saint-Hilaire, l. c., p. 354.

la confusion dans le champ de la nature; au lieu d'être utile votre œuvre sera subversive et dangereuse.

Il faut donc publier, mais seulement les travaux soignés et méritants.

On publie trop et trop vite ! Pourquoi se le dissimuler ? Se peut-il que la valeur des publications n'en souffre pas ? Écoutons encore le savant bibliothécaire de Washington, un des hommes les plus compétents en cette matière. « Beaucoup de savants se hâtent de publier « leurs découvertes et leur savoir spécial, et *un bon nombre* font la « même chose pour ce qui n'est ni spécial ni savoir ». Nous dirons donc aux jeunes savants : « Attendez pour écrire que votre éducation « scientifique soit achevée et que vos recherches aient eu le temps « de mûrir ».

Les motifs d'intérêt sont une des causes les plus fréquentes de ces travaux hâtifs et prématurés. Nous ne voulons pas parler de ces raisons vulgaires, inspirations d'un sot orgueil ou d'une basse vanité : tout homme sérieux et honnête sait s'en défendre. Mais il en est d'autres qui, pour être parfois des plus louables, n'en sont pas moins de nature à exercer une influence fâcheuse sur les publications. La nécessité pour chacun, au milieu de la lutte pour l'existence, de se faire une place au soleil, et plus tard les nécessités non moins impérieuses de la vie, le maintien d'une réputation scientifique, la défense d'une opinion combattue, sont de nature à lancer le savant qui ne se tiendrait pas sur ses gardes dans des publications d'œuvres mal digérées et réellement banales.

Au commencement d'une carrière scientifique, on fera bien de méditer les paroles suivantes :

« Les recherches de science pure ne peuvent être poursuivies « avec succès qu'à la condition de s'inspirer des plus nobles mobiles; « or, c'est là une condition que bien peu de personnes sont disposées à comprendre, un principe que pratiquent un moins grand « nombre encore.

« On est généralement habitué à suivre les penchants moins « élevés de l'intérêt personnel. Aussi, l'on a peine à concevoir qu'en « fait de science pure, les résultats les plus précieux ne s'obtiennent que « sous l'aiguillon des plus nobles sentiments, des plus généreux sacrifices.

« Quelque nécessaires et efficaces que soient dans la vie les mobiles intéressés, *ils ne pousseront pas un homme à faire de grandes actions, « à dévouer sa vie entière à une œuvre de science* [1] ».

II. Avant de publier on fera une étude bibliographique du sujet : c'est indispensable. Mais faut-il, avant de se livrer aux recherches personnelles, prendre connaissance des idées qui ont cours sur la matière ? C'est là une question que nous ne voulons pas trancher. D'un côté, ébaucher un travail sans consulter les auteurs qui ont déjà abordé le sujet, c'est évidemment s'exposer à perdre du temps à élucider

---

[1] *Causerie bibliographique*; Rev. scientif., 17 fév., 1883.

des choses déjà connues ; mais d'autre part, on risque moins par là de se laisser influencer par les assertions d'autrui, et d'employer des méthodes qui sont peut-être vicieuses. Lorsqu'on a l'habitude des recherches microscopiques, il pourrait être préférable de s'y livrer d'abord comme si le sujet qu'on veut traiter était encore vierge, et d'attendre pour fouiller la littérature et contrôler les résultats qu'on y trouve, le moment où l'on s'est fait une conviction sur ses particularités les plus importantes. Cette voie est plus longue, mais plus sûre peut-être. On ne saurait assez sauvegarder l'indépendance de l'esprit et la liberté d'appréciation.

« D'ailleurs le jeune savant, dans son courage à noter tout ce « qui a été écrit sur le sujet qui l'occupe, est exposé à dévier de « ses recherches directes pour tomber dans les nombreux sentiers des « théories bizarres et curieuses qui s'embranchent de tous côtés. Il « faut qu'il se mette en garde contre ce danger, sans quoi il trou- « vera qu'il perd son temps à tourner autour d'une menue paille qui « a été depuis longtemps battue, rebattue et vannée. Dans ces mines « antiques, il reste parfois quelques filons non exploités, mais il faut se « rappeler qu'on a devant soi des veines riches et neuves qui solli- « citent l'activité des chercheurs. Il ne manque pas, il n'a jamais « manqué d'hommes ayant le goût et le loisir de fouiller les archives « du passé, et l'homme qui se livre à l'expérimentation et à l'obser- « vation gaspille son temps dans une certaine mesure, en essayant « de faire un travail bibliographique aussi long qu'on peut le pour- « suivre. »

III. Nous croyons être utile aux commençants en leur donnant ici quelques avis sur la manière de *décrire* les préparations microscopiques. La description des objets complète et explique les dessins qu'on en publie.

Les qualités d'une bonne description *scientifique* sont les suivantes :

1° *Elle est simple et claire.*

La recherche et l'emphase sont bannies du langage scientifique : cette sévérité de style n'est cependant pas l'ennemie de la correction. Quant à la clarté on devrait tout lui sacrifier.

2° *Elle est brève.*

La phraséologie n'a rien à faire ici. Il faut éviter les répétitions. Les détails décrits par d'autres auteurs, ou dénués de valeur scientifique, on doit les passer sous silence.

3° *Elle est technologiquement correcte.*

C'est un devoir pour le savant de se servir toujours de termes techniques, ou, à leur défaut, de termes ayant une signification précise et nettement formulée. Les périphrases, les expressions vulgaires, équivoques, surannées ; celles que les progrès de la science ont convaincues d'inexactitude ou de fausseté, seront sévèrement écartées.

4° *Elle est méthodique.*

Dans un mémoire bien fait, chaque chose est à sa place : on n'y trouve, ni enchevêtrement, ni confusion. On pèche souvent contre cette qualité essentielle. Rien de plus simple pourtant que d'introduire l'ordre dans une publication.

Il convient de la commencer par un *aperçu bibliographique* et un exposé succint de la *méthode* qu'on a employée dans les recherches qu'on publie.

En ce qui concerne le *fond* même du travail, il est toujours possible de grouper tout ce qu'on veut dire autour des points principaux que nous avons essayé de mettre en relief dans l'introduction de ce livre : la morphologie, l'anatomie, la physiologie et la biochimie. Dans les sujets spécialisés, on choisit un ordre naturel et l'on s'y astreint. Certes les divisions primaires du sujet sont importantes ; mais l'essentiel est de placer dans chaque division tout ce qui s'y rapporte, et rien que cela.

Une chose importante aussi est de donner, sous la forme de *conclusions* à la fin du travail, un résumé succint, mais exact, de ce qu'il renferme, ainsi qu'une légende claire et détaillée des planches qui l'accompagnent. De cette façon on ne force pas le lecteur à le parcourir en entier, pour savoir de quoi il traite et trouver l'explication des figures.

Pour résumer ce paragraphe nous dirons avec M. BILLINGS. Quand on veut publier il faut :

1° Avoir quelque chose à dire ;

2° Le dire ;

3° S'arrêter aussitôt qu'on l'a dit ;

4° Donner à ses publications un titre et un ordre convenables.

LA

BIOLOGIE CELLULAIRE.

DEUXIÈME PARTIE.

LA BIOLOGIE STATIQUE.

Eum (Deum) expergefactus transeuntem a tergo vidi et obstupui! Legi aliquot ejus vestigia per creata rerum in quibus omnibus, etiam in minimis, ut fere nullis, quæ vis! quanta sapientia! quam inextricabilis perfectio!

LINNÉ.

Je sortais d'un songe quand Il (Dieu) passa près de moi. Je le vis à la dérobée et demeurai frappé de stupeur. Toutefois j'ai observé l'empreinte de son action dans les créatures, et partout, même dans les plus infimes, les plus voisines du néant, quel degré de puissance! de sagesse! d'insondable perfection!

Préliminaires.

§ I. HISTORIQUE.

I. Sources.

ROBERT HOOKE : *Micrographia*, or some physiological descriptions of minute bodies by magnif. glases, etc ; London, 1665.

MARCELLO MALPIGHI : *Anatome Plantarum*; pars prima, 1675 et pars altera, 1679. — Aussi dans : *Opera omnia*, Lugduni Batavorum, 1687.

NEHEMIA GREW : *The anatomy of vegetable*, etc.; London, 1671. — Le même : *The anatomy of plants*, 1682.

LEEUWENHOEK : *Arcana naturæ detecta*, seu Epist. ad soc. reg. anglic. scriptæ, ab anno 1680 ad 1695, in 4°, 1708. — Aussi dans : *Opera omnia*, Lugduni Batavorum, 1722.

FONTANA : *Traité sur le venin de la vipère*, avec des observations sur la structure primitive du corps animal; Florence, 1781.

BRISSEAU-MIRBEL : *Histoire natur. génér. et partic. des plantes*, — ou *Traité d'anatomie et de physiologie végétales*, servant d'introd. à l'hist. des plantes, Paris, 1800 et 1802. — *Exposition de la théorie de l'organisation végétale*, 1809. — *Recherches sur les Marchantia*, 1831-32. — *Nouvelles notes sur le cambium*, 1839.

TURPIN : *Organographie microscopique, élémentaire et comparée des végétaux*, Paris, 1826. (Tiré à part des Mémoires du Museum d'hist. natur., t. XVIII, p. 161.)

DUTROCHET : *Recherches sur la structure intime des animaux et des végétaux*, Paris, 1824. — Le même : *Mémoire pour servir à l'hist. anat. des animaux et des végétaux*, 1837.

MEYEN : *Anat. phys. Untersuchungen über d. Inhalt. d. Pflanzenzellen*, Berlin, 1828. — Le même : *Neues System der Pflanzenphysiologie*, 3 vol. : I, 1837; II, 1838; III, 1839.

ROBERT BROWN : *On the organs and mode of fecondation in Orchideæ and Asclepiadeæ*; Read Nov. 1 and 15, 1831. From the Transact. of the linnean society of London, vol. XVI, p. 685, 1833.

HUGO VON MOHL : *Vermischte Schriften botanischen Inhalts*; Tubingen, I, 1845. (Contient beaucoup de travaux antérieurs de l'auteur à partir de 1832.) — Le même : *Einige Bemerkungen über den Bau der vegetabilischen Zelle*; Bot. Zeitung, 1844, p. 273. — Le même : *Ueber die Saftbewegung im Innern der Zellen*; Bot. Zeit., 1846, p. 73. Publié également dans les Ann. des Sc. natur., 3e série, t. VI, p. 88. — Le même : *Grundzüge der Anat. und Physiol. der vegetab. Zelle*; Braunschweig, 1851 (Tiré à part du Wagner's Handwörterbuch der Physiologie).

F. DUJARDIN : *Recherches sur les organismes inférieurs*; Ann. Sc. natur. Zool., 2e sér., t. IV, p. 343, 1835. — Le même : *Mémoire sur l'organisation des Infusoires*; ibid. t. X. p. 230, 1838. — Le même *Histoire naturelle des zoophytes. Infusoires*, p. 26, 1841.

M. J. SCHLEIDEN : *Beiträge zur Phytogenesis*; Muller's Archiv., 1838. — Le même : *Grundzüge der wissenschaftl. Botanik* (à consulter 1re partie); Leipzig, 1re éd., 1842; 2e éd., 1845; 3e éd., 1849, etc.

TH. SCHWANN : *Mikroskopische Untersuch. über die Uebereinst. in der Structur und das Wachsthum der Thiere und der Pflanzen*, Berlin, 1839.

R. B. REICHERT : *Berichte über d. Fortsch. d. Mik. Anat. in d. Jahr* 1839 *und* 40; Archiv f. Anat. u. Phys, Berlin, 1841, p. CLXIII.

K. NÆGELI : *Zeitschrift für wissenschaftliche Botanik*; heft I à IV, Zurich, 1844 à 46. — Le même : *Gattungen einzelliger Algen.*, Zurich, 1849. — Le même : *Die Stärkekorner*; NÆGELI und CRAMER Pflanzenphys. Untersuch., Heft II, 1858. — Le même : *Théorie des micelles*, développée dans Sitzungsb. d. k. bayer. Akad. d. Wiss. zu München, 8 Mars 1862, aussi en 1864; et dans *Das Mikroskop*, 2e éd. p. 422.

UNGER : *Grundzüge der Anatom. und Physiol. der Pflanzen*; Wien, 1846.

THURET : *Recherches sur les zoospores des Algues — et sur les anthéridies des Cryptogames*; Ann. d. Sc. natur., 3e série, t. XIV, 1850, — et t. XVI, 1851.

H. SCHACHT : *Die Pflanzenzelle*, der innere Bau und das Leben der Gewächse; Berlin, 1852. — Le même : *Die Spermatozoïden im Pflanzenreich*; Braunschweig, 1864.

TH. HARTIG : *Die Functionen des Zellkerns*; Bot. Zeit., 1854. — Le même : *Entwickelungsgesch. der Pflanzenzelle*; ibid., 1855. — Le même : *Entw. d. Pflanzenkeims*; Leipzig, 1858.

MAX. S. SCHULTZE : *Ueber den Organismus der Polythalamien*, etc., Leipzig, 1854. — Le même : *Ueber Muskelkörperchen und das, was man eine Zelle zu nennen habe*; Archiv. de Reich. et du Bois-Reym., 1861. — Le même : *Protoplasma der Rhyzopoden*, Leipzig, 1863.

AL. BRAUN : *Die Verjüngung in der Natur*, 1851. — Le même : *Ueber Chytridium*; Abh. d. Berl. Ak., 1856.

W. C. WILLIAMSON : *On the recent foraminifera of great Britain*. London, 1858.

PRINGSHEIM : *Untersuchungen über den Bau und die Bildung der Pflanzenzelle;* Berlin, 1854. — Les travaux du même sur les *Saprolégniées*, les *Œdogoniées*, les *Coléochétées*, dans Nova Acta, 1851, et dans Jahrbüch. f. wiss. Botanik, t. I, 1858, t. II. 1860.

COHN : *Ueber eine neue Gattung aus d. Familie d. Volvocineen*; Zeitsch. f. wiss. Zoologie, t. IV, 1853. — Le même : *Ueber Fortpflanzung von Hydrodictyon;* Nova Acta, t. XXIV, 1854. — Le même : *Développement et reprod. du Sphæroplea*; Ann. Sc. nat.; 4e Sér., V, 1856.

SCHENK : *Ueber das Vorkommen contractiler Zellen im Pflanzenreich*; Würzburg, 1858. — Le même : *Achyogeton*; Bot. Zeit., 1859.

A. DE BARY : *Unters. üb. d. Familie der Conjugaten;* Leipzig, 1858. — Le même : *Die Mycetozoën*, 1859 et 1864. — Le même : *Développ. de quelques champignons parasites;* Ann. Sc. nat., 4e sér., t XX, 1863. — DE BARY et WORONIN; *Beiträge zur Kenntniss der Chytridieen;* Ber. d. nat. Gesellsch., Freiburg, 1863.

BRÜCKE : *Die Elementarorganismen*; Sitzungsb. d. k.k. Akad.; Wien, 1861.

WIGAND : *Zur Morphologie d. Gattungen Trichia und Arcyria*; Jahrb. f. wiss. Botanik, t. II, 1862.

HAECKEL : *Die Radiolarien*; Berlin, 1862.

CIENKOWSKI : *Zur Entwick. der Myxomyceten*; Jahrb. f. wiss. Botanik, t. III, 1862. — Le même : *Das Plasmodium*; Ibid. t. III, 1863.

W. KÜHNE : *Protoplasma und die Contractilität*; Leipzig, 1864.

J. SACHS : *Experimentalphysiologie d. Pflanzen*, 1865. — Traduit en français, 1869 (4e vol. du Handbuch de HOFMEISTER).

W. HOFMEISTER : *Die Lehre von der Pflanzenzelle*, Leipzig, 1867. (1er vol. du même Handbuch d. phys. Botanik von W. HOFMEISTER, DE BARY und J. SACHS).

LEYDIG : *Handbuch der Histologie*, 1856. — Le même : *Vom Bau d. thierischen Körpers*; Tübingen, 1864.

B. STILLING : *Neue Untersuchungen über d. Bau d. Rückenmarks*, 1859.

A. v. KÖLLIKER : *Handbuch der Gewebelehre*, 1865.

C. FROMMANN : Centralblatt. f. med. Wissenschaften, 1865. — Le même : *Untersuchungen über die normale und pathologische Anatomie d. Rückenmarks*; Jena, 1867. — Le même : *Zur Lehre von d. Structur der Zellen*; Jen. Zeitschrift f. Naturwissenschaft, 1875, 1880 et 1883. — Le même : *Beobachtungen üb. Structur etc. der Pflanzenzelle*, Jena, 1880.

F. MIESCHER : *Ueber die chem. Zusammensetzung der Eiterzellen*, Hoppe-Seyler, Med. chem. Untersuch., 1871. — Le même : *Die Spermatozoën einig. Wirbelthiere*; Verhandl. d. nat. Gesell. zu Basel, t. VI, 1874.

J. HEITZMANN : *Untersuchungen über das Protoplasma* — et : *Das Verhalt. zwisch. Protopl. und Grundsubstanz im Thierkorper*; Sitzungsb. d. k. Akad.; Wien, 1873.

R. HERTWIG : *Beiträge zu einer einh. Auffassung d. versch. Kernformen*; Morph. Jahrb., t. II, 1876, p. 77. — Le même : *Zur Histologie der Radiolarien*; Leipzig, 1876; et : *Der Organismus der Radiol.*; Jena, 1879.

KUPFFER : *Ueber Differenzirung des Protoplasmas*; Schriften d. natur. Verein f. Schleswig-Holstein, t. I, H. 3, p. 229, 1875.

F. HOPPE-SEYLER : *Physiologische Chemie*, I Theil, *Allgemeine Biologie*, p. 70 et suivantes (où les principales sources sont indiquées et auxquelles nous renvoyons le lecteur); Berlin 1877.

W. PFEFFER : *Osmotische Untersuchungen*, etc.; Leipzig, 1877.

J. HANSTEIN : *Das Protoplasma als Träger*, etc., Heidelberg, 1880. — Le même : *Einige Züge aus d. Biologie d. Protoplasmas*; Bot. Abhand. etc., Bonn, 1880, t. IV, Heft 2. p. 4 et 9.

J. ARNOLD : *Ueber feinere Structur der Zellen unter normalen und patholog. Bedingungen*; Virchow's Archiv, 1879, t. 77, p. 181.

W. FLEMMING : Archiv f. mik. Anat., 1876. — Le même : *Zur Kenntniss des Zellkerns*; Centralb. f. d. med. Wiss., 1877. — Le même : *Beiträge zur Kenntnis der Zelle*; Archiv. f. mik. Anat., 1879-80 et 81. — Le même : *Zellsubstanz, Kern und Zelltheilung*; Leipzig, 1882.

J. B. CARNOY : *Manuel de Microscopie*, etc.; Louvain, 1879.

J. BARANETZKY : *Die Kerntheilung in d. Pollenmütterz. einige Tradescantien*; Bot. Zeit., 1880, p. 241.

FR. SCHMITZ : *Untersuch. über die Structur des Protopl. und d. Zellkerns bei Pflanzenzellen*; Sitz. d. niederrhein. Geselsch.; Bonn, 1880.

E. G. BALBIANI : *Sur la structure du noyau des cellules salivaires chez les larves de Chironomus*, Zool. Anz., 1881, nos 99 et 100.

RETZIUS : *Zur Kentniss von Bau des Zellkerns*, Biol. Unters., 1881.

J. REINKE u. H. RODEWALD : *Studien üb. d. Protoplasma*; Unt. aus d. bot. Lab. Gött. 1881.

Ad. MAYER : *Die Lehre von den chem. Fermenten oder Enzymologie*; Heidelberg, 1882.

A. RAUBER : *Neue Grundlegungen z. Kenntniss d. Zelle*; Morph. Jahrb., t. VIII, p. 233, 1882.

E. KLEIN : *Observ. on the structure of cells and nuclei*; Quat. journ. of mic. science, 1878. — Le même : *Of the lymph. system and the structure of the salivary glands and pancreas*; ibid. 1882. — Le même : *Atlas of histology*; London, 1881.

PFITZNER : *Ueber den feineren Bau*, etc.; Morphol. Jahrb., 1881. — Le même : Archiv f. mik. Anat., 1883.

ED. STRASBURGER : *Zellbildung und Zelltheilung*, 3e Aufl.; Jena, 1880. — Le même : *Ueber den Bau und das Wachsthum der Zellhäute*, Jena, 1882. — Le même : *Ueber den Theilungsvorg. d. Zellk. und d. Verhält. d. Kernth. zur Zelltheilung;* Bonn, 1882; et Archiv f. mik. Ant., t. XXI, 1882.

S. FREUD : *Ueber d. Bau der Nervenfasern, etc., bei Flusskrebs*; Sitzungsb. d. k.k. Akad., Wien, 1882.

E. ZACHARIAS : *Ueber den Zellkern*; Bot. Zeit., 1882, p. 611, 627 et 651. — Le même : *Ueber Eiweiss, Nucleïn und Plastin*; Bot. Zeit., 1883, n° 13.

ARNOLD BRASS : *Biologische Studien*, Heft 1, Halle a. S., 1883.

AD. BAGINSKI : *Ueber das Vorkommen und Verhalten einig. Fermenten (Labferment);* HOPPE-SEYLER, Zeitsch. f. phys. Chemie, 1883, p. 209.

W. DETMER : *Pflanzenphys. Unters. üb. Fermentbildung, etc. (Diastase)*, Jena, 1884.

II. Aperçu historique.

PREMIÈRE PÉRIODE, 1665 — 1840.

Découverte de la cellule et de ses parties constituantes. — Organismes élémentaires. — Théorie cellulaire.

I. L'histoire de la cellule remonte au milieu du XVIIme siècle : c'est en 1665, cinquante ans après la découverte du microscope, que ROBERT HOOKE distingue les premières cellules dans les plantes. Il se sert déjà du mot « cells and pores » pour les désigner, et il compare leur assemblage à un gâteau d'abeilles. Mais c'est à MARCELLO MALPIGHI, de Bologne, et à NEHEMIA GREW que revient l'honneur d'avoir saisi l'importance et dévoilé la véritable nature des éléments organiques. Pour MALPIGHI, ces éléments sont des *utricules* clos, juxtaposés pour constituer le corps entier du végétal : « *utriculis seu sacculis horizontali ordine locatis* », comme il s'exprime dans le chapitre « *Idea* », qui sert d'introduction à son *Anatome plantarum*, édition de 1687, et qui porte la date de 1671, Calendis Nov., Bononiæ. GREW et LEEUWENHOEK les appelaient vésicules, « *vesiculi* ». Le dernier de ces savants fait une mention expresse de la membrane cellulaire, dans ses lettres à la Société Royale de Londres : « *vesiculi compositi ex tenuissimis membranulis.* »

A part quelques savants, comme WOLFF (1) et MIRBEL (*Nouv. Notes*) pour qui les cellules ne sont que de simples cavités creusées dans une masse fondamentale indépendante, on admet généralement, depuis MALPIGHI et LEEUWENHOEK jusqu'à LEYDIG (1856), que les cellules sont douées d'une paroi propre, solide et distincte.

(1) WOLFF, *Theoria generationis*, Halæ, 1774, p. 6—8.

Les noms, utricules et vésicules, furent maintenus jusqu'à BRISSEAU-MIRBEL qui, à l'exemple de HOOKE, se servit du mot *cellule* dans ses ouvrages, à partir de 1800, pour les désigner. Cette dernière dénomination a prévalu dans la science.

Pendant plus d'un siècle, les cellules furent regardées comme des vessies remplies d'un liquide homogène. Mais en 1781, FONTANA découvre le *noyau* : il le figure distinctement, tab. 1, fig. 10 a et c, avec son nucléole, et le décrit t. II, p. 255 et 276, comme « *un corps oviforme, pourvu d'une tache en son milieu* ». En outre, il parle à plusieurs reprises du contenu granuleux des cellules, et représente assez exactement, tab. 1, fig. 8 et 9, des cellules adipeuses avec leurs nombreux corpuscules graisseux; il mentionne et figure également les stries longitudinales et transversales, ainsi que les fibrilles séparées des cellules musculaires, et il trouve des parties distinctes dans les éléments nerveux.

Les premiers *essais de microchimie* datent de cette époque, comme on peut le voir dans BAKER. FONTANA se sert d'alcalis, d'acides; il emploie le sirop de violettes et les couleurs végétales sur le porte-objets. MEYEN, en 1828, énumère une série de corps : fécule, grains de chlorophylle, cristaux, etc., découverts dans les cellule végétales. Les ouvrages de ce savant sont particulièrement intéressants, parce qu'ils résument exactement les données microchimiques de l'époque. Ces données étaient encore bien rudimentaires.

R. BROWN fait faire un grand progrès à la cytologie en 1831 : il confirme et étend considérablement la découverte de FONTANA; son mérite est, non point d'avoir le premier découvert le noyau, mais d'avoir reconnu qu'il constitue un *élémént normal* de la cellule. Presque en même temps MIRBEL, dans ses *Recherches sur les Marchantia* (1831—1832), le décrit et le figure, p. 99, pl. X, fig. 104 a, et 108 b et c. en lui donnant le nom de *sphérule*. Les travaux de MEYEN, de SCHLEIDEN, de UNGER, de SCHWANN, et surtout, quoique venus un peu plus tard, ceux de K. NAEGELI, achevèrent de démontrer que le noyau est un *élément essentiel* qui se rencontre dans la grande majorité des cellules animales et végétales. En 1838, SHLEIDEN, p. 139, appelle le noyau *cytoblaste*, lui attribuant un rôle prépondérant dans la formation des cellules.

Après FONTANA, ce fut VALENTIN qui décrivit et représenta le premier le nucléole, dans son *Repertorium*, t. I, 1836. Il dit du nucléole qu'il est un petit corps rond, *une espèce de second noyau* à l'intérieur du premier : « rundes Körperchen welches eine Art von zweiten *Nucleus* bildet ». Pour SCHLEIDEN, le nucléole est un petit noyau « Kernchen ». SCHWANN, p. 206, le désigne sous le nom de « Kernkörperchen »; enfin la même année (1839) VALENTIN, t. IV, p. 277, se sert à la fois des mots *nucleolus* et *Kernkörperchen* pour le nommer, expressions qui sont restées en usage jusqu'aujourd'hui.

A cette époque on définissait la cellule : *Une vésicule close par une membrane solide, renfermant un liquide dans lequel nage un noyau pourvu d'un nucléole, et où peuvent se rencontrer divers corps figurés.*

II. Plusieurs savants vont plus loin en morphologie : ils n'hésitent pas à considérer les cellules comme des individualités indépendantes, comme des *organismes élémentaires.* Cette notion apparaît nettement pour la première fois dans l'ouvrage de TURPIN, dont le titre même porte : « Observations sur chacune des vésicules composantes du tissu cel- « lulaire, considérées comme autant d'*individualités distinctes*, ayant leur « centre vital particulier de végétation et de propagation, et destinées « à former par agglomération l'*individualité composée* de tous les végétaux « dont l'organisation de la masse comporte plus d'une vésicule ».

MIRBEL et SCHLEIDEN ne sont pas moins explicites. Le premier dit : « Les cellules sont autant d'individus vivants, jouissant chacun « de la propriété de croître, de se multiplier, de se modifier dans « certaines limites... La plante est donc un être collectif » ; et SCHLEIDEN admet que « la cellule est un *petit organisme;* que chaque plante, « même la plus élevée, est un agrégat de cellules complètement indi- « vidualisées et d'une existence distincte en soi. » SCHWANN adopta les mêmes idées.

BRÜCKE a-t-il été plus catégorique sur ce point, 30 ans plus tard (1861)?

III. Pendant qu'on cherchait à découvrir les parties constituantes de la cellule, on étudiait aussi la structure intérieure des êtres organisés. A la suite de leurs observations, MALPIGHI, GREW et LEEUWENHOEK se croient déjà autorisés à affirmer que le corps du végétal est entièrement formé de cellules juxtaposées. Les travaux de BRISSEAU-MIRBEL, de MEYEN, de SCHLEIDEN, mais surtout les remarquables mémoires de HUGO VON MOHL, publiés à partir de 1827, mémoires sur lesquels nous aurons à revenir bientôt, complètent cette démonstration. Mais ces savants prouvent en même temps que tous les tissus végétaux, même les plus différentiés, sont exclusivement formés de cellules dérivant les unes des autres, identiques à l'origine, mais subissant des modifications profondes pendant leur évolution normale. TURPIN (p. 36) avait déjà dit d'ailleurs qu'un « arbre, *comme tout être organisé*, commence par un seul globule, ou *vésicule-mère* ».

Ainsi, avant 1830, la théorie cellulaire était clairement formulée et solidement établie, en ce qui concerne les végétaux. On était moins avancé en zoologie. L'analogie de structure entre les deux règnes avait été remarquée; on avait même signalé çà et là une ressemblance frappante entre certains de leurs éléments constituants. Mais c'est en réalité DUTROCHET qui fut, à partir 1824, le promoteur de cette idée que les animaux et les végétaux sont organisés sur le même type, se développent de la même manière, et que tout y dérive de cellules. « Tout dérive évidemment de la cellule, dit-il, dans le « tissu organique des végétaux, et l'observation vient nous prouver qu'il

« en est de même chez les animaux.... *Tous les tissus, tous les organes* « *des animaux ne sont véritablement qu'un tissu cellulaire diversement modifié* ». Si DUTROCHET ne fut pas heureux en voulant prouver sa thèse, — ses descriptions, en ce qui concerne les animaux du moins, étant souvent inexactes et erronées, — il n'en est pas moins le premier auteur de l'application générale de cette théorie au règne animal. Il était réservé à SCHWANN de fournir la démonstration de la thèse de DUTROCHET, et il le fit d'une manière éclatante dans un mémoire demeuré célèbre, où il passe en revue les divers tissus du corps animal en s'appuyant sur un grand nombre d'observations plus rigoureuses et plus précises.

Dès lors on dut admettre que les animaux et les végétaux :

a) Sont exclusivement *formés de cellules* ;

b) Que ces cellules *dérivent les unes des autres*, à partir des jeunes cellules embryonnaires ;

c) Que, par leur *évolution naturelle elles subissent des modifications* plus ou moins considérables, pour arriver à l'état qu'elle présentent dans les tissus adultes.

VALENTIN en rendant compte du travail de SCHWANN, dans son *Repertorium* t. IV, p. 283, 1839, résuma ces données sous le nom de **Théorie cellulaire.**

Plus tard (1845), JOHN GOODSIR [1], et après lui VIRCHOW [2], vérifièrent cette théorie dans son application aux productions pathologiques [3].

DEUXIÈME PÉRIODE 1840 — 1865.

Le protoplasme. — Les propriétés de la matière vivante. — La constitution générale de la cellule et ses nouvelles définitions.

Le contenu de la cellule, en tant que matière vivante, avait été l'objet de peu de travaux spéciaux pendant la période précédente. Il était regardé comme une masse liquide ou demi-liquide, sur la nature de laquelle on ne s'expliquait guère, mais où l'on avait cependant déjà constaté la présence de nombreuses granulations et de divers corps figurés, ainsi que l'existence de matières protéiques.

I. La matière vivante a été désignée sous divers noms : *matière ou substance organisatrice, matière formatrice, matière germinale*, etc. BRISSEAU-MIRBEL lui appliqua après DUHAMEL le nom de *Cambium*, et un peu

---

(1) JOHN GOODSIR, *Anatom. and pathol. observations*; Edinburg, 1845.

(2) VIRCHOW, *Die Cellular Pathologie*, 1859.

(3) Cette théorie devait être complétée et rectifiée sur plusieurs points par les travaux subséquents d'embryologie et d'histogénèse d'une part, et d'autre part par l'étude plus attentive de la multiplication cellulaire et des phénomènes présentés par les cellules multinucléées; elle se perfectionne encore tous les jours.

plus tard Schleiden, celui de *mucilage (Schleim)*, dans les végétaux. En 1835, Dujardin la désigna chez les infusoires sous le nom de *sarcode*.

Mais bientôt devait surgir une dénomination nouvelle, celle de *protoplasma ou protoplasme*, dénomination que l'usage a consacrée. Pour autant que nous puissions en juger, la première indication de ce terme se trouve dans Purkinje. En faisant l'analyse des travaux de ce savant publiés en 1839 et 1840, Reichert dit en effet ce qui suit [1] : « Il n'y a, d'après Purkinje, d'analogie décisive entre « les deux règnes organiques, qu'en ce qui touche les granules « élémentaires du *cambium* végétal et du *protoplasma* de l'embryon « animal ». Hugo von Mohl ne parait pas avoir connu l'existence de ce terme, puisqu'il dit en 1846, (Bot. Zeit); « Je me crois autorisé à « donner le nom de *protoplasma* à la substance demi-fluide, azotée, « jaunie par l'iode, qui est répandue dans la cavité cellulaire et qui « fournit les matériaux pour la formation de l'utricule primordial et « du noyau. »

Quoi qu'il en soit, H. Mohl fut heureusement inspiré en désignant la matière vivante des végétaux par une expression qui avait déjà servi pour la nommer chez les animaux; il soupçonnait peut-être déjà une idendité que la science devait bientôt affirmer.

II. C'est à un savant français, à F. Dujardin, qu'était réservée la mission de nous dévoiler *les propriétés intimes de la matière vivante*. Il le fit avec tant de succès à partir de 1835 que ses successeurs trouvèrent peu de chose à ajouter à ses découvertes : il ne leur laissa plus qu'à les *généraliser* et à les étendre au protoplasme des deux règnes. Voici comment il spécifie, dans ses divers ouvrages, les caractères de son sarcode. « Je propose de nommer *sarcode* ce que d'autres ob- « servateurs ont appelé une gelée vivante, cette matière *glutineuse*, « *diaphane*, *homogène*, réfractant la lumière un peu plus que l'eau, « mais beaucoup moins que l'huile, extensible et s'étirant comme « du mucus, *élastique* et *contractile*, susceptible de se creuser spon- « tanément de cavités sphériques, ou de *vacuoles*, occupées par le liquide « environnant qui parfois en fait une sorte de cage à jour..... Le sar- « code est insoluble dans l'eau, à la longue cependant il finit par « s'y décomposer en laissant un résidu granuleux. La potasse ne le « dissout pas subitement comme le mucus ou l'albumine, et paraît « seulement hâter sa décomposition par l'eau; l'acide nitrique et l'al- « cool le coagulent subitement et le rendent blanc, opaque. Ses pro- « priétés sont donc bien distinctes de celles des substances avec les- « quelles on eût pu le confondre, car son insolubilité dans l'eau le « distingue de l'albumine, et son insolubilité dans la potasse le dis- « tingue en même temps du mucus, de la gelatine, etc.... Les ani- « maux les plus simples, amibes, monades, etc., se composent uni- « quement, au moins en apparence, de cette gelée vivante. Dans les

[1] Arch. f. Anat., und Physiol., 1841, p. CLXIII.

« infusoires plus élevés, elle est renfermée dans un tégument lâche « qu'on aperçoit comme un réseau à sa surface, et d'où on peut la « faire sortir dans un état d'isolement presque parfait..... On retrouve « le sarcode *dans les œufs, les zoophytes, les vers et les autres animaux*; « mais ici il est susceptible de recevoir avec l'âge un *degré d'organi-* « *sation plus complexe* que dans les animaux du bas de l'échelle..... « Le sarcode est sans organes visibles et sans apparence de cellulo- « sité; mais *il est cependant organisé*, puisqu'il émet divers prolonge- « ment entraînant des granules, s'étendant et se retirant alternativement « et qu'en un mot il a la vie. »

Les observations de DUJARDIN excitèrent vivement la curiosité des savants, surtout des savants d'outre-Rhin, et exercèrent une grande influence sur les travaux subséquents; tout le monde s'éprit de l'étude des protozoaires, témoins les recherches de MEYEN, de MAX SCHULTZE, de WILLIAMSON, de HAECKEL et de bien d'autres qui sont cités dans les *Polythalames* de M. SCHULTZE (1854), les *Foraminifères* de WILLIAMSON (1858), et les *Radiolaires* de HAECKEL (1862). Les résultats du savant français sont confirmés et étendus; l'*irritabilité* de la matière vivante est surtout mise en relief. Cependant, malgré les assertions si nettes que nous avons soulignées dans le passage de DUJARDIN, on continue toujours à voir dans le sarcode une matière propre aux êtres inférieurs. Peu à peu, le jour se fait, et en 1861 M. SCHULTZE n'hésite plus à affirmer l'identité des cellules animales en général avec le sarcode.

D'un autre côté, les botanistes depuis la découverte, faite par l'abbé BONAVENTURA CORTI (1772), de la rotation intracellulaire, avaient observé divers mouvements dans le protoplasme végétal, comme on peut s'en assurer en parcourant le § 8, p. 17, du Traité de HOFMEISTER sur la cellule (1867). Les travaux de NAEGELI, de COHN, de THURET, de DE BARY, de BRAUN, de SCHENK, de CIENKOWSKI, de WIGAND, de PRINGSHEIM, de SCHACHT, etc., etc., mettent en évidence dans les champignons et dans les algues, particulièrement dans leurs plasmodies, leurs zoospores et leurs éléments sexuels, une foule de mouvements analogues à ceux du sarcode. La voie est ainsi préparée aux travaux plus généralisateurs et plus synthétiques de BRÜCKE (1861), de M. SCHULTZE (1863) et de W. KÜHNE (1864), travaux qui achèvent de démontrer *l'identité de la matière vivante dans les deux règnes*, quant à ses propriétés physiques fondamentales : l'irritabilité et la contractilité.

Au commencement de 1865, on pouvait donc définir la matière vivante, protoplasme ou sarcode des végétaux et des animaux, de la manière suivante : *une masse diaphane, demi-liquide et visqueuse, extensible mais non élastique* (1), *homogène, c'est-à-dire sans structure, sans organisation* (2) *visible, parsemée de nombreux granules et enfin essentiellement douée d'irritabilité et de contractilité.*

---

(1) DUJARDIN avait dit *élastique*. Nous verrons plus tard si l'on a eu raison de se séparer de DUJARDIN sur ce point.

(2) D'après DUJARDIN elle *doit* être organisée.

III- On ne s'est point contenté, durant cette période si féconde, d'étudier les caractères du protoplasme. *La constitution générale de la cellule* fut aussi l'objet des recherches d'un grand nombre de savants. Nous avons déjà mentionné les remarquables travaux de MOHL. Pendant plus de vingt ans, ce savant fit paraître une série non interrompue de publications magistrales, dans lesquelles il nous dévoile non seulement l'organisation intérieure des végétaux, mais aussi la *structure générale* de la cellule, — à part son organisation intime que personne ne soupçonnait alors — : la membrane solide avec ses détails infinis, la membrane plasmatique, la distribution du protoplasme à l'intérieur de la cellule, le caractère des enclaves, la constitution chimique de la membrane, la nature albuminoïde du protoplasme, tout fut élucidé par cet homme éminent qui doit être considéré comme *le père de la cytotomie.* HANSTEIN lui rend un juste hommage dans les paroles suivantes[1] : « HUGO VON MOHL était destiné à mettre en pleine lumière la struc-« ture élémentaire des cellules des plantes dans sa simplicité ingénieuse. « Il ne posait pas seulement les premiers fondements certains de nos « connaissances actuelles sur ce sujet, mais encore il en exposait « clairement tous les traits importants. »

En 1844, H. MOHL attire l'attention sur un point essentiel, sur la différentiation de la couche périphérique du protoplasme. Il montre que cette couche est modifiée et transformée en une mince lamelle qu'il appelle *utricule* ou *membrane primordiale* (*Primoldialschlauch*). En répondant à SCHLEIDEN qui n'y voyait qu'une *zône mucilagineuse,* il définit nettement l'utricule primordial. « Il ne faut point, dit-il, « faire de la chose une question de mots. Une couche périphérique « différentiée, plus résistante que le protoplasme interne et pouvant « porter des plis qui entraînent avec eux tout le contenu cellulaire, « présente bien tous les caractères d'une membrane véritable. »

En parlant (1851) des vacuoles et du liquide qu'elles renferment, liquide qu'il a si bien caractérisé en l'appelant *suc cellulaire (Zellsaft)*, il dit expressément, d'accord en cela avec DUJARDIN (plus haut, p. 177), qu'il faut bien se garder de les confondre avec le protoplasme : « celui-ci, dit-il, est au contraire repoussé par elles et réduit à l'état « de cordons qui pourront eux-mêmes se briser et se rétracter vers « la périphérie où tout le protoplasme ne formera plus alors qu'un sac « contenant une immense vacuole aqueuse. » Ces vacuoles ne sont donc que des *enclaves (Einschlüsse).* Il voit également dans les grains de fécule, les grains d'aleurone et autres, les cristaux, etc., des enclaves logées à l'intérieur de la masse plasmique, *mais qui en sont totalement distinctes.* On pourrait résumer ainsi les vues de MOHL sur l'organisation de la cellule. La cellule végétale est un utricule clos par une membrane solide, renfermant un corps protoplasmatique muni d'un noyau. Quant

---

(1) *Le protoplasme*; trad. de LANESSAN, Revue intern., 15 Oct. 1880, p. 341.

au protoplasme lui-même il faut y distinguer la partie périphérique qui se différentie en une *membrane primordiale*; le reste du protoplasme, *homogène* dans les cellules jeunes, peut être réduit, par la formation des enclaves, à l'état de *cordons*, voire même à l'état de *sac* blotti contre la membrane cellulosique.

MOHL va plus loin. Profondément convaincu qu'en cytologie chaque terme doit recevoir une signification très précise, il prend soin de déterminer nettement le sens qu'il convient d'attacher au mot *protoplasme*. En général « ce mot signifie, dit-il en 1846, que cette masse opaline « et visqueuse préexiste aux autres parties de la cellule, et en effet, « c'est elle qui fournit les matériaux pour la formation de l'utricule « primordial et du noyau », c'est-à-dire qu'il est synonyme de matière vivante. Mais plus tard (1851) lorsqu'il traite *ex professo* de l'organisation cellulaire, après avoir parlé de l'utricule primordial et du noyau, il « ajoute (p. 200) (1) : la *partie restante de la cellule* est plus ou moins « remplie par un liquide opalin, visqueux, blanc, parsemé de granules « et que je nomme *protoplasme*. » Ainsi d'après ce savant, une fois que la cellule est complète, qu'elle a une membrane et un noyau, il faut réserver le nom de protoplasme, pour marquer la partie hyaline et visqueuse *qui persiste entre les deux dans son état primitif*.

Comme on le voit les travaux de MOHL réalisèrent un immense progrès en cytologie; mais ce savant s'était renfermé presque exclusivement dans l'étude des végétaux supérieurs. En même temps, d'autres observateurs fouillaient le règne animal et le monde des protistes, pour arriver à des conclusions un peu différentes. Déjà SCHWANN, pour qui la membrane solide et distincte était encore un élément essentiel de la cellule animale aussi bien que de la cellule végétale, était obligé de reconnaître que les globules blancs ne possèdent pas pareille membrane. Les travaux sur les êtres inférieurs, sur les zoospores des algues et des champignons, sur les myxomycètes, etc., plus encore que l'étude des animaux supérieurs, multiplièrent beaucoup ces exemples. Il fallut en tenir compte. Ce fut LEYDIG qui osa le premier, en 1856, s'insurger contre la définition traditionnelle de la cellule.

« Le contenu des cellules, dit-il, est plus élevé en dignité que « la membrane, car il est le siège de l'irritabilité et de la contrac« tilité ». Une cellule n'est plus d'après lui : *qu'une masse de protoplasme munie d'un noyau*. La définition de M. SCHULTZE, formulée en 1861 et devenue fameuse, n'est que la reproduction fidèle de celle de LEYDIG ; comme cette dernière, elle sacrifie la membrane.

A la même époque (1861, p. 18 à 22) BRÜCKE se demande si le noyau est bien une partie essentielle de la cellule, attendu que dans les cryptogames on connaît nombre d'éléments qui en sont dé-

(1) « *Der ubrige Theil* der Zelle ist mit einer trübe, zähen, mit Körnchen « gemeingten Flussigkeit von weisser Farbe, welche ich *Protoplasma* nenne, mehr « oder weniger dicht gefüllt. »

pourvus. M. SCHULTZE (1854) avait déjà décrit l'*Amœba porrecta* comme dépourvue de noyau. Depuis lors les exemples se multiplièrent et HAECKEL se crut autorisé à établir le groupe des *Monères* ou des *Cytodes* (1) sur l'absence du noyau. C'est pourquoi bien des auteurs ne voient plus désormais dans la cellule « *qu'une sphérule de protoplasme,* » bientôt transformée, sous la plume de certains écrivains, en un simple *grumeau d'albumine!!....*

IV. En même temps qu'on étudiait le protoplasme et la membrane cellulaire, on étudiait aussi *le noyau*; mais, il faut le dire, avec beaucoup moins de succès.

On avait remarqué depuis longtemps que le noyau vivant apparaît au milieu du protoplasme comme une *tache claire,* émaillée de granulations plus ou moins volumineuses et répandues dans un liquide aqueux. SCHLEIDEN (1838) avait même décrit et figuré des noyaux portant de nombreux granules serrés, et disposés suivant un ordre régulier (2). De leur côté, NAEGELI (1844) et UNGER (1846) constatent la présence d'une membrane dans un grand nombre de *nucleus.*

On ne pouvait guère aller plus loin, avec les moyens d'investigation dont la science disposait à cette époque. Aussi pendant vingt ans, la connaissance du noyau ne fit-elle aucun progrès : on affirma et nia tour à tour ce qui avait été découvert par les premiers observateurs, et l'on discuta à perte de vue sur le nucléole (3). On s'obstinait d'ailleurs à marcher dans une voie qui ne pouvait aboutir. L'observation portait surtout sur les noyaux des œufs, sans doute à cause de leur importance, mais aussi à cause de leur volume qui est souvent considérable. Mais ces noyaux sont loin d'être des *noyaux typiques*; pour les interprèter justement il faut déjà connaître la structure normale du noyau : on marcha donc à rebours et tout fut à refaire.

TROISIÈME PÉRIODE 1865—1884.

Organisation du protoplasme et du noyau. — Leur constitution chimique.

En 1865, tout le monde admet que le protoplasme des deux règnes est doué des mêmes propriétés fondamentales; mais on continue à le considérer comme une masse hyaline, *homogène et sans structure visible,* et, aujourd'hui encore, la plupart des savants le définissent de cette manière : témoins les assertions récentes de KOLLMANN (4), de STRASBURGER (5) et de bien d'autres.

(1) On sait que HAECKEL a appelé *cytodes* les cellules dépourvues de noyau.
(2) Il avait sans doute observé les anses du boyau nucléinien.
(3) Voir FLEMMING, Zellsubst., etc., pp. 178 à 190, et pp. 138 à 164.
(4) KOLLMANN, *Ueber thierisches Protoplasma*; Biol. Centralb., 1882—1883, p. 70.
(5) STRASBURGER, *Ueber d. Theilungsvorg.,* etc. 1882, passim.

I. On s'est généralement contenté jusqu'ici de marquer *diverses zones* dans le corps protoplasmatique : une *zone externe*, plus transparente et plus homogène, dépourvue d'enclaves et pauvre en granules, variable d'épaisseur suivant les cellules; une *masse interne*, granuleuse, souvent creusée de vacuoles, ou chargée d'enclaves et d'inclusions. Les dénominations qui ont servi à caractériser cette distinction ont beaucoup varié. De Bary (1863) appelait *epiplasma* la zone claire extérieure qui se voit dans les thèques des ascomycètes. D'autres l'ont désignée, surtout dans les protozoaires et dans les œufs, sous le nom de *Hautschicht*, de *periplasma*, d'*ectoplasma* et même de *protoplasma*, ou protoplasme proprement dit, réservant les noms de *metaplasma*, d'*endoplasma*, de *deuto-* ou *denteroplasma*, de *Körnerplasma*, de *Polioplasma*, etc., à la masse granuleuse interne. Récemment A. Brass a distingué jusqu'à 5 ou 6 régions concentriques dans le contenu cellulaire, régions auxquelles il applique des dénominations physiologiques en rapport avec les diverses fonctions qu'il leur attribue (1).

En se plaçant à un autre point de vue, Hanstein (1880) distingue trois éléments dans le protoplasme, à savoir :

a) La masse hyaline fondamentale, répandue dans toute la cellule et qu'il nomme *hyaloplasma* (2);

b) L'*enchylema* : il désigne par là le liquide plastique qui peut circuler dans les cordons et dans le sac périphérique;

c) Les granules, ou *microsomata*, répandus dans la masse hyaline et pouvant être entraînés dans le mouvement de l'enchylema.

Depuis cette époque presque tous les auteurs se sont servi des termes *hyaloplasma* et *microsomata*, par abréviation *microsoma*, microsomes. Quant à l'*enchylema*, on le range tacitement dans le protoplasme hyalin.

En même temps qu'on établit ces distinctions, la confusion qui avait déjà commencé à s'introduire dans la terminologie et la signification du mot protoplasme, grandit encore. Nous savons ce que Mohl entendait par protoplasme. Pour M. Schultze cette dénomination est synonyme de *Zellleib* ou *corps de la cellule*, lequel comprend d'après lui la couche périphérique ou l'utricule de Mohl. Nous venons de voir que pour divers auteurs, protoplasme est synonyme de *periplasma* ou d'*ectoplasma*. En 1875, Kupffer l'emploie pour désigner le *reticulum* fibrillaire, tandis qu'il nomme *paraplasma* le restant de la masse protoplasmatique. Au lieu de restreindre ainsi sa signification, Strasburger (1882) l'étend outre mesure; il appelle protoplasme tout ce qui vit dans la cellule : protoplasme, noyau, corps chlorophylliens, etc.; — il aurait dû ajouter la membrane, puisqu'elle vit aussi —,

(1) Arnold Brass, *Biolog. Studien*, p. 18—20.

(2) Pfeffer (1877, p. 123) s'était déjà servi de ce terme, mais dans un autre sens, dans le sens d'*utricule primordial* ou de *Hautschicht*.

c'est-à-dire, qu'à l'exemple de ROZE [1] et de certains écrivains plus anciens, il en fait un synonyme du mot cellule.

On s'est servi aussi de certains termes particuliers. Au lieu d'employer la dénomination classique de protoplasme, KÖLLIKER et HAECKEL (1862) disent *cytoplasma*.

Nous croyons inutile d'insister davantage sur ces divergences que rien ne justifie. Ces paroles de LANESSAN [2] ne sont que trop vraies : « Rien n'est plus indéterminé que le mot protoplasme si l'on s'en « rapporte aux définitions des auteurs classiques. Chacun d'eux l'entend « à sa façon. »

II. Les distinctions et les dénominations qui précèdent ne nous apprennent rien sur la structure interne des diverses portions du protoplasme; d'ailleurs la plupart des savants qui les ont préconisées ou employées, n'ont pas même soupçonné l'existence de cette organisation, devinée déjà par DUJARDIN. Sans doute on connaissait depuis longtemps (FONTANA) des cellules douées d'une structure bien visible : les cellules musculaires, certaines cellules épithéliales, les cellules et les tubes nerveux. Mais on considérait cette structure comme tout-à-fait spéciale à ces cellules, comme le résultat d'une adaptation à leur fonction particulière. En 1859, STILLING découvre une structure fibrillaire dans les cellules nerveuses ganglionnaires, et, en 1864, LEYDIG constate un fait analogue dans les cellules de l'intestin du cloporte et d'autres petits crustacés voisins; mais ces savants n'attachent encore aucune importance à ces détails au point de vue de l'organisation générale du protoplasme. Ce fut FROMMANN qui attira spécialement l'attention sur cette structure fibrillaire et qui la considéra, dès 1865 et 1867, comme une *propriété générale* de la matière vivante. HEITZMANN, de son côté, arrive bientôt (1873) aux mêmes conclusions. Les vues de ces deux savants furent d'abord regardées comme extravagantes. Certaines de leurs assertions étaient en effet de nature à jeter le discrédit sur leurs travaux et, en tout cas, leurs observations étaient tout-à-fait insuffisantes pour justifier leurs généralisations. Les nouvelles études de FROMMANN, de ARNOLD, de KLEIN, de KUPFFER, de SCHMITZ, de FLEMMING, de RAUBER, etc., ont étendu et rectifié sur plusieurs points ces premières données : la science en est là. On voit que l'étude de l'organisation du protoplasme n'est qu'ébauchée.

III. La *biochimie* du protoplasme fait d'immenses progrès pendant cette troisième période.

Les recherches microchimiques se multiplient et s'étendent considérablement. Le lecteur voudra bien se reporter au *tableau des réactifs*, p. 89, où nous avons pris soin d'inscrire, à côté du nom de leur inventeur, la date à laquelle ils ont été employés pour la première

---

(1) ROZE : *De l'influence de l'étude des myxomycètes*, etc.; Bull. soc. bot. de France, 1872, p. 29.

(2) *Du protoplasme végétal*; Thèse, 1876, p. 1.

fois, traçant ainsi d'avance l'historique de la microchimie. Une chose surtout se dégage de l'inspection de ce tableau, c'est l'activité qu'on a déployée depuis 1865, pour découvrir de nouveaux réactifs, colorants et autres, à l'effet d'analyser le contenu cellulaire sous le microscope. Ces efforts ont été couronnés de succès.

L'analyse *macrochimique* n'est pas restée en arrière. Les tissus les plus divers des végétaux et des animaux ont été fouillés; les albuminoïdes, la lécithine, la cholestérine, les ferments solubles, les hydrates de carbone, les matières colorantes naturelles, en particulier la chlorophylle, l'hémoglobine, etc., ont été l'objet d'une attention spéciale de la part des chimistes, comme on peut s'en convaincre en parcourant les pages que nous avons signalées dans la *Chimie physiologique* de HOPPE-SEYLER [1], ainsi qu'en consultant les ouvrages de A. MAYER et de DETMER.

Nous avons essayé (1879) de résumer les données qui semblaient se dégager de ces nombreuses recherches, en ce qui concerne la constitution chimique du protoplasme, dans les termes suivants :

« Le protoplasme est un mélange complexe d'espèces chimiques. « Les recherches patientes et minutieuses de ces dernières années « ont fait découvrir, dans le protoplasme typique des cellules jeunes « et actives, les substances suivantes que l'on doit considérer comme « les éléments essentiels de la matière vivante.

« A. Des *matières albuminoïdes* (une vitelline et une myosine au « minimum);

« B. Des *matières phosphorées* (la lécithine et la nucléine);

« C. Une ou plusieurs *substances hydrocarbonées* (telles que les « glycoses, la dextrine, le glycogène);

« D. Des *ferments solubles* (diastase, pepsine, ferment inversif, « émulsine);

« E. De *l'eau* (de constitution et d'imbibition);

« F. Des *éléments minéraux* (sels : sulfates, phosphates ou nitrates « de *K.*, de *Ca.* et de *Mg.*).

Nous devons signaler encore les analyses récentes, faites par REINKE et RODEWALD (1881), de la plasmodie de l'*Æthalium septicum*, où l'on retrouve, à côté des principes accidentels, les éléments susmentionnés. Ces analyses, ainsi que les recherches microchimiques de ZACHARIAS (1881—83), nous ont révélé en outre la présence dans les cellules d'un nouvel élément de nature protéique, de la *plastine*, qui paraît y jouer un rôle essentiel. Mentionnons enfin les recherches [2] dont une nouvelle catégorie de ferments solubles a été l'objet : nous voulons parler des *ferments coagulants*, ou présures (*Labferment*). Ces corps ont déjà été constatés dans un assez grand nombre de cellules animales et végétales, pour que l'on puisse admettre dès maintenant qu'ils sont,

---

(1) Voir aussi sa *Zeitschrift f. phys. Chemie*, à partir de 1877.

(2) Voir MAYER et BAGINSKI.

comme leurs congénères, indispensables à l'accomplissement de certains phénomènes cellulaires.

Malgré ces investigations, il règne encore bien des incertitudes sur la constition chimique essentielle de la matière vivante.

IV. Une ère nouvelle commence, pour le *noyau* comme pour le protoplasme, en 1865. Stilling avait déjà vu en 1859 des corps filamenteux courir en zigzag à son intérieur. Pour Frommann les parties figurées du noyau constituent des cordons et des filaments enchevêtrés et ramifiés, se répandant dans le protoplasme environnant. Heitzmann considère tous les corps figurés et filamenteux du noyau comme du protoplasme épaissi et condensé. En 1876, Hertwig appelle *Kernsubstanz* les parties figurées du noyau, et *Kernsaft* le liquide hyalin qui leur est interposé. Mais bientôt Flemming reconnaît que ces corps figurés sont agencés en *reticulum*, et constitués par la substance qui se colore sous l'influence des réactifs; qu'ils sont, par conséquent, propres au noyau et doivent être distingués du protoplasme environnant, rectifiant ainsi en un point important les assertions de ses prédécesseurs. Il donne en 1879 le nom de *chromatine* à la substance du *reticulum*, et celui d'*achromatine* à la partie du noyau qui ne se colore point par les réactifs.

En 1871, Miescher fit une découverte qui marque dans l'histoire chimique du noyau. Il trouva dans les noyaux des cellules du pus une substance particulière qu'il appela *nucléine*, et dont il fit connaître les propriétés remarquables. C'est en utilisant, dans l'étude du noyau, ces indications sur les propriétés de la nucléine, en particulier sa solubilité dans les alcalis dilués et les acides forts que nous avons été amené (1879), avant même que Flemming n'eût employé le mot chromatine, à émettre l'opinion que la substance qui se colore dans le noyau n'est autre que la nucléine de Miescher; et depuis lors, nous nous sommes servi exclusivement de ce terme chimique pour la désigner dans nos leçons. Zacharias est arrivé par la même voie à la même conclusion, en 1881—82.

La plupart des auteurs qui ont suivi Flemming admettent avec lui que son *reticulum* de chromatine représente la structure typique du noyau. Cependant Balbiani (1880), après avoir remarqué dans les larves de *Chironomus* que la partie figurée et colorable du noyau forme un *boyau continu*, se demande s'il n'en serait point de même ailleurs. Strasburger (1882) affirme la chose, bien que ses observations n'aient porté que sur un très petit nombre de noyaux végétaux. Pour Rauber (1882), la partie chromophile du noyau peut présenter la forme *réticulée*, *filamenteuse* ou *globoïde*.

En dehors du réseau ou du boyau nucléinien, il n'y a d'après les auteurs modernes, Zacharias excepté, qu'une *sève* ou liquide homogène, très aqueux, sans granules et sans corps figurés (*achromatine* de Flemming, *Kernsaft* des auteurs), et souvent un ou plusieurs nucléoles, sur la nature desquels on discute toujours.

Quant à la membrane, les uns : PFITZNER, RETZIUS, FREUD, BRASS, en nient l'existence ou à peu près, les autres l'admettent. Parmi ces derniers, plusieurs la regardent avec FLEMMING comme appartenant en propre au noyau, soit qu'ils la considèrent comme étrangère à la partie chromatique, soit qu'ils en fassent, avec RAUBER, une dépendance de cette dernière; d'autres, STRASBURGER par exemple, n'y voient qu'une couche condensée du protoplasme environnant.

On nous permettra d'ajouter que nous avons représenté dans le *Prospectus* de ce livre, il y a près d'une année, à côté du boyau nucléinien, un second élément figuré, une *partie protoplasmatique* formée d'un *reticulum* et d'un *enchylema* granuleux, qui paraît avoir échappé aux observateurs, ou dont la véritable nature a été méconnue.

La constitution du noyau est donc toujours enveloppée de ténèbres. RAUBER (1883) ne craint pas d'affirmer qu'elle est encore une énigme.

§ II. NOTIONS GÉNÉRALES SUR LA CELLULE. — TERMINOLOGIE. — DÉFINITIONS. — DIVISION.

On appelle **Cellules** les **organismes** ou **individualités élémentaires** des êtres organisés.

Chacune d'elles représente *une masse structurée et vivante de protoplasme entouré d'une membrane et hébergeant un noyau.* Cette définition demande quelques mots d'explication.

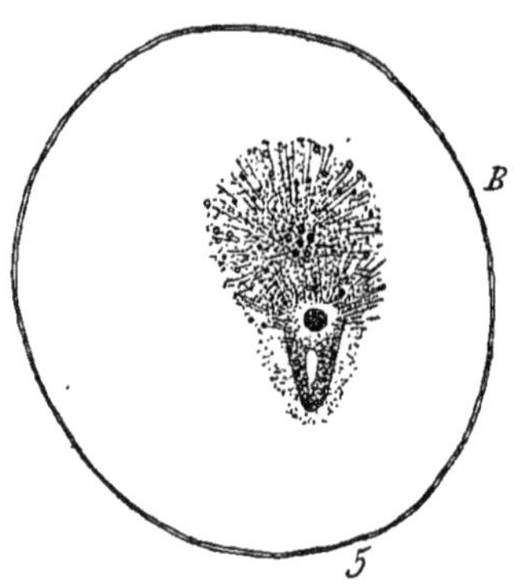

Fig. **27**. — Gr. : **1/12, 3.**

Œuf de l'*Ascaris megalocephala.*

La cellule spermatique en forme de dé, et munie d'un noyau sphérique, montre sa partie antérieure déjà fusionnée avec le protoplasme de l'œuf ; le noyau mâle va se fusionner avec le noyau femelle, aussi entouré d'un aster plasmatique. De cette double fusion résulte la cellule de segmentation.

I. La cellule est une individualité.

Par ces mots « *organismes élémentaires* » on veut affirmer que toute cellule est autonome, qu'elle forme un tout capable d'agir par lui-même et pour lui-même, en un mot doué d'une individualité propre. Cela est vrai, non seulement pour les êtres monocellulaires, mais aussi pour les cellules des êtres supérieurs, pourvu que les circonstances nécessaires à leur activité soient réalisées, ce qui, il faut le dire, ne peut avoir lieu le plus souvent sans le concours des cellules ou des tissus voisins, et même de l'être tout entier.

A cette question de l'individualité cellulaire se rattache intimement celle de la *fusion* des cellules.

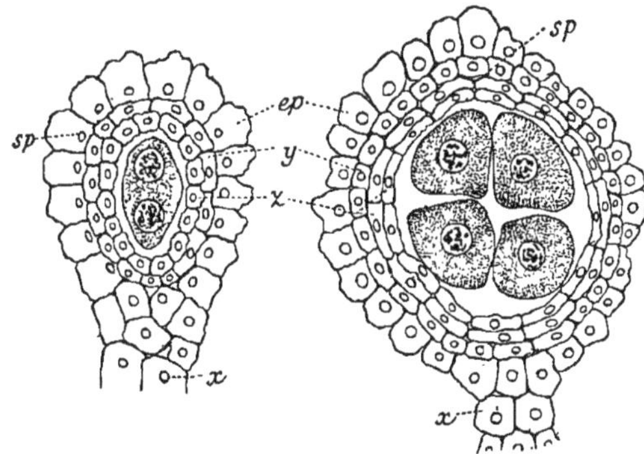

Fig. **28**. — Gr. : **G,1**

Jeunes sporanges, *sp*, de *Pilularia globulifera*.

ep : couche cellulaire épidermique.

y et *z* : couches internes dont les cellules se fusionneront plus tard pour former un *plasmodium*.

Cette fusion, comme on le sait, se fait de plusieurs manières et devient plus ou moins complète. Ce n'est pas ici le lieu d'en parler plus longuement. En ce qui concerne la question qui nous occupe, nous dirons que la fusion peut amener la perte de l'individualité, mais qu'elle ne l'entraîne pas nécessairement. C'est ainsi que dans la *fécondation* la cellule mâle et la cellule femelle se fusionnent intimement, protoplasme à protoplasme, noyau à noyau, en perdant leur individualité propre pour constituer une individualité nouvelle, l'œuf fécondé ou la cellule de segmentation, fig. **27**.

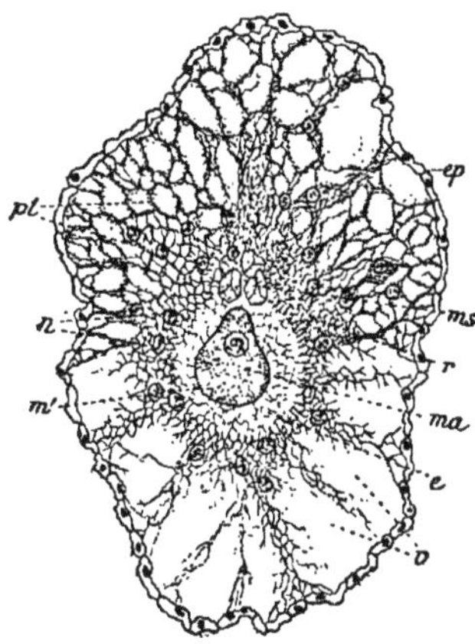

Fig. **29**. — Gr. : **G, 1**.

Macrosporange plus développé.

ep : épiderme qui s'est maintenu.

pl : *plasmodium* avec ses nombreux noyaux *n*, et ses vacuoles *v*, résultant de la fusion des couches *y* et *z* de la figure précédente.

ma : la macrospore privilégiée, avec sa membrane propre *m'*.

On voit le *reticulum* protoplasmatique de la plasmodie ; en *e* et *r*, il se prépare à former les membranes externes de la macrospore.

Lors de la formation d'un *plasmodium*, d'un *syncytium* ou *symplaste* véritable, les cellules, libres jusque là, se fusionnent également en nombre parfois très considérable pour former un corps unique; mais leurs noyaux restent indépendants au milieu du protoplasme commun : ce genre de fusion cellulaire a pour résultat une masse plasmatique multinucléée, qu'on ne pourrait distinguer d'une cellule multinucléée ordinaire, et qui n'agit plus désormais que comme une masse autonome. On peut donc dire aussi, dans ce cas : les individualités ont disparu. Les myxomycètes, les laticifères et les sporanges de beaucoup de plantes nous présentent de beaux exemples de ce genre de fusion, fig. **28** et **29**. On en trouve aussi dans les animaux.

Mais ailleurs la fusion est moins complète. Ici, c'est une cellule nerveuse ou une cellule musculaire qui s'unit par une de ses extrémités avec un autre élément, fig. **30** et **31** ; là, ce sont des cellules de même nature qui s'anastomosent ou qui demeurent unies, dès l'origine, par l'extrémité déliée de leurs prolongements ou par un point

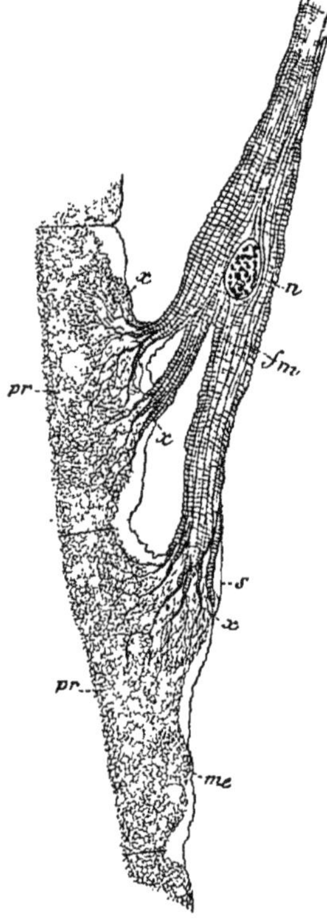

Fig. **30**. — Gr. : **G**, **2**.

Fusion d'une cellule musculaire avec deux cellules de la glande filière de l'*Yponomeuta padella.*

pr : protoplasme réticulé des cellules glandulaires.

fm : cellule musculaire avec un noyau *n* ; son *reticulum*, dépourvu de myosine, se divise et se fusionne en *x*.

s, *me* : fusion de la membrane de la cellule musculaire, ou sarcolemme, avec la membrane de la cellule glandulaire.

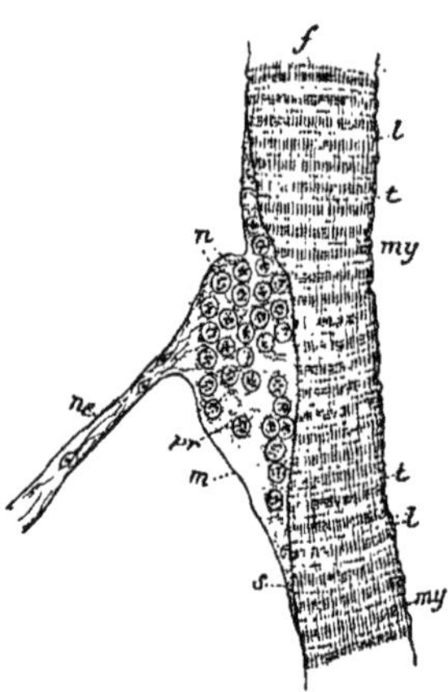

Fig. **31**. — Gr. : **DD**, **2**.

Fusion d'un nerf avec une cellule musculaire d'une chrysalide de diptère (plaque de Doyère).

ne : nerf avec ses petites cellules polaires.

pr : masse protoplasmatique dérivant surtout de la fusion du *reticulum* musculaire au point de contact du nerf, portant de nombreux noyaux *n*, issus également de l'un des noyaux du muscle. On voit l'extrémité déliée des prolongements polaires circuler dans cette masse. Plus tard, le *reticulum* musculaire se rétablira aux dépends de cette dernière.

m, *s* : membrane du nerf, fusionnée avec le sarcolemme.

t : strie formée par les trabécules transversales du *reticulum* musculaire.

f : stries longitudinales.

my : myosine occupant la partie médiane des mailles du *reticulum*.

l : lisérés blancs des mêmes cases, ou portions de l'*enchylema* dépourvues de myosine.

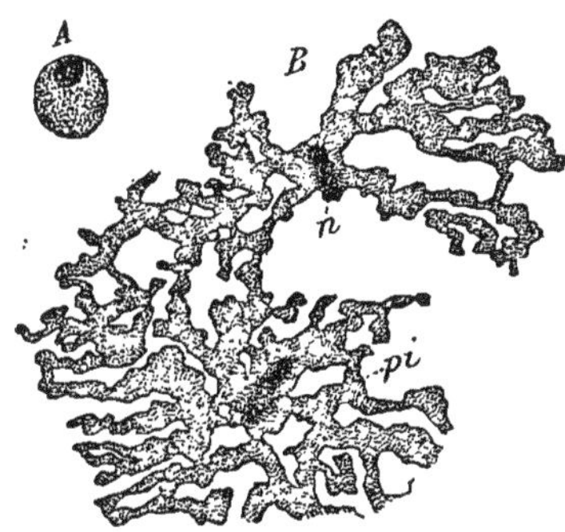

Fig. **32**. — Gr. : **1/12. 1.**
Cellules pigmentaires de la *Rana esculenta*, situées sous la peau.

A : état statique.
B : état dynamique.
On voit les nombreuses ramifications *pi*, en expansion, et anastomosées avec celles de l'autre cellulle; ces anastomoses sont brisées lorsque la cellule rentre en repos, *A*.
n : noyau.

restreint, comme dans l'endosperme de certaines plantes et divers tissus conjonctifs des animaux. Dans ce genre de fusion, l'individualité se maintient le plus souvent : chaque cellule agit encore par elle-même et conserve son mode d'action particulier : les cellules nerveuses et les cellules musculaires, par exemple, persistent avec leurs caractères propres; les rapports de cellule à cellule sont devenus ou sont demeurés plus intimes, voilà tout. On ne saurait, sans fausser la signification précise des termes, voir dans ces sortes d'unions une plasmodie véritable. Cette observation a d'autant plus de valeur que les cellules largement fusionnées peuvent reconquérir leur indépendance, comme cela se voit souvent dans les cellules pigmentaires, fig. **32**.

II. La cellule est une masse structurée.

On veut signifier par là que la cellule est *douée d'organisation*, c'est-à-dire formée de parties distinctes et réunies d'une façon déterminée.

1° La cellule est loin en effet de représenter une masse homogène, amorphe ou cristalline, à la façon des corps bruts. Le microscope nous y dévoile des éléments séparés, agencés suivant un type bien défini : à l'extérieur, une membrane plus ou moins accentuée, mais résistante et close, limitant ce singulier petit être pour l'isoler du monde extérieur et le protéger comme d'une sorte de manteau; à l'intérieur, une masse visqueuse, en apparence hyaline et homogène, émaillée de nombreux granules et portant dans son sein un corps particulier, le noyau, qui est lui-même nettement limité à sa périphérie et rempli d'un liquide hyalin où nagent des corps figurés, irréguliers de forme et de volume. Telle est dans ses traits les plus frappants la structure générale des organismes élémentaires.

2° Si compliquée qu'elle puisse paraître, cette structure ne présente cependant qu'une sorte de vue d'ensemble, un aperçu superficiel et *macroscopique* de l'édifice cellulaire. Approchons d'un peu plus près et, l'œil armé des meilleurs lentilles, examinons attentivement chacune de ses assises; nous y découvrirons des détails de sculpture vraiment merveilleux.

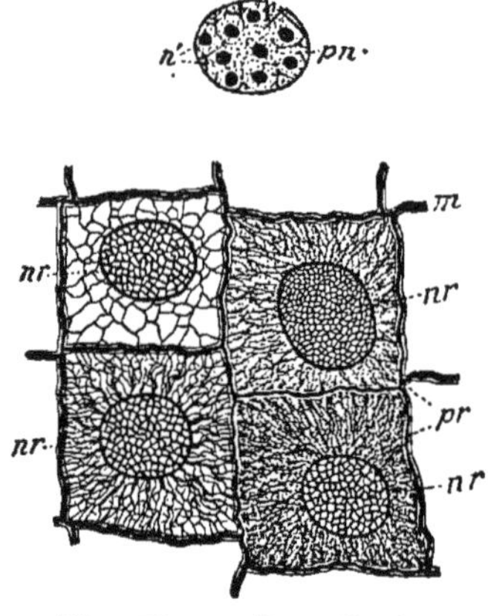

Fig. **33**. — Gr. : G, **1**.

Épithélium de l'intestin du *cloporte*.

m : membrane cellulaire épaisse. La ligne noire du milieu, accentuée à dessein, représente la membrane *primaire*; le double filet blanc qui la borde marque la membrane *secondaire*.

pr : protoplasme réticulé, à *reticulum* rayonnant. Nous avons figuré quatre genres de *reticulum* dessinés sur le même intestin. Les deux cellules de gauche montrent le *reticulum* vide d'*enchylema* qui a été enlevé par la potasse.

nr : noyau avec son filament régulièrement pelotonné, donnant l'impression d'un *reticulum* véritable.

pn, *n'* : noyau traité par NH_3 qui a dissout la nucléine.

pn : plasma nucléaire réticulé, bordé par la membrane du noyau.

n' : nucléoles plasmatiques.

Considérons, par exemple, les cellules épithéliales de l'intestin du cloporte, fig. **33**.

Leur protoplasme est hyalin et transparent, mais il est loin d'être homogène. Nous le voyons traversé dans tous les sens par des filaments rayonnants de la périphérie vers le noyau, et reliés les uns aux autres par des fils transversaux : véritable *reticulum* dont les minces trabécules circonscrivent des mailles de diverse grandeur. Ces mailles sont occupées par une masse hyaline où nagent de nombreux granules séparés et que nous appelons *enchylema*.

En dehors du protoplasme, à la limite des cellules, se dessine une zone brillante, divisée en son milieu par une ligne plus sombre. Celle-ci n'est autre que la *membrane primaire*, commune aux cellules juxtaposées; tandis que les lamelles blanches qui la bordent représentent la *membrane secondaire*, qui est propre à chaque cellule, et s'est formée plus tardivement, fig. **34**.

Mais que sont ces points réguliers qui scintillent à la surface libre des cellules? D'où vient ce réseau si marqué qui apparaît lorsque nous abaissons l'objectif, fig. **34**? Les granules réfringents ne sont sans doute que les points de jonction des trabécules de la membrane primaire, tandis que les grandes mailles sous-jacentes appartiennent à la membrane secondaire.

Les membranes portent donc aussi un *reticulum* et un *enchylema* hyalin.

Au milieu du protoplasme brille le noyau comme une perle fine. Il est traversé par des trabécules entrecroisées, formant apparement *un réseau* délicat. Mais regardons ces noyaux actionnés par l'aiguille, fig. **35** : toutes les trabécules y ont disparu pour faire place à

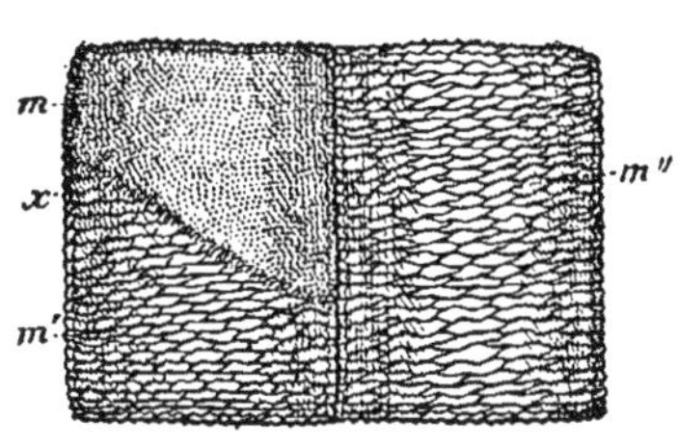

Fig. **34.** — Gr. : **G, 2.**

Membranes des cellules précédentes mises à digérer dans la potasse.

m' : membrane primaire très finement réticulée et ponctuée aux angles du *reticulum*; en *x*, ainsi que sur la cellule de droite, elle a disparu; à la limite de *x*, ses trabécules se désagrègent.

m'' : membrane secondaire beaucoup plus épaisse, à *reticulum* grossier.

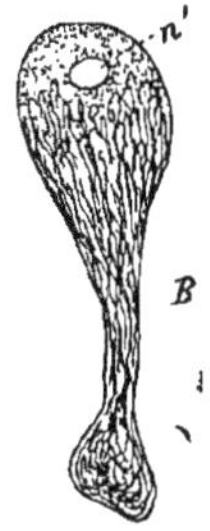

Fig. **35.** — Gr. : **G, 1.**

B : noyau de l'intestin du *cloporte*. On voit le *reticulum*, étiré par l'aiguille, se dérouler et se transformer peu à peu en filaments continus.

n' : nucléole plasmatique resté en place au milieu du protoplasme nucléaire.

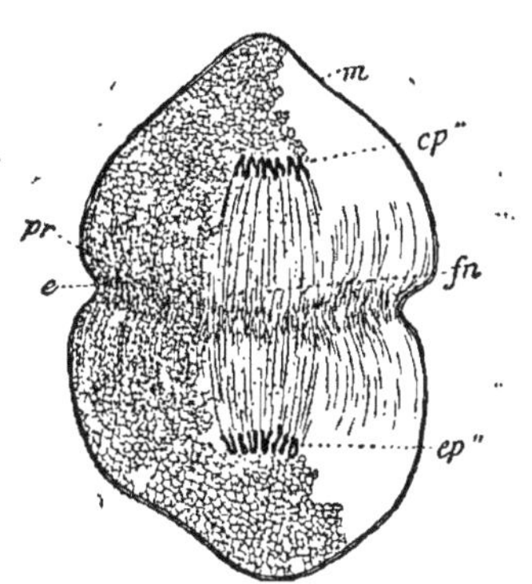

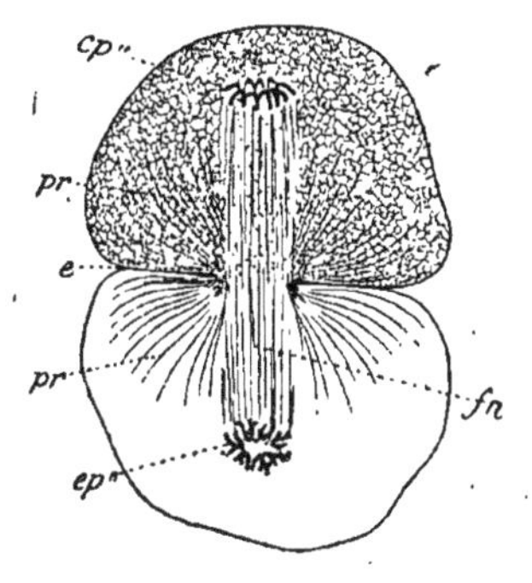

Fig. **36.** — Gr. : **L, 1.**

Deux cellules en division du testicule du *Lithobius forficatus* (myriapode).

m : membrane.

pr : protoplasme réticulé dont les trabécules s'orientent dans le sens longitudinal, particulièrement au fond du sillon *e*. On voit la transition entre ce *reticulum* modifié et le *reticulum* ordinaire.

fn : fuseau nucléaire provenant de l'étirement du *reticulum* plasmatique et de la membrane du noyau.

cp, cp'', ep', ép'' : couronnes polaires de nucléine.

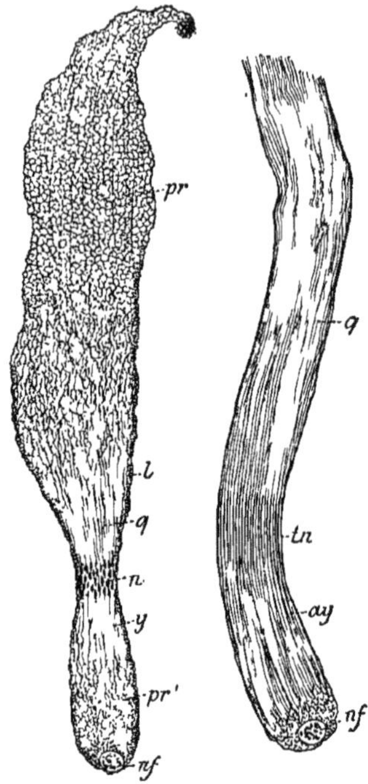

Fig. **37**. — Gr. : **G**, **1**.

Spermatoblastes de la larve d'une *Chelonia*.

pr : protoplasme ordinaire, finement et régulièrement réticulé.

pr' : le même protoplasme à la partie inférieure de la cellule.

l, *y* : Le *reticulum* s'accentue longitudinalement et se transforme insensiblement, de chaque côté des petits noyaux *n*, en un faisceau de filaments dont les adhérences seront résorbées pour former la queue *q*, et la partie antérieure *ay* des spermatozoïdes adultes. En même temps les noyaux *n* s'allongent pour former la tête *tn* qui, dans ce cas-ci, n'est point terminale.

nf : noyau femelle ou inactif, restant plongé dans une masse de protoplasme granuleux.

un filament continu dont les circonvolutions, jusque là pelotonnées, se déroulent une à une (fig. **35**)...... N'oublions pas les réactifs. Voici le vert de méthyle : il colore les filaments; l'ammoniaque : les filaments sont dissous; l'acide chlorhydrique concentré : ils disparaissent également. La membrane du noyau se dessine, les nucléoles sont dégagés, un nouveau *reticulum* apparaît dont les mailles sont remplies de granules, fig. **33**, *n'*, *pn*.

Le noyau aurait-il donc aussi, à côté du filament de nucléine, un *reticulum* et un *enchylema* plasmatiques?...

Ainsi les trois éléments cellulaires du cloporte sont également structurés. La membrane, le protoplasme et le noyau portent un *reticulum* spongieux dont les interstices sont remplis par une matière plastique enrobant des granules, ou par une substance homogène et plus ou moins solidifiée.

Cette organisation compliquée est-elle propre à ces petits crustacés, comme le pensait Leydig? Il s'en faut. Nous trouvons au contraire, dans les diverses classes des deux règnes, des cellules de toutes les catégories qui sont frappantes par leur structure réticulée. Nous en avons déjà signalé quelques-unes fig. **1** et **2**, fig. **29**, fig. **30** et **31**. Le lecteur peut en outre consulter les fig. **39** à **42**, et **45** à **47**.

Cette structure se manifeste d'une manière remarquable dans certaines circonstances où la cellule est en travail : par exemple, dans la division cellulaire fig. **36**; dans la formation des spermatozoïdes à l'intérieur des spermatoblastes fig. **37**; dans la transformation d'une cellule ordinaire en cellule musculaire striée fig. **38**, ainsi que pendant la fécondation fig. **27**, etc.

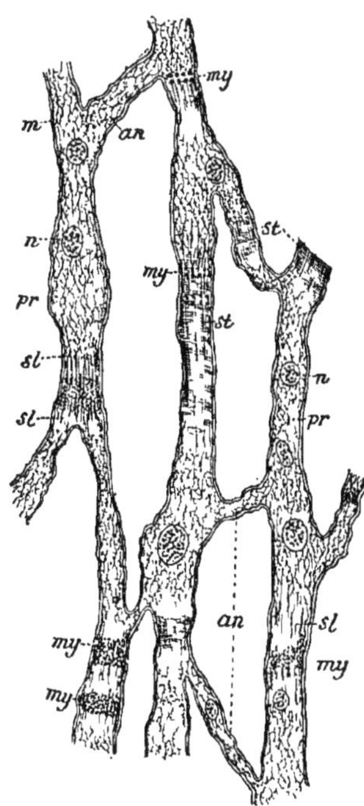

Fig. **38**. — Gr. : **DD, 4.**
Cellules musculaires longitudinales, fusionnées et anastomosées latéralement, de l'intestin d'une jeune larve d'*Hydrophilus piceus*.

m : membrane épaisse.
n : noyaux multiples des cellules.
pr : *reticulum* plasmatique ordinaire.
sl : endroits où le *reticulum* ordinaire s'ordonne en trabécules parallèles, entre lesquelles apparaîtront bientôt les trabécules transversales *st*.
my : en même temps la myosine se forme dans l'*enchylema*, et s'y dépose sous la forme de granules. Ceux-ci se fusionnent en une masse polyédrique occupant le centre des cases, maintenant achevées, du jeune *reticulum* musculaire.

Les diverses particularités de structure reproduites dans les figures susmentionnées, on le voit par la lecture de leurs légendes, ne sont que de *simples modifications du reticulum plasmatique normal*. Nous nous croyons donc autorisé à affirmer que la structure réticulée est un fait général, et qu'elle représente une des propriétés les plus fondamentales et les plus caractéristiques de la matière vivante.

3° Ce n'est point tout encore. Nous pouvons admettre avec Naegeli que les corps organisés ont une constitution moléculaire caractéristique. Les corps bruts sont formés de molécules physiques, cristallines ou non, retenues par la cohésion et entre lesquelles l'éther seul peut circuler.

Les éléments de la cellule sont autrement constitués. D'après Naegeli ils représenteraient des agrégats de *micelles* : particules volumineuses, cristallines, assez distantes les unes des autres et disposées en séries linéaires et parallèles. Chacun de ces micelles serait lui-même entouré d'une atmosphère d'eau, qu'il condense et retient avec une grande affinité, et qui est appelée *eau de constitution*. Entre les rangées de micelles peuvent pénétrer librement, en se mélangeant aux atmosphères précédentes, l'eau extérieure et les gaz dissous. Cette nouvelle eau se nomme *eau d'imbibition*. Son introduction a pour effet immédiat d'écarter les séries de micelles les unes des autres et de gonfler notablement la matière vivante, mais sans la dissoudre ni l'altérer. Nous ne pouvons entrer dans plus de développement à ce sujet. Ces notions, quoique sommaires, suffisent pour nous donner une idée générale de l'organisation cellulaire.

III. La cellule est une masse vivante.

On veut marquer par là qu'elle est le théâtre de cet ensemble de phénomènes que l'on considère comme caractéristiques des êtres organisés. Ces phénomènes sont nombreux et compliqués. Ils se résument dans deux catégories de mouvements : les *mouvements physiques* et les *mouvements chimiques*; et ils ont pour but la *nutrition*, l'*accroissement* et la *reproduction* ou la *multiplication* de la cellule.

Toutes les parties de la cellule sont le siège de ces mouvements divers : la membrane aussi bien que le protoplasme et le noyau. La membrane vit en effet; elle vit de la vie même du protoplasme. Alors même qu'elle se présente sous un double contour, elle peut conserver son activité autant que la cellule elle-même, prendre part à tous ses mouvements, porter des cils contractiles, comme pour attester qu'elle n'a rien perdu de son irritabilité. Les membranes épaisses et incrustées des cellules végétales et des cellules animales sont loin d'être inertes, aussi longtemps du moins que le protoplasme se maintient à leur intérieur; l'enchylème protoplasmatique, et parfois le *reticulum* lui-même, restant en communication plus ou moins ouverte avec les membranes, fig. **39**, y entretiennent l'activité chimique et y déterminent des échanges et des mouvements nombreux.

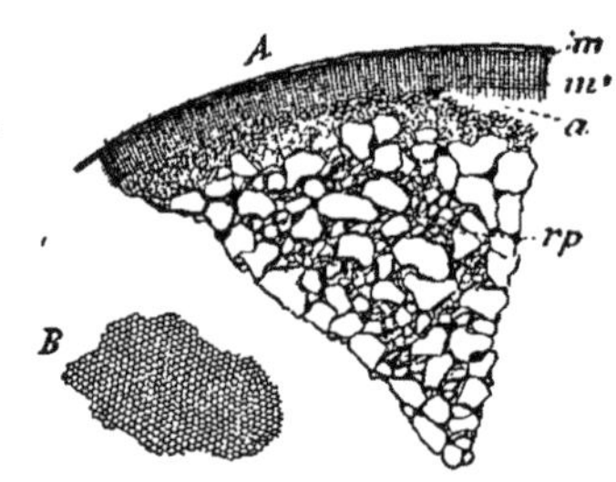

Fig. **39**. — Gr. : D, **1**.

Œuf de la *carpe*.

A. *Coupe équatoriale*.
m : membrane primaire.
m' : membrane secondaire avec stries radiales et concentriques formées par les trabécules du réseau plasmatique régularisé. On voit en *a* que le *reticulum* de la membrane fait corps avec le *reticulum* périphérique du protoplasme de l'œuf *rp*. On a enlevé de ce protoplasme tous les granules vitellins enclavés, pour mettre en évidence les cordons protoplasmatiques irréguliers et à mailles déformées, qui en constituent toute la masse.
B : *Reticulum* de la membrane secondaire vu de face.

IV. Notre définition porte en outre que **les cellules sont formées de protoplasme entouré d'une membrane et hébergeant un noyau.**

C'est assez dire que nous adoptons les vues de MOHL sur la constitution générale de la cellule. Si l'on rencontre un jour une cellule sans membrane et sans noyau, nous dirons avec ce savant qu'elle ne renferme qu'un élément, le *protoplasme*; mais lorsque cette masse protoplasmatique aura organisé les deux parties qui lui font défaut, la membrane et le noyau, nous dirons aussi avec lui qu'il faut les distinguer en cytologie. De fait, c'est toujours le protoplasme qui élabore la membrane. Quant au noyau, nous verrons sans tarder que le protoplasme contribue également à sa formation, mais pour une partie seulement.

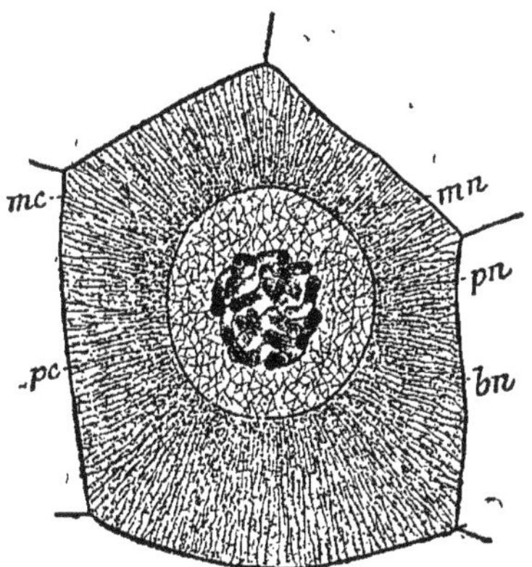

Fig. 40. — Gr. : DD, 1.

Ce l le et noyau types de l'épithélium intestinal d'un *asticot*.

ic membrane cellulaire.

p · protoplasme cellulaire : on y distingue e *reticulum* rayonnant, et l'*enchylema* nfermé dans ses mailles.

n · n ·mbrane du noyau.

sma du noyau : on y voit également *reticulum* et un *enchylema* plast ques, aussi distincts que ceux du toplasme.

b oyau nucléinien continu, contracté au centre du noyau et montrant des anses nombreuses.

1° Protoplasme.

Ce nom sera réservé dans la suite à la portion de la matière vivante située entre la membrane périphérique et le noyau, à l'exclusion des enclaves et des inclusions qui peuvent s'y rencontrer.

a) *Organisation.*

Nous savons déjà que cette masse est organisée. On y rencontre un réseau fibrillaire, continu, que nous désignerons, faute de meilleure expression, sous le nom de *reticulum.* Les mailles de ce *reticulum* sont occupées par un liquide plastique, granuleux, formant notre *enchylema.* Qu'on se représente une éponge délicate dont les travées seraient remplacées par de simples trabécules, d'une extrême minceur, et dont les cavités seraient occupées par une substance hyaline et visqueuse, parsemée de granules, et l'on aura ıe idée assez exacte, quoique très grossière, de la masse protoısmatique.

Il n'est pas difficile de faire saisir les rapports qui existent entre c s dénominations et les dénominations antérieures, spécialement celles de *hyaloplasma* et de *microsoma* des auteurs. Notre *reticulum* ne forme qu'une portion de la masse hyaline et fondamentale où il se trouve plongé et comme enrobé ; celle-ci forme le fond de notre *enchylema* et sert de substratum aux granules ou *microsoma* qui en constituent le second élément. Quant à l'*enchylema* de Hanstein, il forme, avec ses *microsomata*, une portion notable de notre *enchylème* ; cependant en d hors du liquide chargé de granules qui peut circuler dans les cordons ou le sac plasmatique, il reste encore souvent contre les trabécules une couche plus ou moins épaisse de la masse hyaline, couche qui f. 't aussi partie de notre *enchylema.*

Notre *reticulum* spongieux correspond au *mitom* de Flemming (1) et *protoplasma* (2) de Kupffer ; notre *enchylème*, au *paramitom*, au *para-*

(1) Flemming, *Zellsub.*, *Kern und Zellth.*, p. 372.

(2) Voir plus haut, p. 182.

plasma, ou à la *masse interfilaire* des mêmes auteurs. Nous avons préféré adopter d'autres expressions que celles de ces savants. Le mot *mitom*, μίτος, désigne les fils de la trame d'un tisserand, il n'implique donc pas nécessairement l'idée d'une liaison ou d'une connexion entre les filaments. En outre il rappelle trop les termes *stereom hadrom* et *leptom* appliqués à certains *tissus* végétaux. D'autre part, le mot *protoplasma* a été employé dans tant de sens différents qu'il nous paraît utile de ne pas introduire un nouvel élément de confusion dans la terminologie. Ajoutons que l'*enchylème* est tout aussi essentiel à la matière vivante que le *reticulum*, et que par conséquent il doit être compris, comme lui et au même titre, sous la dénomination de protoplasme ; car ce terme, quoi qu'on fasse, sera toujours employé comme synonyme de *matière vivante* en général.

Les deux parties essentielles du protoplasme se distinguent par leur *composition chimique* autant que par leurs *fonctions* ou leur valeur morphologique.

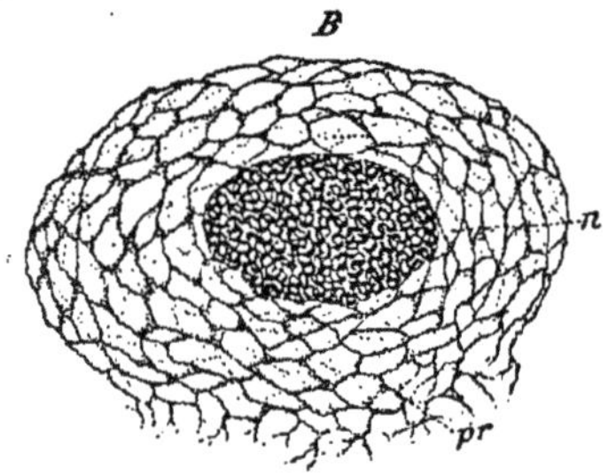

Fig. **41**. — Gr. : G, **1**.
Cellule du testicule du *cloporte*, après un séjour de 48 heures dans le liquide digestif artificiel.

pr : *reticulum* plasmatique qui s'est maintenu. L'*enchylema* a presque disparu; il n'en reste plus que quelque granules, blottis pour la plupart contre les trabécules qu'ils masquent en partie.

n : noyau avec son filament nucléinien demeuré intact.

b) *Composition chimique.*

Le *reticulum* des cellules paraît renfermer une grande quantité de *plastine* ou d'une substance analogue, fig. **41**, qui le rend résistant et réfractaire vis-à-vis des dissolvants des albuminoïdes ordinaires. Peut-être contient-il de la lécithine. Peut-être contient-il aussi, surtout dans les cellules jeunes, des globulines : de la vitelline et de la myosine. En tout cas la quantité de plastine augmente avec l'âge. Il est en outre, on le conçoit, pénétré par l'eau chargée des divers corps solubles de l'*enchylème* qui le baigne. Celui-ci renferme toutes les autres substances de la cellule : matériaux nutritifs, produits de désassimilation, etc. ; sa composition chimique est donc des plus complexes. Abondant dans les jeunes cellules, l'*enchylema* s'appauvrit en vieillissant, en même temps que la plastine s'enrichit.

c) *Rôle physiologique.*

On peut admettre que le *reticulum* est seul doué d'irritabilité et de contractilité. C'est donc lui qui préside aux mouvements physiques, l'*enchylema* demeurant passif, ou à peu près, dans cette catégorie de phénomènes. Ce dernier serait au contraire le siège principal, sinon exclusif, des mouvements chimiques ; c'est lui qui éla-

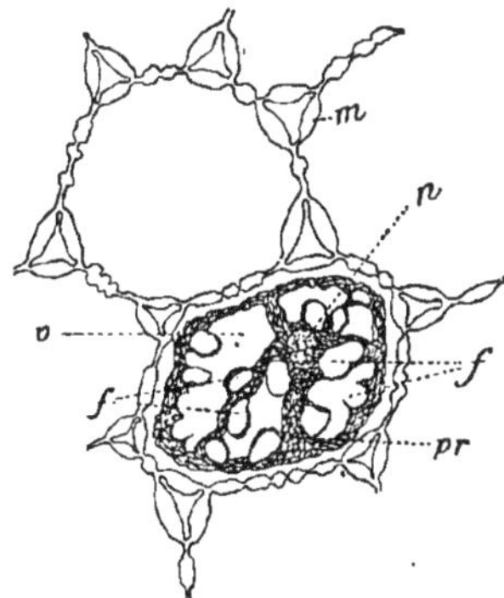

Fig. **42**. — Gr. : DD, **1**.
Amaryllis formosissima : deux cellules du plateau du bulbe, traitées par le réactif de MILLON, pour dissoudre les grains de fécule.
v : vacuoles séparant les cordons plasmatiques.
f : cavités où étaient logés les grains de fécule. On voit que les vacuoles et les grains ont repoussé et ratatiné les mailles du *reticulum* protoplasmatique *pr*.

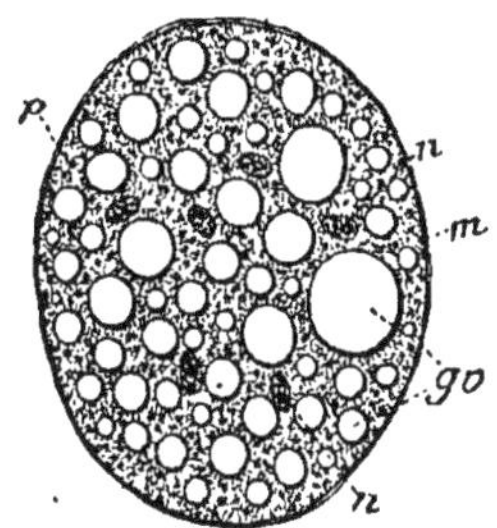

Fig. **43**. — Gr. : G, **3**.
Œuf de *Sacculina Carcini*, quelque temps après la fécondation.
m : membrane.
p : protoplasme hyalin et granuleux
gv : *enclaves vitellines volumineuses.*
n : noyaux multiples, issus par division du noyau de segmentation : des deux noyaux dérivés de la 1re segmentation, le supérieur s'est divisé deux fois, l'autre une fois seulement.

bore, qui prépare, digère et transforme les principes nutritifs ; le *reticulum*, comme la membrane, assimile et désassimile pour son propre compte, sans concourir d'ailleurs par son activité chimique à la nutrition générale de la cellule.

d) *Enclaves et inclusions.*

Dans les cellules jeunes et dans certaines cellules adultes on ne rencontre dans le protoplasme que les deux éléments que nous venons de mentionner ; mais il n'en est pas toujours ainsi. Souvent au contraire on y remarque des corps figurés, variables de nature et de volume : des grains de fécule, fig. **42**, ou d'aleurone, des globules de graisse, des granules et des plaques vitellines fig. **43**, des vacuoles, des cristaux, etc. ; on y rencontre même des corps étrangers, tels que des diatomées, des desmidiées, des globules rouges du sang, des grains de sable, pour n'en citer que quelques-uns. Les premiers corps se sont formés à l'intérieur même du protoplasme, et représentent des produits de son activité momentanément mis en réserve : ce sont les *enclaves*; les seconds y ont été introduits de l'extérieur par un procédé tout différent de l'osmose et pour ainsi dire de force : ce sont les *inclusions* fig. **1**, p. 19.

Tous ces corps, nous l'avons vu p. 179, doivent être soigneusement distingués du protoplasme lui-même ; plusieurs écrivains, surtout de ceux qui ont parlé des œufs, se sont complètement mépris sur ce point important, en faisant des plaques et des granules vitellins des éléments intégrants de la masse plasmatique interposée, au lieu de les considérer comme de simples enclaves.

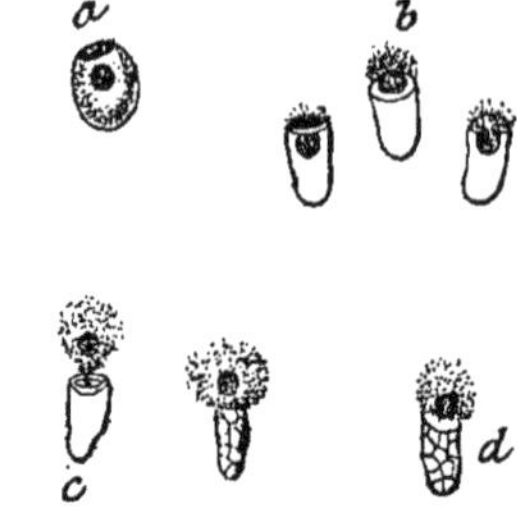

Fig. **44**. — Gr. : **1/12, 2.**
Spermatozoïdes
de l'*Ascaris megalocephala*.

a : spermatozoïde jeune, sans myosine.
b : les mêmes plus âgés : leur *enchylema* s'est chargé de myosine, ce qui leur donne un aspect brillant et uniforme.
c et *d* : spermatozoïdes de même âge que *b*, sur lesquels ont a exercé une pression : la partie plasmatique centrale, non chargée de myosine, s'en échappe avec le noyau. En *d*, on a enlevé la myosine par la digestion artificielle, pour montrer que le *reticulum* plasmatique s'y est maintenu à l'état normal.

Il est cependant assez difficile d'établir une distinction nette entre les granules ou *microsomes* de l'enchylème et les *enclaves* proprement dites. Celles-ci commencent par être de simples granules; c'est avec le temps seulement qu'elles prennent un volume assez considérable pour qu'on puisse leur appliquer la dénomination d'enclaves. Il semble rationnel de considérer comme partie intégrante de l'*enchylema*, tous les granules qui peuvent s'y trouver sans amener de modification dans la configuration des mailles du *reticulum*, et de regarder comme enclaves, les corps qui altèrent cet état normal en repoussant les parties voisines et en les comprimant les unes contre les autres. C'était bien là du reste la pensée de Mohl qui, à propos d'enclaves, parle constamment de la réduction du protoplasme à l'état de

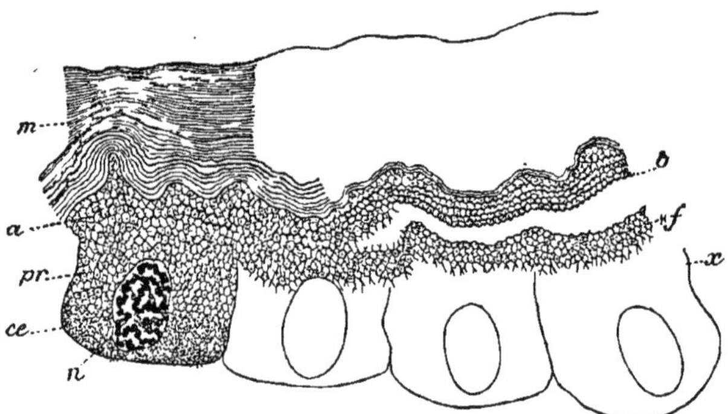

Fig. **45**. — Gr. : **1/12, 1.**

Coupe transversale de la peau d'une larve de *Libellule*.

m : couches déjà formées, dont l'ensemble constitue la cuticule externe.
a, *b* : zone où les couches sont en voie de formation aux dépens du *reticulum* plasmatique ordinaire, *pr*, par l'épaississement de ses trabécules : chaque ligne de trabécules devient une couche cuticulaire. En *a*, la nouvelle couche se forme assez loin des anciennes; en *b*, le phénomène est plus avancé, on y trouve cinq couches qui se sont formées successivement par voie centrifuge, à partir du niveau *a*.
ce, *x* : quatre cellules de l'épithélium, fusionnées au niveau de *f*, pour constituer la couche-matrice de la cuticule.
n : noyau; son boyau continu est irrégulièrement bosselé.

rubans par la pression qu'elles exercent autour d'elles. Nous emploierons le mot *enclave* dans ce sens; lorsque nous traiterons de l'*enchylema*, nous verrons que cette signification est fondée. Ainsi pour nous, le dépôt de myosine qui se fait dans les mailles du réseau musculaire, fig. **38**, ou dans celles du réseau protoplasmatique des spermatozoïdes d'*Ascaris*, fig. **44**, ne constitue pas une enclave, parce qu'il n'y introduit aucune modification organique.

2° **Membrane.**

Loin de nous la pensée d'affirmer que toutes les cellules ont une membrane solide et distincte du protoplasme sous-jacent; mais les éléments qui sont dépourvus d'une pareille membrane en possèdent une cependant.

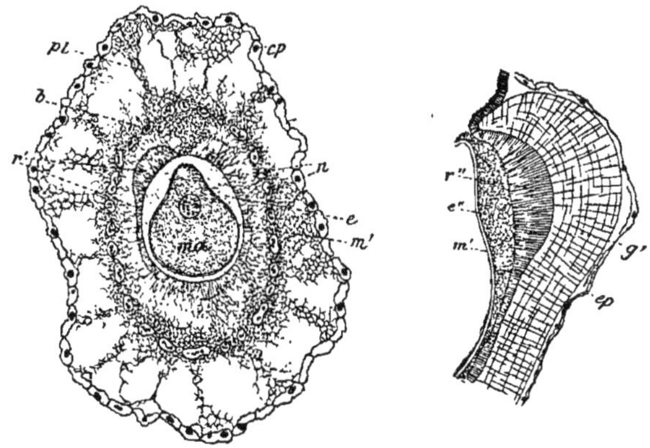

Fig. **46**. — Gr. : **G, 1.**

Macrosporange du *Pilularia globulifera*, où les membranes externes sont en voie d'élaboration, suivant le mode *centrifuge*, aux dépens de la plasmodie externe.

m' : membrane propre de la macrospore *ma*.

e : 1re membrane externe se formant aux dépens de l'auréole claire, *e*, de la fig. **29**. En *e''* elle est achevée : le *reticulum* et l'*enchylema* y sont encore nettement visibles.

r' : 2° membrane portant des ailes, formée aux dépens de la couche *r* de la fig. **29**; elle est achevée en *r''*.

pl : restant du plasmodium avec ses noyaux *n*. Cette portion va donner naissance à l'épaisse membrane gommeuse *g'*, où le *reticulum* restera encore visible sous la forme de stries radiales et concentriques.

Nous entendons parler d'une membrane analogue à l'utricule primordial de H. Mohl, et que certains savants désignent sous le nom de *couche limitante*, couche membraneuse ou membraniforme, etc., etc. Nous avons vu, p. 179, les arguments que le professeur de Tübingen faisait valoir en faveur de sa membrane primordiale. Ces raisons nous paraissent être restées debout, malgré les critiques dont elles ont été l'objet. La manière de voir de MOHL a d'ailleurs reçu plusieurs confirmations dans ces derniers temps. PFEFFER (1877) a montré que c'est la membrane primordiale, bien plus que la coque solide de cellulose, qui règle les échanges de la cellule avec le monde extérieur. A la moindre lésion qu'elle éprouve, le protoplasme sous-jacent ne peut plus s'opposer à l'irruption subite des liquides extérieurs, matières colorantes et autres, qui n'y pénètrent pas normalement; tandis que, aussi longtemps qu'elle conserve son intégrité, ces mêmes liquides ne s'y introduisent pas, même après la mort de la cellule : preuves évidentes que cette couche remplit à elle seule le rôle des membranes les plus épaisses, dans les expériences osmotiques, et qu'elle constitue un élément organiquement distinct.

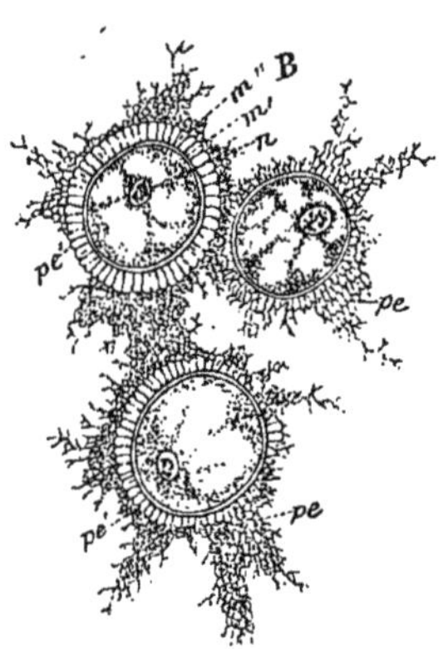

Fig. **47**. — Gr. : G, **2**.

Portion d'un microsporange frais avec trois microspores plongées dans un *plasmodium* analogue au précédent.

pe : protoplasme externe, portant un *reticulum* remarquable par sa finesse et sa régularité.

m' : membrane propre de la microspore.

m'' : membrane externe en voie de formation : dans la spore de droite cette membrane s'indique à peine; dans celle d'en bas, elle existe d'un côté seulement, dans celle d'en haut, elle est complètement achevée. On voit clairement qu'elle se constitue aux dépens des mailles du *reticulum* plasmatique, qui s'accentuent et se régularisent quelque peu à cet effet.

Ensuite elle oppose aux agents chimiques les plus énergiques une résistance considérable; elle se digère beaucoup plus difficilement que la masse du protoplasme; elle résiste aux dissolvants ordinaires des albuminoïdes, bien plus encore que le *reticulum* protoplasmatique.

Ajoutons qu'on trouve toutes les transitions entre la couche périphérique la plus imperceptible et les membranes solides les mieux dessinées, et que c'est cette couche elle-même qui se transforme en ces dernières, avec le temps, par simple différentiation. Ce sont là des faits dont on peut se convaincre facilement, en suivant la formation des couches concentriques par *apposition centripète*, fig. **39**.

Si l'on voulait lui refuser le nom de membrane parce qu'elle fait corps commun avec le protoplasme, il faudrait aussi, pour être conséquent, refuser ce titre à bien des membranes solides, peut-être même à toutes, pendant une partie notable de leur existence. L'emploi du mot membrane paraît donc parfaitement justifié dans tous les cas, et nous nous en servirons désormais, ainsi que des termes : couche membraneuse, couche limitante, utricule primordial et autres synonymes semblables.

Dans ses premiers jours la membrane possède la même constitution que le protoplasme : elle porte donc un *reticulum* et un *enchylema*.

Cette structure apparaît avec une évidence particulière, lorsque les membranes s'élaborent : soit qu'elles se forment à l'intérieur des couches préexistantes, par voie *centripète* ou par voie *centripète* et *centrifuge* à la fois, comme dans la cuticule de certains arthropodes, fig. **45**; soit qu'elles naissent à l'extérieur de ces couches, aux dépens d'un protoplasme étranger et par voie *centrifuge*, comme on le voit si nettement dans une foule de sporanges végétaux, par exemple dans les macrosporanges fig. **46**, et les microsporanges fig. **47**, du *Pilularia globulifera*.

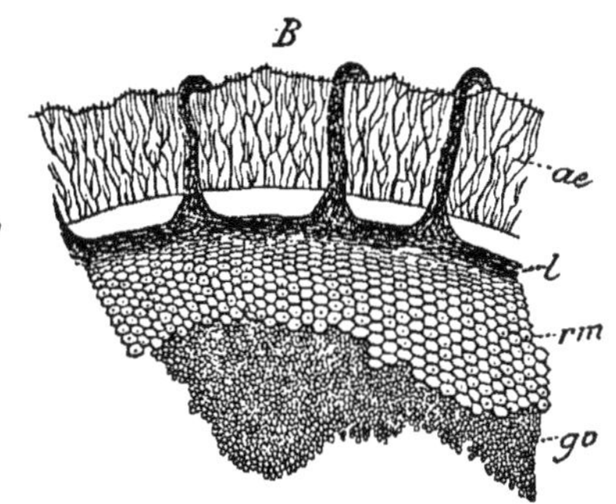

Fig. **48**. — Gr. : DD, **1**.
Œuf (statoblaste) de *Lophopus crystallinus* (bryozoaire).

ae : anneau équatorial vu en section optique circulaire : on y voit un *reticulum* dont les mailles, très irrégulières de forme et de grandeur, sont vides d'*enchylema* et remplies d'air.

l : épaississement annulaire de la membrane secondaire, d'où naissent les crochets. L'anneau et les crochets portent un *reticulum* à mailles serrées et irrégulières, mais remplies d'un *enchylema* brunâtre et solidifié.

rm : *reticulum* polygonal de la membrane primaire, vu de face en élevant l'objectif, et représentant le réseau plasmatique qui lui a donné naissance par momification.

gv : granules albuminoïdes.

Souvent la portion plasmatique qui doit se transformer en membrane, porte des mailles plus étroites et un *enchylema* plus homogène. Mais bientôt les trabécules y deviennent plus puissantes et plus résistantes; elles sont alors évidemment formées de plastine, de kératine, d'élastine ou d'un principe jouissant de propriétés analogues. Généralement aussi l'*enchylème* se remplit de substances particulières, fig. **48** : ici, de matières cellulosiques, là, de chondrine, de gélatine, de conchioline, de chitine, etc., et le *reticulum* lui-même se transforme peu à peu en ces substances, ou subit d'autres modifications. Enfin, dans bien des cas, la membrane s'incruste de substances minérales, calcaires et siliceuses.

Il n'est pas rare de voir l'*enchylema* disparaître des mailles; celles-ci sont alors remplies d'air, fig. **48** et **49**.

La structure réticulée des membranes peut seule nous rendre compte des dessins si variés qui en ornent la surface : mamelons, cils, pointes, épines, stries radiales et obliques, couches concentriques, etc., etc., qu'elles présentent soit à leur surface, soit dans

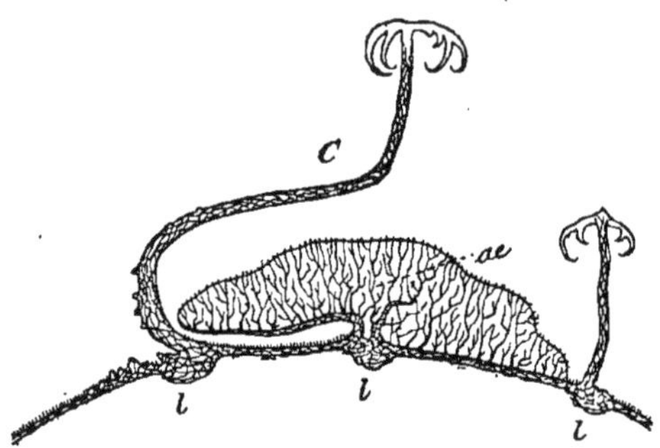

Fig. **49**. — Gr. : DD, **1**.

C : coupe perpendiculaire et transversale de l'anneau équatorial, *ae*, du même œuf.

l : les trois épaississements annulaires d'où naissent, sur les côtés, les crochets, et au milieu, l'anneau équatorial : on y voit le *reticulum* seul, dégagé de son *enchylema* par une longue macération dans l'eau alcalinisée.

leur intimité. Les fig. **34**, **39**, **45**, **46** et **49**, que nous venons de donner, en font foi : elles prouvent suffisamment notre thèse pour le moment.

3° **Noyau.**

Le noyau constitue le troisième élément de la cellule, élément singulier et qui demeure toujours énigmatique. Nous le considérons comme un corps *sui generis*, une manière de cellule en miniature, jouissant d'une certaine autonomie, mais ne pouvant vivre qu'à l'intérieur du protoplasme, et doué d'uue structure particulière. On peut en effet distinguer dans le noyau trois parties également organisées : une *membrane*, une *portion protoplasmatique*, et un *élément nucléinien*, fig. **40**.

La membrane et la partie protoplasmatique ne diffèrent guère des éléments correspondants du protoplasme. Ce qui distingue le noyau, au point de vue organique comme au point de vue chimique, c'est la présence du boyau ou filament de nucléine.

L'existence d'un corps protoplasmatique à l'intérieur du *nucleus* nécessite un remaniement de la terminologie actuelle ; nous devrons en effet distinguer ce nouvel élément du protoplasme cellulaire.

Le terme *cytoplasma*, réintroduit dans la science par Strasburger (1882), nous parait convenir pour désigner le protoplasme cellulaire. Celui de *caryoplasma* proposé par Flemming (1882), pour remplacer le mot hybride [1] *nucleoplasma*, serait fort approprié pour nommer, non pas, comme Flemming le voudrait, les corps figurés (la nucléine) du noyau, mais bien sa partie protoplasmatique véritable. Nous ne trouvons pas ces termes nécessaires en français; néanmoins nous les emploierons parfois : le premier, comme synonyme de protoplasme ou, par abréviation, plasma cellulaire ; le second, comme synonyme de protoplasme ou plasma nucléaire. Seulement, nous devons faire à ce sujet une remarque importante.

Sous notre plume, le terme *caryoplasma* (*nucleoplasma* des auteurs) n'a pas le sens qu'on lui a attribué jusqu'ici. On s'est généralement

[1] Ce terme dérive en effet d'un mot grec et d'nn mot latin,

servi du mot *nucleoplasma* pour désigner la portion figurée et chromatique du noyau; c'est ainsi, par exemple, que l'entend STRASBURGER. Pour lui, le *nucleoplasma* n'est autre que notre boyau de nucléine, qu'il remplit de *nucleomicrosoma*, c'est-à-dire, que le *plasma du noyau n'est rien moins que du plasma*. Ainsi entendu, ce terme nous paraît être un non sens. Si l'on avait distingué plus tôt une portion protoplasmatique dans le noyau, nul doute qu'on ne l'eût appelée *caryoplasma*, protoplasma ou plasma nucléaire; ces termes n'étant que les correspondants obligés de ceux qu'on emploie pour nommer le protoplasme cellulaire. Nous nous croyons d'àutant plus autorisé à user de ces mots dans leur sens naturel, que le plasma nucléaire est anatomiquement et chimiquement identique avec le protoplasme cellulaire, et qu'il en dérive.

Le *caryoplasma* est formé en effet, comme le *cytoplasma*, d'une masse hyaline, homogène en apparence, et parsemée de granules. Mais en y regardant de plus près, on y découvre aussi un *reticulum* et un *enchylema* granuleux, fig. **40**. Nous nous servirons exclusivement de ces derniers termes en faisant l'anatomie du noyau. Quant au troisième élément, l'élément nucléinien, nous l'appellerons, suivant les circonstances, boyau, filament, réseau, sphérule, etc., de nucléine. Ces termes sont clairs et écartent toute confusion. Ils sont les équivalents du mot *Kernsubstanz*, substance du noyau, de HERTWIG (1876); ainsi que du mot *chromatine* de FLEMMING. Nous devons ajouter cependant que cette équivalence n'est pas rigoureuse, car beaucoup d'écrivains ont compris sous ces termes des éléments qui sont totalement étrangers à la nucléine : comme une portion notable de la partie plasmatique du noyau des œufs et des protozoaires, et parfois la membrane nucléaire elle-même. Le lecteur comprendra mieux la portée de cette observation en parcourant le Livre suivant.

L'expression *Kernsaft*, sève ou suc nucléaire, qui a été employée jusqu'ici pour nommer la partie achromatique du noyau, correspond étymologiquement à l'expression *Zellsaft*, suc cellulaire, p. 179; elle devrait donc être réservée pour désigner le liquide des *vacuoles* qui se rencontrent communément dans certains noyaux. C'est dans ce sens qu'il faudra l'entendre lorsque nous nous en servirons; mais pour éviter toute confusion, nous dirons plutôt : *liquides des vacuoles*, ou simplement *vacuoles*, ces termes étant d'ailleurs compris de tout le monde.

Nous jugeons utile de ne pas employer le mot *caryenchyme*, récemment proposé par FLEMMING [1] pour remplacer celui de *Zellsaft*, la terminaison *enchyme* étant consacrée par l'usage pour désigner des *tissus*.

Un mot, pour finir, sur le *nucléole*.

On a confondu jusqu'ici sous cette dénomination les choses les plus diverses. En effet certains nucléoles sont une dépendance de l'élément nucléinien, tandis que d'autres ne sont que des productions

(1) FLEMMING, *Zells.*, *Kern. und Zellth.*, p. 373.

plasmatiques. Nous appellerons les premiers, suivant leur manière d'être, sphérules, larmes, fragments de nucléine, ou encore épaississements du boyau nucléinien; les autres, granules, corps, ou même nucléoles plasmatiques. Peut-être ferait-on mieux de désigner ces derniers sous le nom d'enclaves albuminoïdes, de sphérules de plastine, etc. Nous nous servirons également de ces termes à l'occasion.

Il y a encore une autre catégorie de nucléoles, à laquelle il conviendrait peut-être d'appliquer exclusivement cette dénomination, ce sont les *nucléoles-noyaux*; nous en parlerons au Livre suivant.

V. Division.

Nous diviserons la cytologie statique en quatre livres.

Le premier traitera du *noyau;*

Le second du *protoplasme* et de ses *enclaves*;

Le troisième de la *membrane* cellulaire.

Dans un quatrième livre nous jetterons un coup-d'œil général sur la *cellule* tout entière : après l'analyse, la synthèse.

LIVRE I.

Le noyau.

CHAPITRE I.

CONSTITUTION CHIMIQUE DU NOYAU.

Littérature.

T. HARTIG : *Ueber das Verfahren bei Behandlung des Zellkerns mit Farbstoffen*, et : *Die Functionen des Zellkerns*; Bot. Zeit., 1854; puis : *Entwickel. der Pflanzenzelle*, 1855, ibidem. — W. FLEMMING : *Beiträge zur Kenntniss d. Zelle;* Archiv f. mikr. Anat., 1879, 1880 et 1881. — MIESCHER : *Ueber d. chem. Zusammensetzung der Eiterzellen;* HOPPE-SEYLER, med. chem. Unters., 1871, Heft 4, — Le même : *Die Spermatozoën einig. Wirbelthiere*; Verhandl. d. nat. Gesellsch. zu Basel, t. VI, 1874, Heft, 1. — F. HOPPE-SEYLER : *Physiologische Chemie*, p. 84. — Voir aussi sa *Zeitschrift f. phys. Chemie*, où l'on trouvera plusieurs travaux sur la nucléine. — KOSSEL : *Untersuch. über die Nucleine u. ihre Spaltungsproducte*, Strassburg, 1881. — E. ZACHARIAS : *Ueber die chem. Beschaff. d. Zellkerns*, Bot. Zeit., 1881, p. 169. — Le même : *Ueber die Spermatozoïden*, Ibid., p. 827, 846. — Le même : *Ueber den Zellkern*, Bot. Zeit, 1882, pp. 611, 627, 651. Cet article donne l'*historique* de la biochimie du noyau et la *bibliographie* concernant la *nucléine*, p. 642. — Le même : *Ueber Eiweiss, Nuclein und Plastin;* Bot. Zeit., 1883, N° 13.

Nous savons déjà que le noyau, loin d'être une masse homogène, est formé de plusieurs parties distinctes : la *membrane*, la portion protoplasmatique dans laquelle on distingue un *reticulum* et un *enchylema*, et le boyau ou *filament nucléinien*, fig. **50**, **51** et suivantes.

Ces divers éléments ont une constitution chimique déterminée.

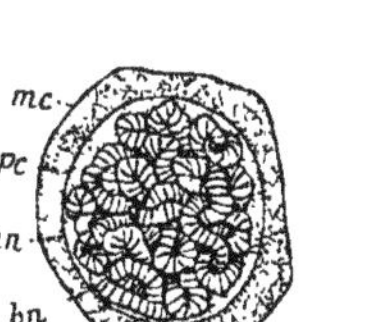

Fig. **50**. — Gr. : **L, 2**.
Cellule d'un jeune embryon d'*Hydrophilus piceus*.
mc : membrane cellulaire.
pc : protoplasme.
mn : membrane du noyau.
bn : boyau nucléinien avec son gros filament strié, plongé dans un plasma finement granuleux.

I. La *membrane* et le *reticulum protoplasmatique* du noyau se rapprochent par leurs caractères des éléments correspondants du protoplasme cellulaire. Ils sont formés d'une substance analogue, sinon identique, à la *plastine* de REINKE. Cette substance est insoluble dans l'eau, l'alcool et l'éther, dans le chlorure de sodium au 10e et dans l'acide chlorhydrique dilué à 1—3 pour 1000; en outre elle est difficilement attaquable à froid par les bases et les acides forts, ainsi que par la pepsine et le suc digestif artificiel. Néanmoins il faut dire, qu'avec le temps, la membrane elle-même finit souvent par disparaître sous l'influence prolongée des réactifs, spécialement du suc

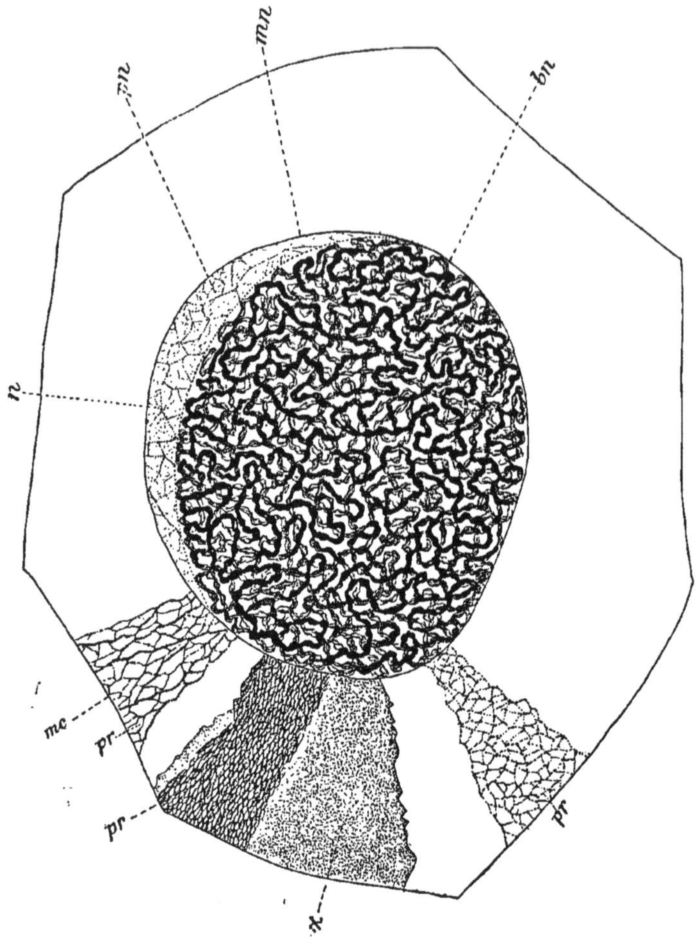

Fig. 51. — Gr. : D, 1.

Cellule de la glande génitale larvaire d'une *mouche* parasite sur la larve du *Liparis dispar*.

m : membrane cellulaire.

pr : *reticulum* plasmatique. On a représenté trois genres de réseau, pris sur trois cellules différentes.

χ : *enchylema* remplissant les mailles du réseau, représenté à part.

n : noyau.

mn : membrane du noyau.

pn : plasma du noyau avec *reticulum* et *enchylema*.

bn : boyau de nucléine continu, bosselé, pelotonné, à circonvolutions très nombreuses (on en a omis quelques-unes pour plus de clarté).

gastrique et de l'acide chlorydrique concentré. Il faut distinguer du reste, sous ce rapport, entre les noyaux jeunes et les noyaux plus âgés. Lorsqu'une cellule se divise activement, les noyaux sont à peine ébauchés qu'ils entrent de nouveau en division. La membrane peut difficilement se fixer dans ces conditions; elle disparaît avec la partie plasmatique, ou devient insaisissable après l'action des dissolvants ordinaires des albuminoïdes. Nous pouvons citer comme exemples les noyaux des spermatoblastes et ceux des jeunes cellules des embryons. Mais il n'en est plus de même lorsqu'on expérimente sur des noyaux plus anciens : par exemple, sur les noyaux des parenchymes végétaux, des glandes salivaires et des tubes de MALPIGHI des insectes, et sur ceux des œufs. Ici le *reticulum* et la *membrane* présentent tous les caractères de la plastine. Après une digestion de 12 heures, si l'on enlève la nucléine par l'acide chlorhydrique, on peut constater qu'ils se sont maintenus, fig. **51**, *pn* et *mn*. Du reste on sait depuis longtemps que la membrane nucléaire persiste dans les tissus végétaux mis a macérer pendant plusieurs semaines. KLEINENBERG [1] a fait observer que la membrane du noyau de l'œuf de l'hydre présente tous les caractères d'une espèce d'élastine ou de chitine, tant elle est réfractaire vis-à-vis des réactifs.

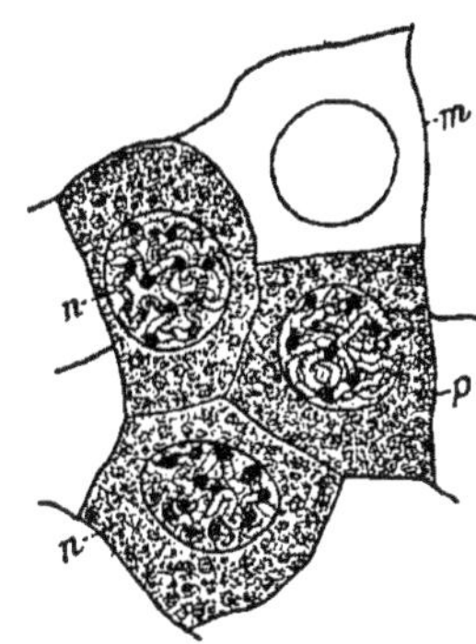

Fig. **52**. — Gr. : DD, **1**. Cellule d'un tube de MALPIGHI de la chrysalide d'un *hyménoptère*.

m : membrane d'une cellule dont le protoplasme a été enlevé par l'aiguille.

p : protoplasme dont l'*enchylema* est chargé de granules bruns, produits de la désassimilation.

n : boyau nucléinien, nettement strié, et plongé dans un plasma peu apparent.

II. L'*enchylema* renferme beaucoup d'eau tenant en dissolution des albuminoïdes, et en suspension des granules de nature diverse. Nous y avons trouvé des globules graisseux dans les noctiluques, les insectes, les crustacés, etc. Dans les gros noyaux des insectes et ceux des œufs, où la portion protoplasmatique est considérable, on peut constater facilement que l'enchylème disparaît par la digestion artificielle et l'action du chlorure de sodium au 10e : il se comporte donc comme l'*enchylema* cellulaire. Nous réserverons les détails pour le chapitre suivant dont le second article sera consacré à l'étude du *caryoplasma*.

III. L'élément caractéristique du noyau, au point de vue chimique comme au point de vue organique, c'est le *boyau nucléinien* fig. **51**, *bn*. Il renferme en effet un corps chimique spécial, la nucléine.

1° La nucléine, nous l'avons vu, p. 185, a été découverte par MIESCHER, en 1871, dans les globules du pus, et, un peu plus tard, dans les spermatozoïdes de divers

---

(1) KLEINENBERG, *Hydra. Eine anat.-entwick. Untersuch.*; 1872.

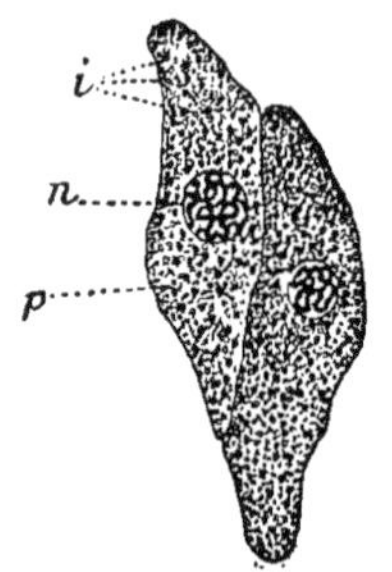

Fig. **53**. — Gr. : **DD, 1**.

Cellules épithéliales de l'intestin de la larve de l'*Eristalis tenax*.

n : noyau muni d'un boyau continu à circonvolutions lâches et peu nombreuses,
p : protoplasme.
i : granules bleus contenant probablement de l'indigo.

animaux. Ce chimiste distinguait une nucléine soluble et une nucléine insoluble dans les alcalis dilués. Nous allons parler de la nucléine soluble, la seconde n'étant peut-être, comme le fait obserser ZACHARIAS (1), qu'un corps analogue à la plastine de REINKE, dérivant des membranes des noyaux et des débris insolubles des cellules qu'il employait pour extraire la nucléine. Du reste MIESCHER lui-même a signalé une certaine ressemblance entre sa nucléine insoluble et les substances élastiques. Mais il se peut aussi que la nucléine soluble se transforme en nucléine insoluble sous diverses influences (2).

La nucléine soluble, extraite des tissus, jouit des propriétés suivantes. Elle se gonfle dans l'eau sans s'y dissoudre sensiblement ; elle est insoluble dans l'alcool et l'éther. Les alcalis et l'ammoniaque, même très dilués, la gonflent et la dissolvent totalement. Les sels alcalins la gonflent aussi, et plusieurs, le carbonate potassique et le phosphate bisodique en particulier, finissent par la dissoudre. La nucléine forme une masse gélatineuse en présence du chlorure de sodium au 10e. Les acides dilués ne l'attaquent point, les acides concentrés, spécialement l'acide chlorydrique, l'enlèvent entièrement. Elle ne se digère pas. Pour le reste elle présente les caractères des albuminoïdes vis-à-vis de l'iode, du réactif de MILLON, et même de l'acide nitrique, au moins à chaud. Suivant ZACHARIAS (3), l'élément nucléinien se colorerait en bleu, par l'action successive d'une solution diluée de ferrocyanure de potassium et de perchlorure de fer, à la façon des albuminoïdes. Il nous a semblé plutôt que le boyau de nucléine demeure incolore au milieu des albuminoïdes bleuis de l'enchylème nucléaire.

2° La nucléine *in situ* dans les noyaux vivants *jouit de toutes les propriétés que nous venons de mentionner;* seulement, d'après les recherches microchimiques de ZACHARIAS, — recherches qui n'ont malheureusement porté que sur un petit nombre de noyaux —, elle présente les deux particularités que voici : elle *se dissout* dans le chlorure de sodium au 10e, et elle paraît *se digérer* en partie. Ces deux faits sont de nature à suggérer l'idée que la nucléine existe dans le noyau à l'état de *nucléoalbumine* (4), sorte de combinaison de la nucléine avec les substances protéiques.

(1) ZACHARIAS, Bot. Zeit., 1882, p. 648 et suiv.
(2) Voir p. 210, 3°.
(3) ZACHARIAS, Bot. Zeit., 1883, p. 209-212.
(4) Voir PLÓSZ, *Ueber die eiweissart. Subst. der Leberzelle*; Pflüger's Archiv, 1873.

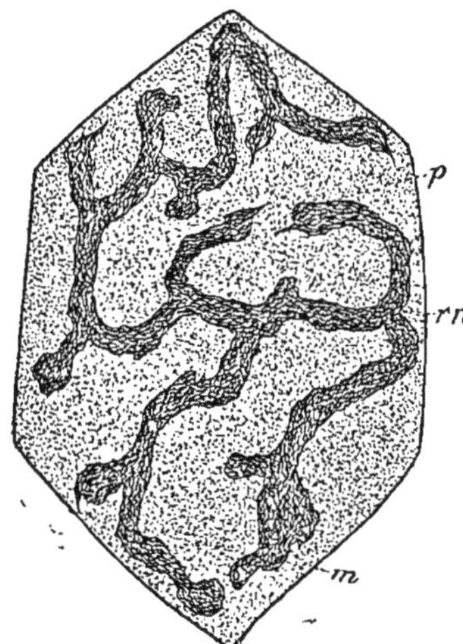

Fig. **54**. — Gr. : **DD, 2**.

Cellule de la glande filière de la larve d'une *phrygane* (milieu du tube).

m : membrane.

p : protoplasme.

rn : noyau ramifié montrant un mince filament de nucléine, pelotonné, mais dont les circonvolutions sont surtout dirigées dans les sens des ramifications du noyau.

Ces composés sont en effet solubles dans le sel marin et, en présence du suc digestif, ils se scindent, l'albumine est digérée et la nucléine reste seule comme résidu. La réaction franchement acide de la nucléine avait du reste été constatée par MIESCHER ; ce chimiste a trouvé que dans la laitance du saumon la nucléine est combinée avec un corps azoté qu'il appelait protamine.

Nous devons faire quelques réserves au sujet des observations précédentes. Un certain nombre d'expériences nous donnent lieu de penser que le sel marin ne dissout pas toujours la nucléine des noyaux vivants. Ainsi dans les cellules testiculaires du cloporte et dans les cellules épithéliales de plusieurs insectes, tenues en expérience pendant quatre jours, le boyau nucléinien n'existe plus comme tel, il est vrai, mais il est remplacé par une masse amorphe, remplissant tout le noyau gonflé, et se colorant encore inten-

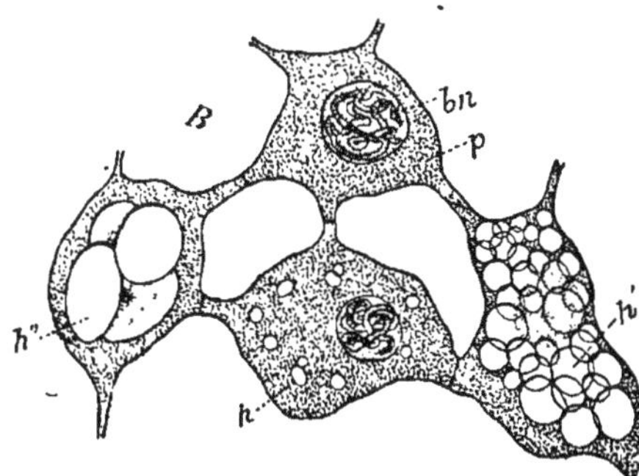

Fig. **55**. — Gr. : **DD, 2**.

Tissu graisseux d'une chrysalide de *muscide*.

p : protoplasme.

bn : noyau muni d'un boyau régulier et finement strié.

h, *h'*, *h''* : diverses étapes de la formation des enclaves graisseuses.

sément par le vert de méthyle. D'un autre côté, après une digestion artificielle prolongée, le boyau des mêmes cellules ne paraît nullement désagrégé; il se montre au contraire aussi continu et aussi homogène qu'à l'état frais, fig. **41**, pourvu qu'on ait opéré avec les précautions voulues pour ne pas modifier son état naturel. Il importe d'ailleurs assez peu, semble-t-il, que la nucléine soit libre ou combinée avec une autre substance du noyau.

3° A la suite du durcissement opéré à l'aide des acides fixateurs, la nucléine semble subir peu à peu de profondes modifications, tout en conservant l'intégrité de sa forme filamenteuse : elle devient, pour ainsi dire, insoluble dans l'ammoniaque, la potasse, le phosphate sodique, etc.; seul, l'acide chlorhydrique la gonfle et la dissout encore, quoique difficilement. C'est ainsi qu'en traitant par la potasse ou l'ammoniaque, des lambeaux de tissus, pris sur des larves de *Salamandra maculata* durcies depuis deux ans, on voit tous leurs éléments se fondre et disparaître en mettant les noyaux et les figures caryocinétiques en liberté. A part les globules sanguins et les cellules pigmentaires, c'est le boyau nucléinien qui se maintient le plus longtemps sous l'influence de ces réactifs, bien que ces derniers le dissolvent si facilement pendant la vie. La nucléine soluble se serait-elle transformée, dans ces conditions, en nucléine insoluble? Il se peut. Quoi qu'il en soit, ce fait prouve une fois de plus la nécessité de recourir à des matériaux frais dans l'étude du noyau [1].

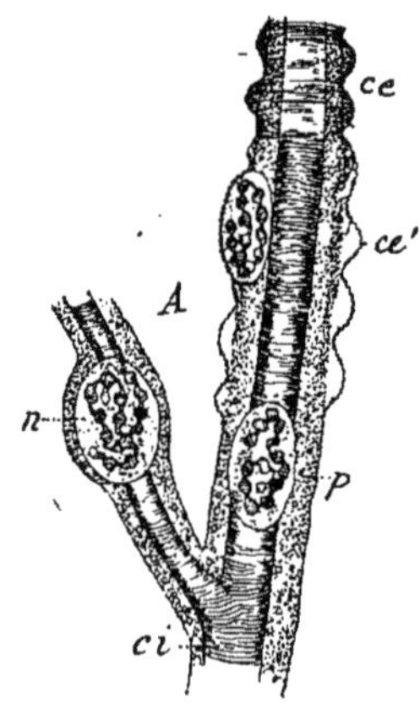

Fig. **56**. — Gr. : **D, 1**.

Jeune trachée d'*asticot*.

ce : la cuticule externe vue de face.

ce' : la même en coupe optique.

p : protoplasme des cellules.

n : noyaux de ces cellules avec un boyau irrégulier, bosselé, strié et plongé dans un plasma évident.

ci : cuticule interne avec la spirale trachéenne.

4° La substance caractéristique du noyau a une grande affinité pour les matières colorantes : les anilines, les carmins, l'hématoxyline, etc. Cette propriété remarquée d'abord par Hartig [2], a été utilisée depuis par tous les micrographes pour distinguer le noyau à l'intérieur des cellules et pour en débrouiller la structure. Nous avons signalé à plusieurs reprises, p. 114, 144 à 148, le vert de méthyle comme méritant à tous égards la préférence pour remplir ce double but.

5° Il est de la plus haute importance de se rappeler, en faisant l'étude du noyau, les principales propriétés de la nucléine.

a) On comprend maintenant pourquoi nous avons tant insisté dans la technique sur la nécessité d'éviter l'emploi des sels alcalins, des bichromates et de la liqueur de Müller, dans les opérations du durcissement; ainsi que l'emploi du sel marin ou des liqueurs qui en contiennent, et des réactifs renfermant des traces d'ammoniaque et d'alcali, dans le traitement des préparations fraîches, qui sont faites *dans le but d'élucider la constitution intime du noyau* : si ces réactifs ne dissolvent pas la nucléine ils la gonflent et la modifient profondément dans son aspect et dans son

(1) Voir ci-dessus, p. 156 et 157.

(2) Consulter le Tableau des réactifs, p. 91.

état normal. La nucléine étant acide et insoluble dans les acides dilués, c'est à ces derniers qu'il faudra toujours recourir pour la confection de semblables préparations. C'est là, du reste, une déduction que l'expérience confirme de plus en plus ([1]).

b) L'observation précédente s'applique également aux réactifs colorants du noyau. On évitera soigneusement tous les carmins ammoniacaux pour ne se servir que de liqueurs acides : on ajoutera 1 à 2 % d'acide acétique glacial au vert de méthyle, à la safranine, au violet de gentiane, au brun Bismark, à la nigrosine, etc., etc.

c) La propriété que présente la nucléine fraîche, ou fixée sur l'heure, de se dissoudre dans l'eau alcalinisée et dans les acides concentrés est précieuse pour le micrographe. C'est grâce à elle qu'il peut contrôler l'action des liquides colorants sur les divers éléments du noyau; qu'il constate, en particulier, si ses liquides agissent exclusivement sur la nucléine, comme le vert de méthyle, ou s'ils teignent également les nucléoles, la membrane, les substances albuminoïdes, comme les carmins et surtout la safranine. En outre, sans enlever la nucléine par un de ses dissolvants, il se trouve presque toujours dans l'impossibilité de pénétrer la structure intérieure du noyau, les circonvolutions nombreuses du filament nucléinien venant masquer ses autres parties constituantes. On aurait sans doute élucidé depuis longtemps plusieurs questions encore pendantes, si l'on était entré plus tôt dans cette voie.

CHAPITRE II.

STRUCTURE DU NOYAU QUIESCENT.

Pour la bibliographie et les opinions des auteurs, voir les *Sources*, p. 169 et suivantes; ainsi que l'*Aperçu historique* du noyau p. 174, 181 et 185.

On trouvera une énumération détaillée et une analyse sommaire des travaux qui ont été publiés sur l'organisation du noyau dans FLEMMING, *Zellsubstanz, Kern und Zelltheilung*, p. 411-413 : *Verzeichniss für Abschnitt II*, et, p. 178-190 : *Historische Uebersicht der Literatur des Zellkerns.*

Fig. **57.** — Gr. : **1/18, 1.**
Cellule spermatoblastique vivante de la *taupe*.
On voit dans les deux noyaux un boyau strié, nageant dans un protoplasme finement granuleux.

Nous croyons pouvoir résumer les données que nous possédons sur la structure du noyau, à l'état de repos, dans les termes suivants : *Le noyau est une manière de petite cellule logeant un boyau ou filament tortillé de nucléine.* Comme les cellules ordinaires, il possède une membrane et une portion protoplasmatique; mais, au lieu de noyau, il renferme un filament de nucléine offrant des circonvolutions

([1]) Voir FLEMMING, *Zells.*, *Kern und Zellth.*, p. 107 et 108, où cet auteur indique les divers travaux qu'il a publiés pour signaler les inconvénients du bichromate et de la liqueur de MÜLLER, et établir la nécessité de recourir aux fixateurs acides. Ces résultats étaient prévus.

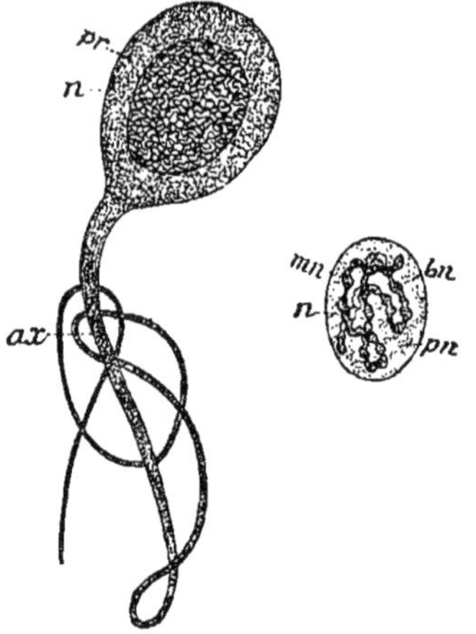

Fig. **58**. — Gr. : **1/12, 2.**

A GAUCHE, une cellule nerveuse d'un ganglion pédieux de l'*Arion rufus*.

pr : protoplasme finement reticulé.

n : noyau montrant son filament nucléinien continu et pelotonné.

ax : prolongement polaire de la celulle; son réseau est en continuité directe avec celui du protoplasme *pr*.

A DROITE, un noyau *n* d'une cellule voisine de la précédente.

mn : membrane du noyau.

pn : plasma du noyau.

bn : boyau nucléinien, moniliforme et strié.

nombreuses. Nous verrons d'ailleurs que, dans certains cas, ce filament s'organise en un petit noyau au milieu du grand qui simule alors, à s'y méprendre, une véritable cellule.

Commençons notre étude par le *boyau nucléinien*.

ARTICLE PREMIER.

L'ÉLÉMENT NUCLÉINIEN.

La manière d'être de la nucléine dans le noyau a beaucoup exercé la sagacité des observateurs; néanmoins ce point, comme nous l'avons dit p. 185, est encore sujet à de nombreuses contestations. Nous allons consigner les résultats de nos recherches dans une série de propositions.

§ I. EXISTENCE ET MODIFICATIONS DU FILAMENT NUCLÉINIEN.

I. Dans les noyaux typiques, l'élément nucléinien présente la forme filamenteuse : il est en effet constitué par un boyau, ou filament, continu et pelotonné (*Knauel*).

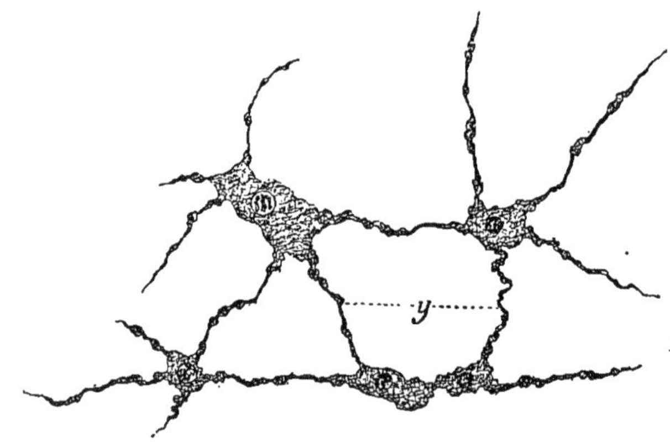

Fig. **59**. — Gr. **1/12, 2.**

Cellules nerveuses, variqueuses et anastomosées, de la membrane intestinale du *Pleurobrachia pileus* (béroïde).

On y remarquera le *reticulum* du protoplasme et le *boyau de nucléine* du noyau.

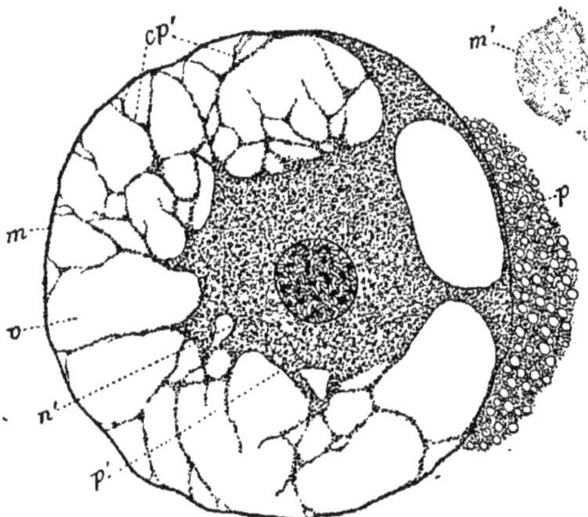

Fig. **60**. — Gr. : **F**, **1**.

Noyau d'une *grégarine* de la *Nepa cinerca.*

m : membrane du noyau.
cp' : cordons protoplasmatiques du noyau.
v : vacuoles interposées.
p' : protoplasme sans vacuoles entourant le noyau.
n' : nucléole pourvu d'une membrane propre, et logeant un boyau continu et pelotonné de nucléine.
m' : *reticulum* délicat de la membrane *m*.

Cette thèse est facile à justifier lorsqu'on élargit le champ de l'observation, au lieu de la restreindre à une catégorie de noyaux.

I. De tous les êtres vivants, ce sont les arthropodes, les insectes surtout, qui sont les plus remarquables sous le rapport du noyau. Ce n'est pas seulement dans l'une ou l'autre catégorie de leurs cellules, ou ça et là et à titre d'exception, que l'on trouve un boyau continu, mais dans tous leurs organes sans en excepter les trachées, et à toutes les étapes de leur développement : embryonnaire, larvaire, adulte. Les fig. **40** et **45**; les fig. **50** à **56**; les fig. **66**, **68**, **83** et **85** en font foi. Du reste les nombreuses gravures, tirées des insectes, qui seront échelonnées dans ce livre, nous dispensent d'insister davantage sur l'existence d'un filament continu à l'intérieur de leur noyau. Le lecteur remarquera combien les allures du boyau nucléinien sont capricieuses : longueur, volume, mode d'enroulement, richesse en nucléine, tout y varie d'un animal à l'autre, et même d'une cellule à l'autre.

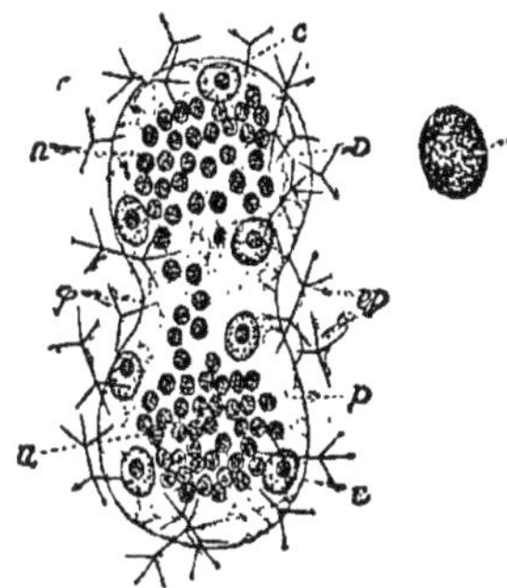

Fig. **61**. — Gr. : **DD**, **1**.

Jeune *radiolaire* en division.

p : protoplasme.
n : nombreux noyaux.
ep : épines siliceuses.
c : cellules jaunes.
φ : sillon de la division.
A DROITE, un noyau fortement grossi, **1/18**, **2**, montrant le filament nucléinien en coupe optique.

En dehors des insectes, on fera bien de rechercher, sous un grossissement suffisant, les noyaux types dans les testicules. Ceux des pagures, des mysis, des crabes, des homards, des crevettes, des cloportes, fig. **41**, des scorpions, des

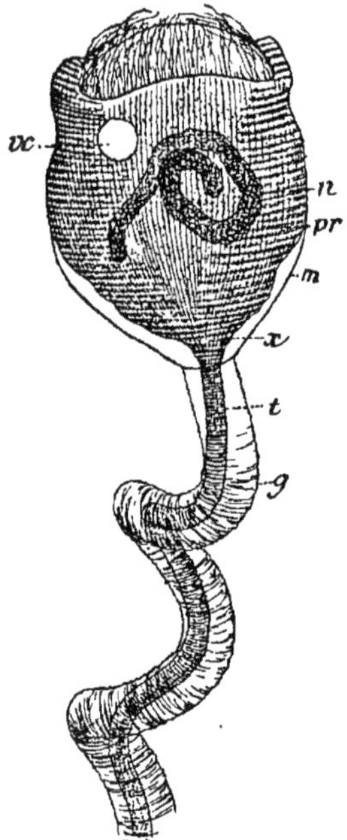

Fig. **62**. — Gr. : **1/12, 1**.
Vorticelle, légèrement comprimée par le verre-à-couvrir et à demi-rétractée.

vc : vacuole contractile.

n : noyau rubané, avec un filament de nucléine pelotonné et enchevêtré, mais dont certaines anses sont visibles.

x : le protoplasme, contracté à cet endroit par le bichromate de potassium, s'est séparé de la membrane ou cuticule *m*.

t : tige contractile. On y remarquera un réseau régulier, qui est en continuation directe avec le *reticulum* du protoplasme cellulaire en *x*. La régularité de ce *reticulum* rappelle la fibre musculaire.

g : gaine de la tige contractile avec les plis qui s'y forment pendant la contraction de cette dernière. Elle n'est que la continuation de la membrane *m*.

araignées, fig. **67**, des phalangides, etc., etc. seront examinés avec avantage.

Le filament nucléinien n'est pas localisé dans les arthropodes ; on le rencontre avec les mêmes caractères essentiels dans tous les groupes d'animaux.

Les vertébrés adultes sont généralement peu favorables à ce genre de recherches, et à l'étude du noyau en général. On trouve cependant dans certains de leurs éléments, dans les globules blancs, les cellules de la moelle, mais surtout dans leurs cellules testiculaires, des noyaux typiques. La fig. **57** représente deux noyaux semblables dans un jeune spermatoblaste de la taupe. Leur boyau est trapu, et ne présente que quelques tours dont la continuité est incontestable ; il est strié. Dans les jeunes embryons des vertébrés, on rencontre au contraire partout la nucléine organisée en filaments : nous en avons vu de beaux exemples dans l'embryon du lapin, des lamproies, etc. On en trouve même dans les embryons des oiseaux, du poulet par exemple, malgré l'extrême ténuité de leurs éléments cellulaires.

La fig. **58** représente deux noyaux des cellules nerveuses ganglionnaires d'un mollusque, l'*Arion rufus*. On peut y suivre toutes les circonvolutions du filament de nucléine. Nous appelons l'attention du lecteur sur la différence marquée qui peut exister entre les boyaux de deux cellules voisines. Les mollusques ne font pas exception quand à leurs cellules testiculaires. Dans les anodontes, les escargots, les planorbes, la paludine surtout, ces cellules présentent la structure typique dont nous parlons.

Les vers sont moins favorables pour l'étude du noyau. Cependant leurs cellules spermatoblastiques, celles du lombric par exemple, ont un noyau semblablement organisé.

Nous retrouvons le filament nucléinien dans les polypes et les protozoaires. On peut constater sa présence dans les noyaux des cellules nerveuses des béroïdes et de certaines méduses; mais il est loin de s'imposer aux regards de l'observateur, fig. **59**.

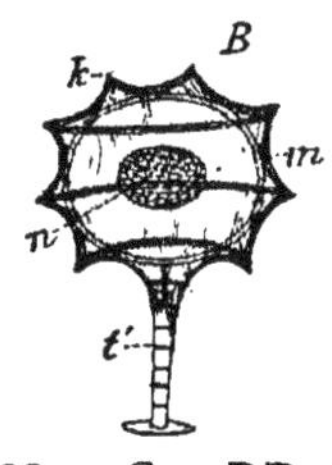

Fig. **63**. — Gr. : DD, **4**.
Acinète enkysté.

k : paroi du kyste. Vue de face, cette paroi est finement striée; vue en coupe ou sur les plis, elle est nettement réticulée. Elle fait corps commun avec le pédicule *t*.

m : membrane propre de la cellule centrale.

n : noyau de cette cellule : on y voit un filament pelotonné de nucléine.

Le noyau des grégarines, si remarquable à plus d'un titre, nous montre, dans un nucléole de nature particulière, un boyau nucléinien qui est parfois aussi accentué que dans les arthropodes. Nous signalerons spécialement celui d'une grande grégarine vivant dans l'intestin de la *Nepa* de nos étangs, fig. **60**. Chez les radiolaires, fig. **61**, les infusoires, fig. **62**, et les rhizopodes, fig. **63**, le filament du noyau est généralement d'une grande minceur, très long, à tours nombreux et serrés; néanmoins en traitant leurs noyaux frais par le vert de méthyle, on parvient à le suivre sans interruption marquée sur un trajet assez étendu.

Les noyaux végétaux, surtout ceux des monocotylés, présentent la même organisation. Ces noyaux sont connus. Nous n'en représenterons que quelques-uns, choisis à dessein parmi les plus démonstratifs, fig. **64**, **65**, et fig. **87**.

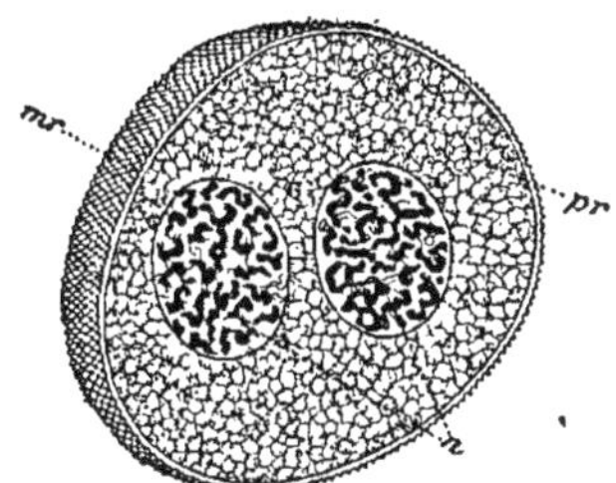

Fig. **64**. — Gr. : **1/18**, **4**.
Coupe d'un grain de pollen de *Fritillaria*, après maturité.

mr : membrane externe réticulée.

pr : protoplasme réticulé.

n : les deux noyaux montrant un boyau nucléinien entortillé, mais dont on peut suivre la continuité en élevant et en abaissant l'objectif.

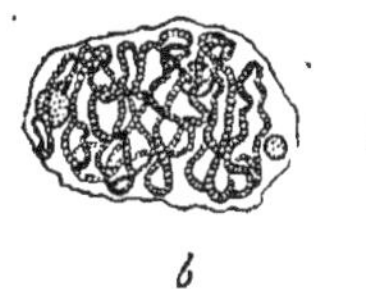

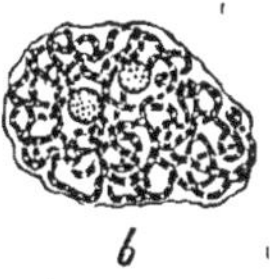

Fig. **65**. — Gr. : **1/18**, **4**.
Deux noyaux isolés avec leur boyau strié et continu.

A gauche, noyau de *Lilium lanceolatum*.

A droite, noyau de l'épiderme d'une *Vanda* (orchidée).

Les nucléoles plasmatiques sont visibles dans les deux noyaux.

Dans les dicotylés et les cryptogames vasculaires le filament est généralement plus ténu et plus entortillé; mais en fouillant le sac embryonnaire, les sporanges et les anthéridies on le découvre aisément.

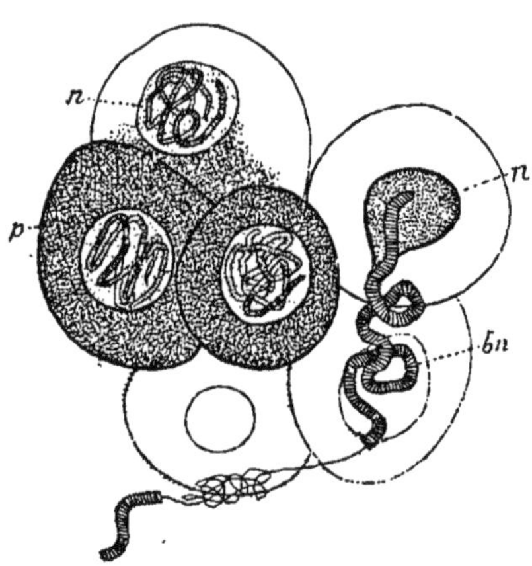

Fig. **66**. — Gr. DD, **1**.

Extrémité de la glande filière d'une jeune larve de *némocère*, vue de face.

p : protoplasme avec son *reticulum* délicat, et son *enchylema* très riche.

n : noyaux. Les trois noyaux de gauche ont été dessinés sur le vivant; celui de droite a été réprésenté après l'action du picrocarmin qui a beaucoup accentué son plasma.

bn : boyau nucléinien plus grossi (**1/12**, **1**). L'aiguille a entraîné ce boyau et a déroulé sa nucléine interne en un long filament. Les réactifs du noyau ne colorent que ce dernier.

II. On pourrait se demander si la structure filamenteuse, que nous venons de constater dans les deux règnes, existe réellement dans les noyaux *vivants*, si elle n'est pas plutôt le résultat de la coagulation *post mortem*, ou du traitement que l'on a fait subir aux cellules, comme le pense Henle (1). On peut affirmer que le boyau de nucléine existe pendant la vie, tel que nous venons de le décrire. C'est en effet sur les cellules vivantes que nous l'avons étudié, fig. **66** et **67**. Les boyaux si volumineux des insectes sont faciles à examiner de cette façon. On les voit parfaitement, même avec l'objectif DD, à l'intérieur du noyau; on peut y suivre les circonvolutions, et y distinguer nettement les stries dont nous parlerons tout-à-l'heure. Du reste, en faisant arriver le vert de méthyle sur les cellules en vie, et en tenant l'œil au microscope, on peut constater sans peine que ce réactif ne produit la moindre altération, ni dans la structure du noyau, ni dans la manière d'être du boyau nucléinien; il teint ce dernier, mais il le maintient dans son intégrité. C'est pourquoi nous avons répudié depuis longtemps, pour ce genre d'étude, les réactifs durcissants et les matériaux conservés dans l'alcool.

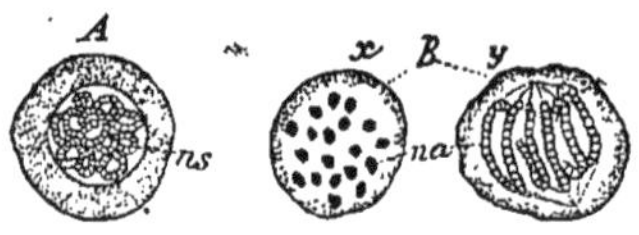

Fig. **67**. — Gr. : **L**, **2**.

Cellule du testicule de la *Tegenaria domestica* (araignée).

A, *ns* : noyau vivant, au repos : le boyau strié est plongé dans un plasma hyalin.

B, *na* : boyau au moment de la division; *y*, vu de côté; *x*, vu d'en haut.

(1) Henle : *Zur Entw. d. Krystallinse*, etc.; Archiv f. mik. Anat., 1881.

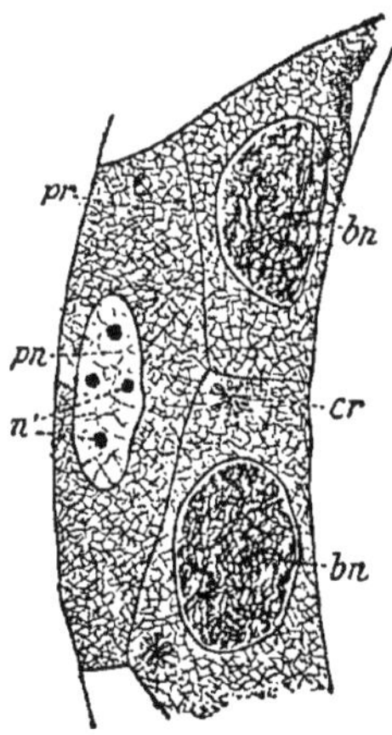

Fig. **68.** — Gr. **DD, 1.**

Cellules d'un tube de Malpighi d'un *asticot.*

bn : filament de nucléine très délié : en bas, il est vu à la surface du noyau; en haut, en *coupe optique* équatoriale.

pn : plasma réticulé du noyau, après l'enlèvement de la nucléine par NH_3.

n' : nucléoles plasmatiques.

Le filament de nucléine est d'une grande délicatesse, et ses anses se fusionnent facilement. Nous avons acquis la conviction que ce sont les altérations produites par les réactifs qui empêchent de saisir leur indépendance.

Il est cependant deux autres particularités dont il faut aussi tenir compte, savoir : la grande finesse du filament et le nombre parfois immense de ses circonvolutions, qui se pressent et se tassent alors, au point de devenir indistinctes. Lorsqu'on examine de pareils noyaux au microscope, il est bon de se rappeler que cet instrument ne fournit que des coupes optiques; il ne nous fait voir que la section des filaments, c'est-à-dire des points et des morceaux, comme nous en verrions sur la section transverse d'une boule de fil. La nucléine paraît donc éparpillée sous la forme de granules ou de tronçons à l'intérieur du noyau, fig. **61**, *n'*; **68**; **81**, *B*; **85**, *a*. Mais en examinant attentivement, avec un bon objectif et sous un grossissement suffisant (**1/12**, **1/18**), la surface supérieure du noyau, on trouvera des anses que l'on pourra suivre, en abaissant le tube.

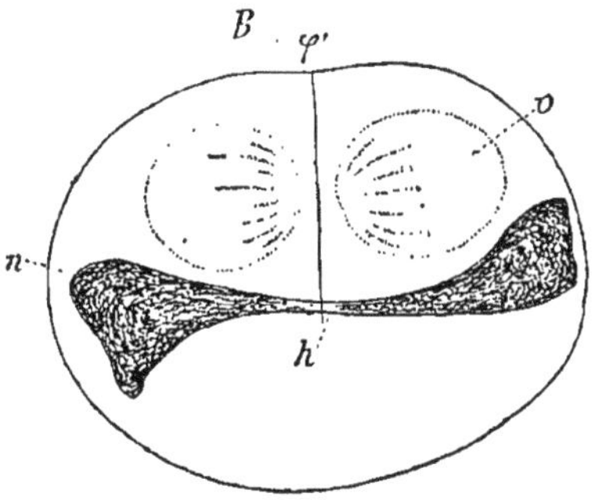

Fig. **69.** — Gr. : **1/12, 2.**

Vorticelle au début de la division (fig. **62**).

φ *h* : sillon partitif qui apparaît.

n : noyau en division, sur le point de se scinder en *h*. Le filament de nucléine y est visible; il se présente comme s'il était étiré aux deux pôles du noyau.

Rappelons-nous qu'on peut trouver, çà et là au milieu de la préparation, des noyaux étirés par l'aiguille, où il est aisé de constater la présence du filament nucléinien. L'image fournie par les noyaux étirés de certains infusoires est identique à celle qu'ils présentent au moment de leur division, fig. **69**, et il est aisé, dans les deux cas, de s'assurer de la continuité du filament. C'est par ces moyens qu'on parvient à déceler la structure filamenteuse, là où elle n'apparaissait point. *Cette structure est donc l'expression d'un fait général.*

II. Le reticulum chromatique de Flemming n'est qu'une apparence, qui est due au croisement régulier des circonvolutions, rarement à leur soudure temporaire.

On peut apporter plusieurs preuves à l'appui de cette assertion.

1° Remarquons que cette manière d'être apparente du filament nucléinien se rencontre dans tous les groupes des êtres vivants et dans tous les tissus, qui présentent la forme filamenteuse. Les insectes, où il est généralement si facile de suivre l'enroulement du boyau, possèdent souvent des noyaux réticulés, principalement dans les muscles, les trachées, le tissu graisseux, et même dans les tubes de Malpighi et les glandes filières, surtout à la base. Il en est de même chez les crustacés : cloportes, ligies, armadilles, crevettes, fig. **71**. Les cellules géantes de la moelle des mammifères, fig. **70**, les globules du pus, les globules blancs du sang, etc., sont riches en noyaux de ce genre, qu'on trouve éparpillés au milieu des noyaux typiques. Dans les testicules des animaux, où la forme filamenteuse est certainement la forme normale, on remarque aussi des noyaux dont les circonvolutions paraissent soudées l'une à l'autre. Ajoutons que dans les cas que nous venons de citer, on trouve tous les degrés de transition entre les deux manières d'êtres du filament nucléinien. Tout semble indiquer que la forme réticulée n'est qu'une modification *apparente* de la forme filamenteuse.

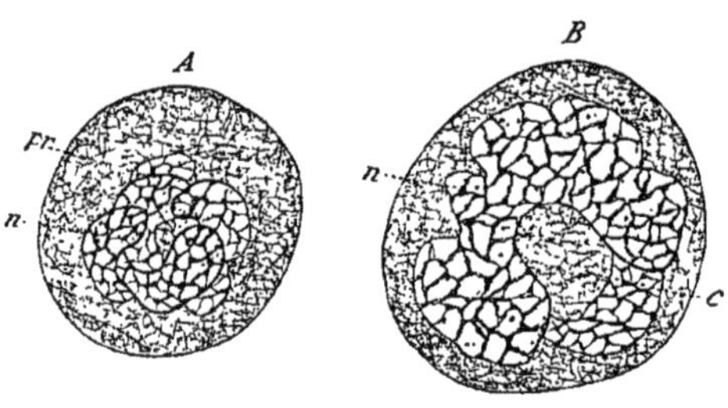

Fig. **70**. — Gr. : **L, 2**.

Cellules géantes de la moelle du lapin.

pr : protoplasme délicatement réticulé, avec un *enchylema* très riche.

n : noyau ramifié portant un filament de nucléine dont toutes les circonvolutions paraissent soudées.

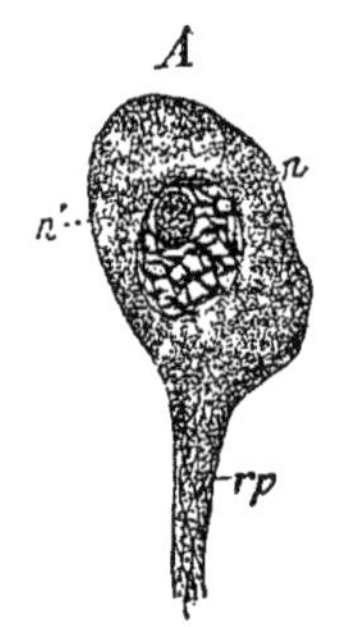

Fig. **71**. — Gr. : **G, 2**.

Cellule nerveuse du *Palemon vulgare*.

rp : reticulum plasmatique.

n : noyau, présentant un filament réticulé.

n' : nucléole plasmatique.

2° Il est cependant un groupe d'animaux où la structure réticulée paraît réelle, c'est celui des batraciens. Chez eux en effet les circonvolutions, toujours peu distinctes d'ailleurs, sont soudées aux points de croisement *qui portent des épaississements saillants* (nucléoles

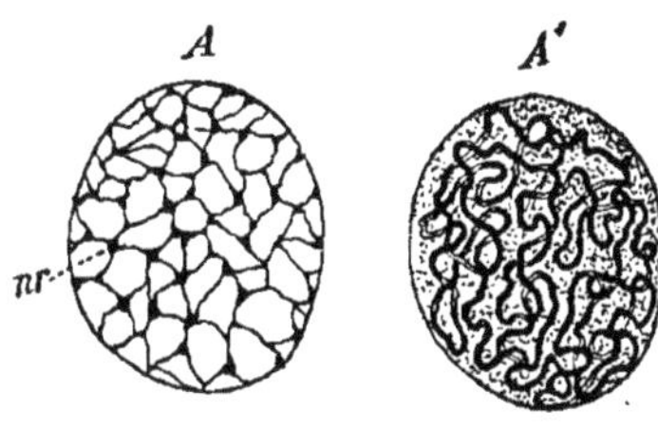

Fig. **72**. — Gr. : L, **1**.

Deux noyaux de l'épiderme de la *Salamandra maculata*.

A : noyau au repos : le filament nucléinien forme un réseau résultant de la soudure des circonvolutions aux points épaissis *nr*.

A' : noyau entrant en division : le filament précédent s'est gonflé et régularisé ; ses circonvolutions sont redevenues libres et indépendantes.

de certains auteurs) (1), fig **72**, *A*. Mais cette soudure est tardive et accidentelle. Après la division, les jeunes noyaux possèdent un filament régulier et continu. Si ce filament perd peu-à-peu sa régularité, s'il se fusionne çà et là, c'est pour se rétablir bientôt dans son intégrité ; en effet, au moment où une nouvelle division se prépare, l'élément nucléinien reprend sa forme normale et primitive, celle de boyau continu, fig. **72** et **73**.

3° On observe des faits semblables dans tous les noyaux au moment de la division. C'est alors surtout qu'il est aisé de constater que la structure réticulée n'existe pas en réalité. En se régularisant et en s'épaississant peu à peu, les trabécules deviennent de plus en plus distinctes les unes des autres, et l'on voit nettement qu'elles ne sont que les anses d'un même filament. Ce phénomène fait à peu près l'effet d'un fort grossissement à côté d'un faible. On peut du reste reproduire artificiellement cette forme pelotonnée sur les noyaux réticulés et quiescents : il suffit d'y laisser arriver doucement l'un ou l'autre des réactifs qui gonflent la nucléine. En prenant soin

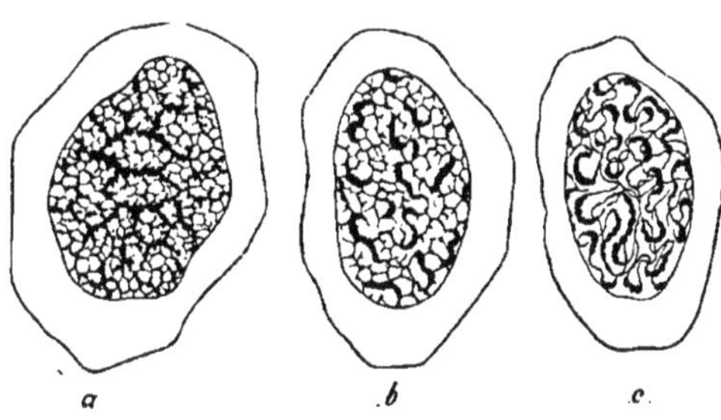

Fig. **73**. — Gr. : **1/18**, **1**.

Noyaux du même animal.

a : noyau au repos, portant des traînées irrégulières de trabécules plus épaissies.

b et *c* : étapes intermédiaires entre *A* et *A'* de la figure précédente. En *b*, les trabécules commencent à se séparer ; en *c*, elles forment un filamant continu, mais non encore régularisé comme en *A'*.

(1) E. Klein : *Ein Beitrag f. Kenntt. d. Struct. d. Zellk.*; Centralb. f. med. Wiss., 1879. — Retzius : *Zur Kenntt. v. Bau d. Zellk.*; Biol. Unters., 1881. — Flemming : *Zells.*, etc.; fig. 29 a, 80 et 81.

d'arrêter à temps leur action, par des lavages et par l'addition d'une goutte d'alcool, d'acide acétique ou d'iode, on obtient des boyaux qui simulent grossièrement ceux qui précèdent la division.

4° Les noyaux, étirés accidentellement par l'aiguille, ne nous permettent pas seulement de constater l'existence d'un filament, jusque là caché ou indistinct, ils nous permettent aussi de pénétrer la véritable nature du *reticulum* nucléaire. Le lecteur se rappelle les fig. **33** et **35**, p. 190. On voit, dans la fig. **74**, les prétendues trabécules du noyau se dérouler successivement à la façon du fil d'une pelotte, en un filament continu : c'est donc l'entrecroisement régulier des circonvolutions qui produit l'impression d'un réseau. Ces faits se constatent avec la plus grande facilité sur les noyaux des crustacés édriophthalmes et sur ceux des végétaux monocotylés, fig. **90**.

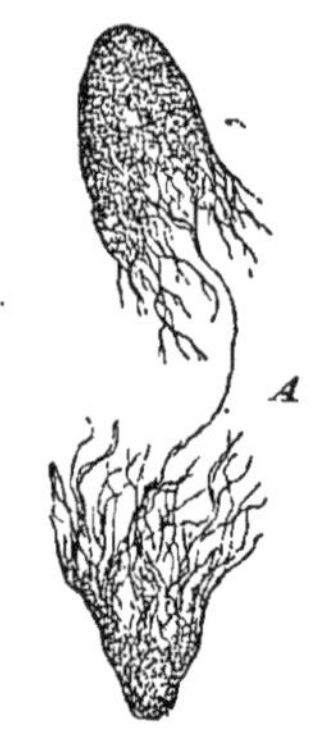

Fig. **74**. — Gr. : **G, 1**.
Noyau étiré de l'intestin d'une *Ligia*.

On voit, des deux côtés, le prétendu *reticulum* chromatique se transformer insensiblement en filaments continus et libres.

5° Le traitement des noyaux, et l'instrument dont on se sert pour les examiner, ne sont pas sans exercer une grande influence sur la manière dont ils se présentent à l'observateur.

Sur des objets préparés sans délicatesse, ou soumis à des réactifs plus ou moins alcalins, le filament perd sa netteté : les circonvolutions, d'ailleurs très visibles, se ratatinent ou se fusionnent, en simulant des mailles. En traitant les cellules fraîches et *intactes* par le vert de méthyle, seul ou additionné d'une goutte d'acide osmique, on évite généralement ces inconvénients, et le boyau conserve son indépendance et sa continuité.

Fig. **75**. — Gr. : **D, 4**.
Noyau isolé de l'*Epidendron vanilla*.

Ce noyau paraît réticulé parcequ'il est vu avec un objectif à petit angle.

D'un autre côté, sous un faible grossissement ou avec des objectifs à petit angle, tous les noyaux, même ceux des fig. **50, 51, 85**, etc., paraissent réticulés. Pour *résoudre* et séparer les circonvolutions, il est nécessaire d'employer les meilleures lentilles, mais alors on y parvient presque toujours. Ce fait, *que plus les conditions optiques sont favorables mieux on distingue les circonvolutions*, suffirait à lui seul pour prouver que les noyaux doivent leur aspect réticulé à un phénomène plus apparent que réel, fig. **75**.

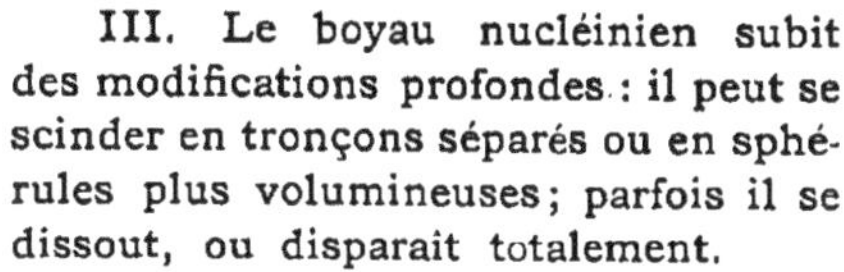
III. Le boyau nucléinien subit des modifications profondes : il peut se scinder en tronçons séparés ou en sphérules plus volumineuses; parfois il se dissout, ou disparait totalement.

1° Le filament nucléinien s'altère et se dégrade avec l'âge, comme le protoplasme lui-même. Il suffit pour s'en convaincre d'examiner les cellules vieillies des végétaux et des animaux; leurs noyaux ne présentent le plus souvent que des amas épars et irréguliers de nucléine. Tout le monde connaît les noyaux des cellules adultes des *Chara*, fig. **76**. L'étude des feuilles à leurs divers âges est particulièrement intéressante sous se rapport. Celle des glandes filières des insectes ne l'est pas moins. Au moment où elle vont se résorber, leur boyau se scinde en tronçons ou en larmes irrégulières, disséminés sans ordre dans le plasma nucléaire, fig. **78** et **79**.

2° Il n'est pas rare de rencontrer dans les tissus en pleine activité, à côté des cellules les plus remarquables par la constitution filoïde de leur noyau, d'autres cellules dont la nucléine s'est fragmentée, sans raison apparente. Ce fait se constate facilement sur les épithéliums, fig. **77**, et sur les glandes, fig. **110**. Nous l'avons observé aussi plusieurs fois sur les noyaux du sac embryonnaire des végétaux, et sur ceux des cellules multinucléées. Ce phénomène semble assez fréquent.

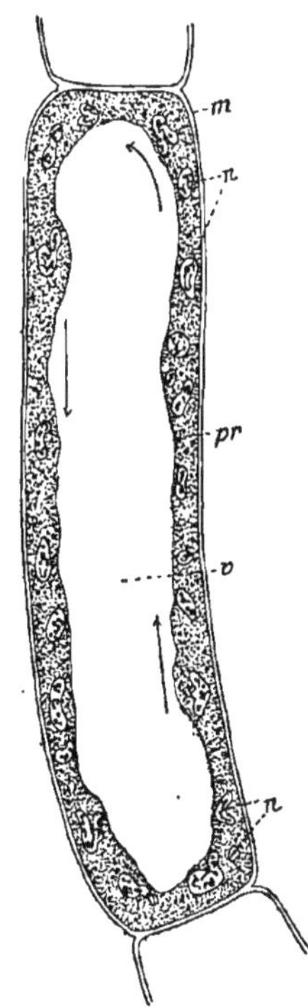

Fig. **76**. — Gr. : **DD, 1**.
Cellule d'un rameau de *Chara fœtida* adulte.
n : noyaux multiples, où la nucléine se montre sous la forme de sphérules, ou de tronçons anguleux et séparés.

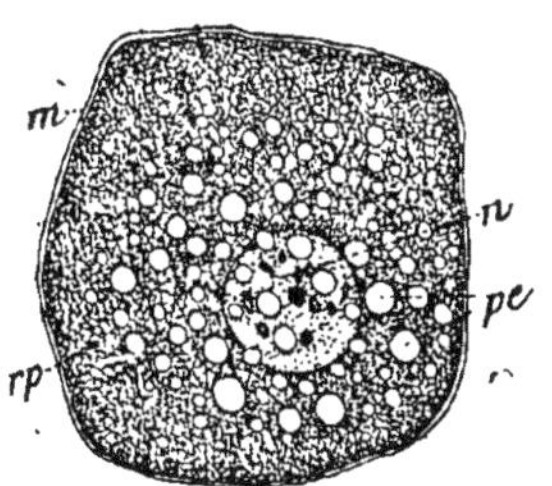

Fig. **77**. — Gr. : **E,1**.
Cellules épithéliales de l'intestin d'un *asticot*, en activité.
m : membrane.
rp : protoplasme avec son *reticulum* délicat.
pe : sphérules de pepsine.
n : noyau. Le boyau nucléinien s'y est fragmenté.

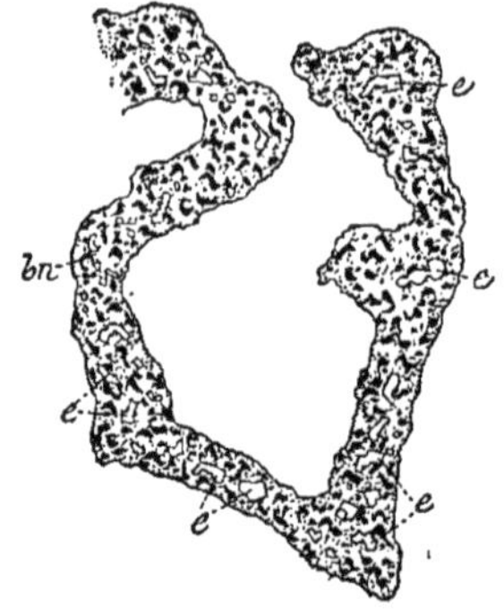

Fig. **78**. — Gr. : **DD, 2**.

Fragment d'un noyau ramifié de la glande filière de la larve de l'*Yponomeuta padella*.

bn : boyau nucléinien débité en fragments de toute grandeur (noirs).

e : enclaves albuminoïdes (blancs).

Fig. **79**. — Gr. : **F, 1**.

Cellule de la glande filière de la larve d'un *microlépidoptère*.

n : nombreux noyaux, issus du noyau ramifié adulte. On y voit les larmes de nucléine, irrégulièrement répandues dans le plasma.

3° Au lieu d'être accidentelle, la scission ou la dégradation du boyau de nucléine devient normale dans certaines catégories de cellules. Les œufs des animaux et les spermatozoïdes des deux règnes méritent, sous ce rapport, de fixer un instant notre attention.

A. *Nucléine des œufs.*

Le noyau de l'œuf végétal est régulièrement constitué : on trouve dans les vésicules embryonnaires, au moment de la fécondation, le filament pelotonné de nucléine des noyaux typiques de l'endosperme. C'est du moins ce que nous avons constaté dans les *Zostera*, *Clivia*, *Paris*, *Majanthemum*, *Pedicularis*, *Campanula*, etc.

Il n'en est généralement pas de même dans l'œuf animal.

Schwann (1839) a assimilé l'œuf à une cellule dont la vésicule germinative de Purkinje [1] est le noyau, et les taches germinatives de Wagner [2], les nucléoles. Or, ces prétendus nucléoles représentent la partie nucléinienne du noyau. L'élément filoïde normal s'y est scindé et fusionné de bonne heure en un nombre variable de sphérules de nucléine, solides et homogènes. En effet :

1° Lorsque leur formation est achevée, ces sphérules sont les seules parties du noyau qui présentent les réactions de la nucléine : coloration franche par le vert de méthyle, dissolution dans les alcalis dilués, les acides forts, le phosphate disodique, etc.

---

(1) Purkinje, *Symbolæ ad ovi avium historiam ante incubationem*; Breslau, 1825; réédité à Leipzig en 1830.

(2) Wagner, *Prodromus historiæ generationis*; Leipzig, 1836. — *Histoire de la génération et du développement*, traduction; Bruxelles, 1841, p. 43.

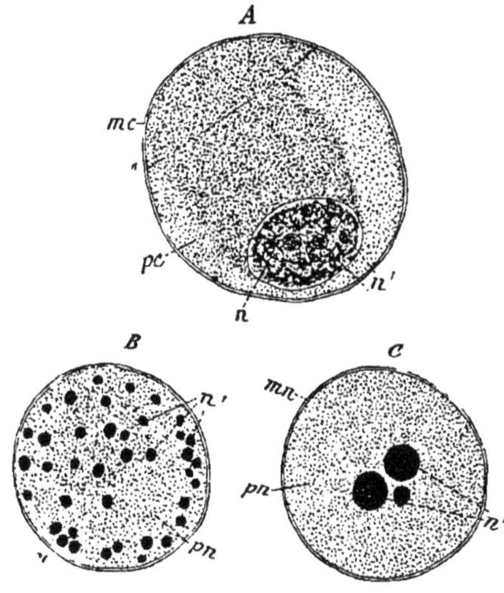

Fig. **80**. — Gr. : *A*, DD, **3**; *B* et *C*, G, **3**.
A. Jeune *œuf* de *brochet*.
mc : membrane cellulaire.
pc : protoplasme de l'œuf.
n : noyau. Le filament nucléinien commence à se scinder en tronçons irréguliers pour former les faux nucléoles, dont trois, en *n'*, existent déjà.
B et *C*. Deux *noyaux* plus âgés. En *B*, on voit les sphérules nombreuses, qui se fusionneront plus tard pour former les trois *taches germinatives* *n'*, en *C*. On remarquera dans ces deux noyaux, la membrane à double contour *mn*, et le plasma *pn*.

2° Il est possible, dans bien des cas, d'assister à leur formation aux dépens du boyau de nucléine, en suivant pas à pas le développement des œufs. Il est vrai que chez plusieurs animaux, les *Ascaris* par exemple, il est assez difficile de trouver dans les œufs, à leur début, un filament de nucléine normalement constitué. Souvent cependant on rencontre ce filament dans les plus jeunes œufs. Il en est ainsi dans les mollusques et les poissons. La fig. **80** représente la formation des taches de Wagner dans l'œuf du brochet. En *A*, on aperçoit encore bon nombre de circonvolutions nucléiniennes ; la scission a cependant commencé. Dans le noyau *B*, la scission est complète ; ce noyau contient un grand nombre de petites sphérules qui bientôt se fusionneront, pour former les trois taches germinatives de l'œuf arrivé à maturité, *C*. On peut constater des faits semblables dans les arthropodes. Choisissons comme exemple l'œuf des carabes. En général le filament s'y segmente assez tôt, fig. **81**, *A* ; mais parfois il y persiste longtemps, et il se présente alors, dans les œufs déjà volumineux, sous l'aspect qu'il possède dans les plus beaux noyaux des insectes. La fig. **82** représente un œuf de ce genre à moitié mûr ; les circonvolutions du boyau y sont nettement distinctes à la surface du noyau. On n'y rencontre pas de taches germinatives. On voit souvent un boyau semblable dans les œufs du grillon, de la taupe-grillon, etc.

3° Nous devons signaler encore, à propos des œufs des carabes, une particularité qui n'est pas sans importance, et qui doit sans doute se retrouver ailleurs. L'élément caractéristique du noyau, après s'être scindé de bonne heure, se reconstitue, pour se fragmenter à nouveau vers l'époque de la maturité et former de nouvelles taches de Wagner, fig. **81**, *A*, *B*, *C*. Ces faits se constatent en observant l'ovaire depuis son sommet jusqu'à l'endroit occupé par les œufs mûrs.

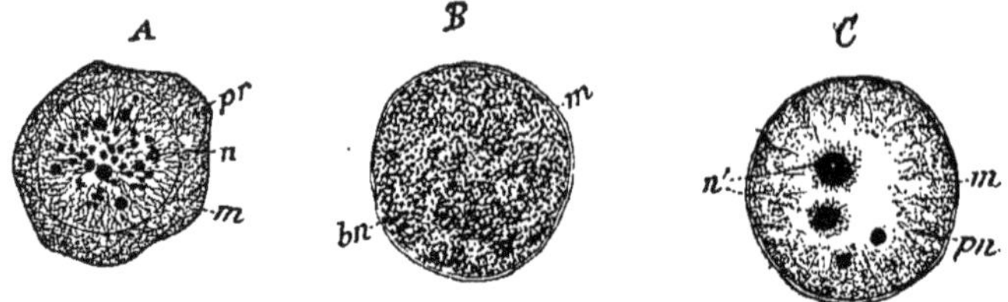

Fig. **81**. — Gr. : *A*, G, **1** ; *B* et *C*, **1/12**, **2**.

Œuf d'un *carabe*.

A. *Œuf très jeune* :
m : menbrane de la cellule.
pr : protoplasme avec son *reticulum* accentué.
n : noyau ou vésicule germinative. Le boyau de nucléine s'est scindé en une foule de sphérules éparses dans le plasma nucléaire qui est réticulé.
B. *Noyau d'un œuf à demi-développé* :
m : membrane à double contour.
bn : boyau nucléinien reconstitué à l'aide des sphérules précédentes, et *vu en coupe optique équatoriale*.
C. *Noyau d'un œuf au moment de la fécondation* :
m : membrane.
pn : plasma nucléaire où le *reticulum* se voit encore.
n' : nouvelles sphères de nucléine, ou taches définitives de Wagner.

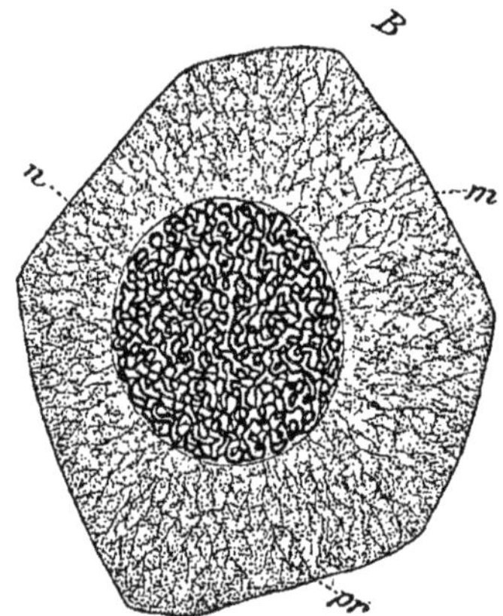

Fig. **82**. — Gr. : DD, **1**.

Œuf de *carabe* à moitié mûr.

m : membrane cellulaire.
pr : protoplasme réticulé.
n : noyau volumineux : sa membrane est nette; son boyau, *vu de face à la partie supérieure du noyau*, est riche en circonvolutions capricieuses (on en a omis la moitié).

4° On nous permettra d'ajouter qu'on rencontre, quoique rarement et à titre d'exception peut-être, un boyau continu dans certains œufs, au moment de la fécondation, et alors les taches de Wagner font défaut. Nous avons vu de semblables œufs dans les échinorhynques et les béroïdes.

Nous pouvons conclure de tous ces faits que les taches de Wagner représentent à elles-seules toute la portion nucléinienne du noyau des œufs ; ces taches ne sont que des sphérules de nucléine, issues de la désagrégation du filament normal.

Terminons par quelques remarques accessoires.

On aperçoit parfois çà et là, dispersés dans la partie plasmatique, des traînées et des granules qui se colorent par le vert de méthyle comme les taches germinatives : on conçoit en effet que certains fragments du boyau nucléinien y restent engagés au lieu de se réunir aux taches elles-mêmes.

Plus rarement le noyau tout entier prend une teinte uniforme sous l'influence du même réactif. Cette teinte est due sans doute à des traces de nucléine dissoute, car en traitant ces œufs par l'ammoniaque on n'obtient plus, après lavage, aucune trace de coloration.

A côté des sphérules de nucléine, on peut rencontrer aussi des *nucléoles plasmatiques*. Ceux-ci ne se dissolvent pas dans l'acide chlorhydrique concentré, etc, et ne se colorent point par le vert de méthyle. Ces sortes de productions nous paraissent assez rares dans les œufs.

Enfin on obtient parfois, en enlevant les taches de WAGNER par les dissolvants de la nucléine, un résidu albuminoïde provenant probablement du protoplasme nucléaire, au milieu duquel la fusion des tronçons du filament s'est effectuée.

B. *Nucléine des spermatozoïdes.*

Dans les cellules mâles des cryptogames vasculaires et de la plupart des animaux, la dégradation du boyau nucléinien est encore plus profonde que dans les œufs : habituellement en effet la nucléine se répand uniformément, sous la forme d'une masse homogène, dans tout le noyau, ou dans la portion du noyau qui lui est réservée.

La fig. **83** représente quelques spermatozoïdes de l'anodonte.

En *B*, la tête *t*, ou le noyau de la cellule, est uniformément colorée par le vert de méthyle; en *C*, la nucléine a été enlevée par le phosphate bisodique : il ne reste plus que la portion plasmatique, où la nucléine amorphe était répandue.

On constate les mêmes phénomènes dans l'oursin fig. **84** [1].

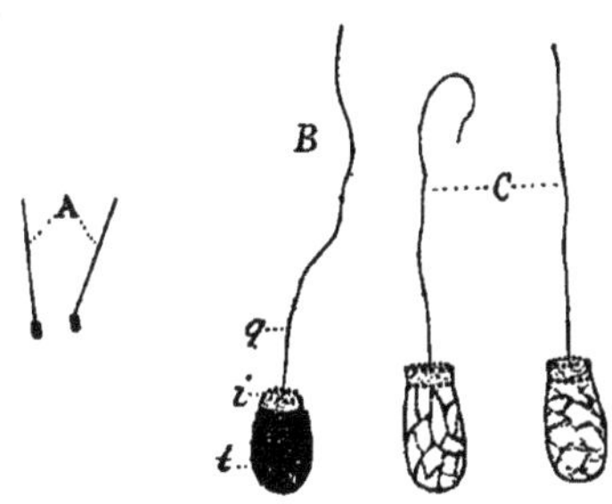

Fig. **83**. — Gr. : *A*, DD, **1** ; *B* et *C*, L, **4**.

Spermatozoïdes d'*Anodonta cellensis*.

A. Spermatozoïdes vivants, sous un faible grossissement.

B. L'un d'eux fortement grossi : *t*, tête; *i*, collerette médiane; *q*, queue.

C. Les mêmes traités par NH_3 et phosphate de Na. La queue et la collerette ne subissent pas de modification; tandis que la tête (noyau de la cellule) est réduite à une mince membrane périphérique et un léger *reticulum* plasmatique interne.

[1] Le lecteur remarquera que nous plaçons, *a*, *b*, *c*, la queue des spermatozoïdes de l'oursin à la pointe du triangle noir, à l'inverse des auteurs (FLEMMING, Archiv f. mik. Anat., 1882, p. 1 ; Taf. I, fig. 1, et Taf. II, fig. 7), qui lui donnent pour lieu d'insertion le côté opposé, c'est-à-dire la *vacuole*, qui devient ainsi pour eux la partie *intermédiaire* du spermatozoïde. Or, cette vacuole est la partie *antérieure* de l'élément spermatique, et, lorsqu'elle tombe, c'est le petit côté du triangle qui est en avant. C'est aussi par cette partie élargie que le spermatozoïde pénètre

Dans la fig. **85**, qui montre les anthérozoïdes d'une fougère, la partie noire des anthérozoïdes sortis de l'anthéridie marque la nucléine fusionnée d'une manière uniforme dans la masse nucléaire. Les dissolvants de la nucléine enlèvent cette partie noire et laissent intactes, comme dans les exemples précédents, la membrane du noyau et la partie protoplasmatique de la cellule représentée ici par des cils nombreux, au lieu du filament caudal de l'oursin.

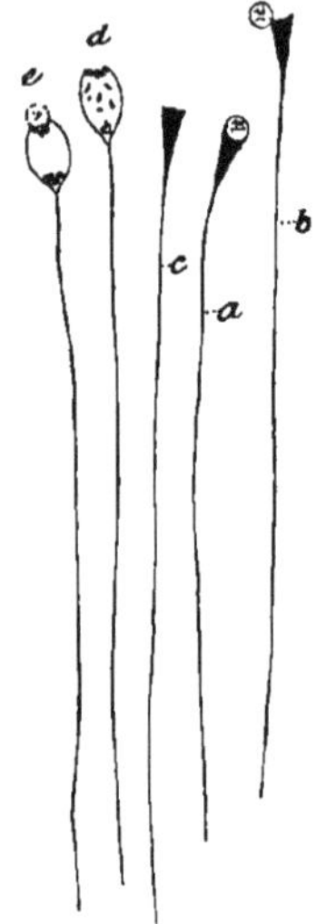

Fig. **84**. — Gr. : **1/12, 4.**

Spermatozoïdes d'oursin, *Toxopneustes lividus.*

a : spermatozoïde frais portant au sommet, sous la forme de vacuole, le restant du noyau.
b : cette vacuole se détache.
c : elle a disparu.
d : spermatozoïde dont la tête s'est gonflée dans l'eau; on y voit nettement la membrane du noyau, les granules plasmatiques au sommet et à la base, ainsi que les grumeaux de nucléine rendus visibles par l'iode.
e : spermatozoïde frais, traité par NH_3 : la nucléine a disparu.

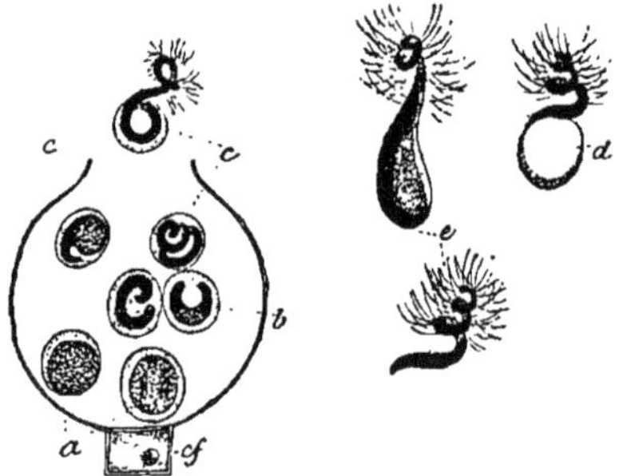

Fig. **85**. — Gr. : **F, 2.**

Anthéridie et anthérozoïdes d'une *Hymenophyllum* (fougère).

a : deux cellules-mères des anthérozoïdes, portant un gros noyau et peu de protoplasme. Dans la cellule de droite le filament de nucléine est vu en coupe optique équatoriale; dans celle de gauche, il est vu à la surface du noyau : on peut y voir des circonvolutions.
b : le noyau s'allonge pour former la tête de la cellule spermatique : la nucléine se fusionne.
c : l'anthérozoïde est formé et il se déroule.
d : vacuole entourée d'un restant de protoplasme, et qui sera rejetée par le spermatozoïde.
e : spermatozoïde plus large et gonflé dans l'eau; il montre à droite la membrane du noyau.

dans l'œuf, et non par la pointe comme le représente Flemming. Si la queue *semble* parfois sortir de la vacuole, c'est parce que dans ses mouvements elle se colle à la tête et y adhère fortement dans toute la longueur.

Nous croyons que ce phénomène se présente souvent chez les animaux. Ainsi par exemple, il se pourrait que, dans la fig. **83**, la queue du spermatozoïde de l'anodonte soit relevée de cette façon et paraisse sortir de la collerette, tandis qu'en réalité elle serait insérée au côté opposé (partie inférieure et libre de la figure).

Nous devions au lecteur ces quelques mots d'explication, pour justifier et expliquer nos figures, en attendant le moment de parler *ex professo* de la fécondation.

On peut suivre pas à pas cette transformation dans un grand nombre de spermatoblastes et d'anthéridies.

Les noyaux multiples des spermatoblastes de la *Sylpha thoracica*, fig. **86**, possèdent originairement un boyau continu et strié, comme dans les tissus ordinaires. Mais bientôt ce boyau se scinde, et, au moment de la maturité, lorsque les noyaux s'allongent pour former la tête des spermatozoïdes, les tronçons se fusionnent en une masse homogène et compacte.

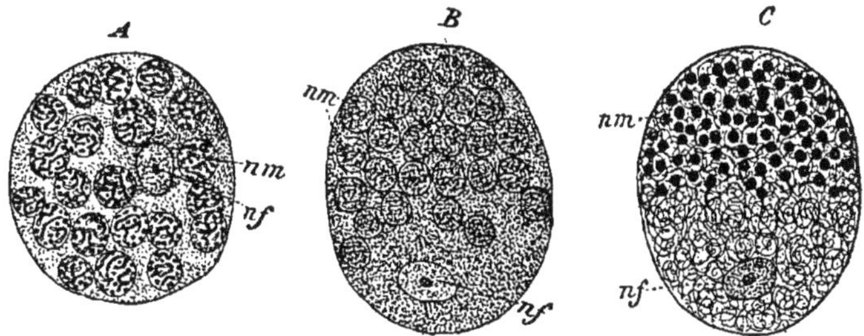

Fig. **86**. — Gr. : **1/12**, **2**.

Développement des spermatozoïdes dans la *Sylpha thoracica*.

nf : noyau femelle ou inactif.
nm : noyaux mâles devenant de plus en plus nombreux de *A* en *C*.
En *A*. Le boyau, jusque là continu et strié, commence à se scinder.
En *B*. La scission continue et le boyau se déforme de plus en plus.
En *C*. Tous les tronçons sont fusionnés en une masse homogène qui s'allonge pour former la tête des spermatozoïdes.
On voit aussi que la queue s'élabore, en dehors du noyau, dans le protoplasme de la cellule spermatoblastique.

On constate des phénomènes semblables dans les équisétacées, les fougères, fig. **85**, les characées, etc. On les constate également dans le lombric, les vertébrés et la plupart des animaux.

Lorsque les spermatozoïdes persistent à l'état de cellules ordinaires, le noyau conserve mieux sa structure normale : le filament peut se scinder parfois en tronçons, mais ceux-ci demeurent libres et distincts. Tels sont les spermatozoïdes des nématodes et de plusieurs crustacés; telles sont aussi les gamètes mâles de certains végétaux inférieurs.

C. *Disparition de la nucléine.*

Enfin la dégradation de l'élément nucléinien peut être poussée plus loin : la nucléine elle-même disparaît. Nous avons pu suivre toutes les étapes de cet intéressant phénomène sur les grands spermatozoïdes de la *Paludina vivipara*, fig. **87**. M. Gilson a constaté des phéno mènes analogues dans les spermatozoïdes des myriapodes et de beaucoup d'insectes. Quelque temps après leurs formation, il est impossible d'y déceler la présence de la nucléine par les réactifs. Le vert de méthyle permet d'ailleurs de constater que cette disparition est graduelle; on dirait que la nucléine se transforme insensiblement en une autre substance. Ne passerait-elle pas à l'état de nucléine insoluble pour se reconstituer peu-à-peu dans la tête des spermatozoïdes à l'intérieur de la poche copulative, vers l'époque de la fécondation ? Cela se pourrait bien.

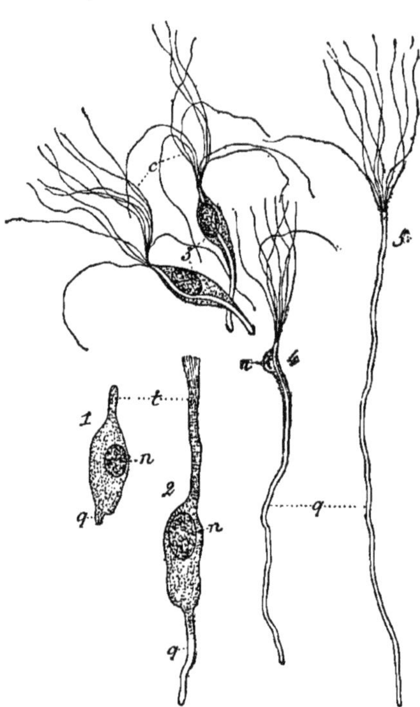

Fig. **87**. — Gr. : **1/12, 1**.

Grands spermatozoïdes de la *Paludina vivipara*. Les chiffres indiquent les diverses étapes du développement.

1 et 2 : la cellule s'allonge aux deux pôles : en 2, la partie *t* montre les cils qui se forment aux dépens du *reticulum* plasmatique.

3 : les cils, *c*, sont complets ; le protoplasme cellulaire se différentie sur une ligne en continuation avec le pôle *q*.

4 : cette différentiation est plus avancée ; il ne reste plus qu'un liséré périphérique de protoplasme ordinaire, et quelques débris du boyau *n*.

5 : la formation est achevée : il ne reste aucune trace de la nucléine.

Quoi qu'il en soit de ce détail, l'étude que nous venons de faire de l'élément nucléinien semble autoriser les conclusions suivantes :

1° La nucléine se présente normalement dans le noyau sous une *forme figurée*.

2° Sa forme primitive et typique est la *forme filamenteuse et pelotonnée* : c'est d'elle que les autres dérivent ; en effet :

3° La *forme réticulée* n'en est qu'une modification peu importante ;

4° La *forme globulaire* emprunte son origine à la scission et à la fusion subséquente des tronçons du boyau. Lorsque cette fusion est plus complète elle amène :

5° *L'état amorphe* sous lequel la nucléine se présente dans certains éléments déterminés, les spermatozoïdes par exemple.

6° Enfin, dans quelques cas particuliers, cette substance *disparait* de la cellule vivante, soit définitivement, soit temporairement peut-être.

§ II. Structure du boyau nucléinien.

Le filament, dont nous venons de constater l'existence et de suivre les modifications, possède-t-il une structure, peut-on y distinguer divers éléments agencés d'une manière déterminée ? N'est-il point plutôt constitué par une masse amorphe de nucléine ?

IV. Le boyau nucléinien est structuré. On y distingue en effet une paroi, sorte d'étui, et un contenu. Le contenu lui-même est parfois organisé.

Nous abordons un sujet délicat. L'étude de la structure du boyau ne peut se faire qu'à l'aide des plus forts grossissements et des objectifs à immersion homogène. Elle exige en outre l'emploi de matériaux choisis et convenablement préparés. On peut se servir pour cette étude de matériaux frais et de matériaux durcis. Les matériaux frais sont dissociés à sec sur le porte-objets, en les humectant avec l'haleine, ou dans une goutte de vert de méthyle. Pour durcir les objets on suit la méthode suivante. Une dissolution de vert de méthyle, renfermant des traces d'acide osmique, est chauffée jusqu'à l'ébullition. L'objet vivant, un testicule de cloporte, par exemple, une glande filière, etc., tenu avec la pince, est plongé dans ce liquide pendant une minute. Il est ensuite déshydraté, enrobé et coupé immédiatement au microtome (1). Toutes ces opérations se font en un quart d'heure. Cette méthode facilite l'observation par cette circonstance que le boyau seul est coloré et tranche par sa vive teinte sur les portions plasmatiques qui sont d'un blanc argentin.

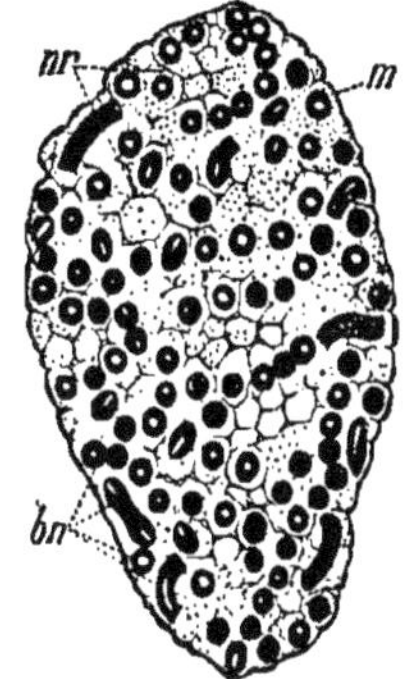

Fig. **88**. — Gr. : **1/18, 2**,

Coupe microtomique d'un noyau de *cloporte*.

m : membrane du noyau.
nr : *reticulum* de plastine visible sur presque toute la coupe.
bn : sections du boyau nucléinien. Ce boyau passe dans la plupart des mailles du réseau précédent. La nucléine y est renfermée sous la forme d'un manteau périphérique qui laisse libre la portion centrale du tube

En employant tour à tour les matériaux frais et les matériaux durcis, et en faisant usage des dissolvants de la nucléine, on remarque les détails suivants dans la structure du boyau.

I. Lorsque la nucléine se présente dans le noyau sous la forme d'un filament très ténu, comme celui des fig. **54, 68, 69**, etc., et

(1) Les noyaux volumineux ont de 40 à 80 μ ; les bonnes coupes, de 3 à 5 μ seulement. On peut donc pratiquer plusieurs coupes successives dans un noyau.

même de la fig. **58** (à gauche), ce filament apparaît uniformément coloré par le vert de méthyle, et les dissolvants de la nucléine l'enlèvent totalement. Il se présente donc comme s'il était constitué exclusivement par la nucléine amorphe. Cette nucléine est sans doute renfermée dans un étui, mais il est impossible de déceler la présence de ce dernier avec nos instruments et nos réactifs actuels.

II. L'observation attentive *des boyaux doués d'une épaisseur notable* permet de constater les deux faits suivants : 1° Ces boyaux ont une membrane mince, mais résistante, qui les ferme entièrement; 2° La nucléine qui est logée à l'intérieur de cet étui, y prend une position et parfois une forme déterminée.

1° Étui plastinien.

a) *L'existence de cet étui n'est pas douteuse.*

D'abord on le voit directement sur les gros boyaux des insectes, lorsqu'ils sont colorés par le vert de méthyle, fig. **89**. Aux endroits où la nucléine fait défaut, c'est-à-dire sur les disques hyalins, on aperçoit un mince liséré périphérique, surtout en se servant de la lumière oblique. Lorsqu'on traite ces boyaux par le violet de Paris, l'hématoxyline, etc., les disques incolores prennent une légère teinte sur les bords ; cette teinte rappelle celle qu'on remarque, dans les mêmes circonstances, sur la paroi des fibrilles musculaires de l'hydrophile et sur la mince membrane des *Bacillus* et des *Crenothrix*, débarassés de leur contenu. Ensuite, en dissolvant la nucléine, on encontrer çà et là (1) des tronçons vides dont la membrane extérieure est évidente; cette membrane à même une épaisseur assez notable dans les noyaux striés des insectes. Enfin les noyaux qui ont été accidentellement étirés ou brisés, présentent des particularités qui prouvent l'existence de l'étui nucléinien. Ainsi, on aperçoit parfois (2) aux points de rupture la membrane du tube sous la forme de lèvres plus ou moins régulières,

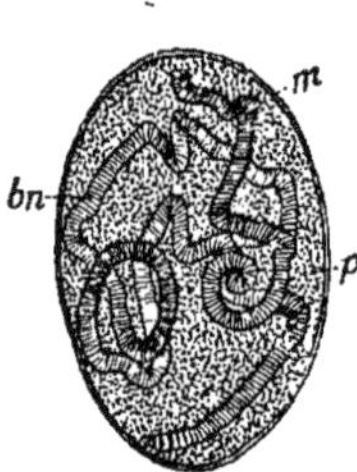

Fig. **89**. — Gr. : **1/12**, **IV**.
Noyau type extrait, à l'aide de l'aiguille, d'une cellule de l'épithélium intestinal d'une larve aquatique de *névroptère*.

m : membrane à double contour très net.
p : plasma nucléaire.
bn : boyau de nucléine. Les stries noires représentent la portion sensible au vert de méthyle ; les espaces blancs interposés, le plasma hyalin ; et la ligne qui le borde à l'extérieur, l'étui plastinien.

(1) Aux endroits de la préparation où le réactif a agi avec lenteur ; ailleurs l'étui est disloqué par le gonflement subit de la nucléine.

(2) Rarement; nous avons remarqué ce détail à deux ou trois reprises seulement.

fig. **95**. Mais ce qui frappe plus souvent l'observateur ce sont les plis longitudinaux, visibles en grand nombre sur les portions du boyau qui ont subi une traction par l'aiguille, fig. **92**, *c*.

b) *L'étui est formé de plastine.*

L'étui dont nous parlons, quoique d'une grande délicatesse, est doué d'une résistance assez considérable. Nous venons de dire qu'on peut l'étirer fortement sans le briser. Ensuite il persiste après l'action des alcalis dilués et des autres dissolvants des albuminoïdes, et il se maintient assez longtemps dans l'acide chlorhydrique et même dans l'acide sulfurique concentré. Toutes ces réactions indiquent d'ailleurs qu'il est formé de plastine ou d'une substance analogue, comme le *reticulum* plasmatique lui-même.

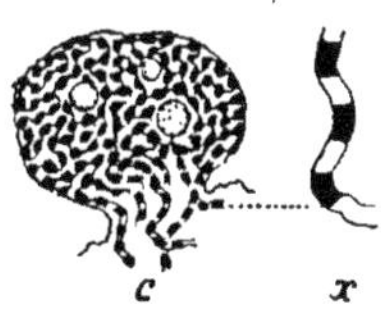

Fig. **90**. — Gr. : *c*, **1/18, 1** ; *x*, **1/18, 4.**

Noyau de l'endosperme de la *Paris quadrifolia.*

c : le *reticulum* apparent se montre formé de circonvolutions indépendantes dans la partie blessée par l'aiguille. Sous l'action du vert de méthyle le boyau se décompose en disques alternativement colorés (noirs) et hyalins (blancs). Au milieu du noyau, les trois nucléoles plasmatiques.

x : tronçon du boyau plus grossi. Les disques (noirs) de nucléine ne portent aucune trace de structure granuleuse. L'étui a été rendu visible par le violet de Paris sur les bouts qui sortent du noyau.

c) *Il peut porter des épaississements.*

Lorsque le boyau est dépourvu de stries, son étui paraît être homogène dans toute son étendue. Mais en est-il encore ainsi quand il présente une striation marquée, comme dans les insectes ?

Cette question est difficile à trancher. Nous croyons cependant avoir remarqué des épaississements au niveau des disques colorés par le vert de méthyle. En arrêtant à point nommé l'action de l'acide sulfurique par des lavages à l'eau distillée, on constate à cet endroit la présence d'un anneau blanc, réfringent, qui ne se colore plus par le vert de méthyle. Nous devrons revenir sur ce détail.

2° La nucléine.

La nucléine est logée à l'intérieur du boyau, mais la manière dont elle s'y présente est variable.

Nous savons que, dans les boyaux de minime épaisseur, la nucléine est uniformément répandue, à la façon d'une substance amorphe qu'on aurait coulée dans un tube. Il n'en est plus ainsi dans les boyaux volumineux; elle y prend, comme nous allons le voir, une position déterminée, fig. **89** et suivantes.

A. *La nucléine se présente sous la forme de manteau.*

La première modification qu'on observe dans la manière d'être de la nucléine est la suivante. Cette substance subit un retrait du

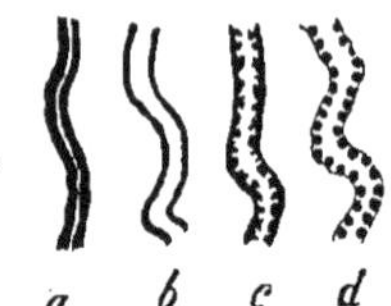

Fig. **91**. — Gr. : **1/18**, **2** et **3**.
Coupes optiques longitudinales de divers boyaux.

a : boyau nucléinien du *cloporte*. Le manteau de nucléine est très épais et le canal central est à peine visible (fig. **88**).

b : boyau de l'organe sexuel larvaire d'un *bourdon*. Le manteau de nucléine est mince et le canal central, très large.

c : boyau de l'organe sexuel larvaire du parasite du *Liparis dispar* (fig. **51**). Le manteau de nucléine n'est plus uniforme, il s'est épaissi à des endroits régulièrement espacés.

d : portion striée du boyau précédent. Le manteau de nucléine s'est découpé en disques séparés par des portions hyalines

milieu du tube. On la trouve blottie contre la paroi de son étui, sous la forme d'une couche ou d'un manteau d'une certaine épaisseur, fig. **91**, *a* et *b*, et fig. **88**, *bn*. Vu en coupe longitudinale, le boyau est alors creusé d'un canal; vu en coupe transversale, il présente un centre blanc. Le manteau de nucléine est uniforme dans son épaisseur, fig. **91**, *a* et *b*; ou bien il porte des anneaux alternativement plus épais et plus minces, présentant parfois des contours irréguliers et déchiquetés, *c*. De cet état à l'état suivant il n'y a qu'un pas.

B. *La nucléine se présente sous la forme de disques.*

Que les parties épaissies viennent à s'accentuer davantage aux dépens des parties minces et finissent par absorber ces dernières, la *striation* se manifestera aussitôt dans le boyau. En effet, celui-ci portera des disques diversement réfringents et, sous l'action du vert de méthyle, des disques colorés et des disques incolores, alternant régulièrement, fig. **89** et **90**. Le fait que l'on rencontre parfois sur les boyaux d'une longueur exceptionnelle, comme ceux de la fig. **51**, des portions striées et des portions qui ne le sont pas, semble légitimer cette manière de concevoir la genèse de la striation.

Fig. **92**.
Boyau nucléinien strié de la glande filière d'une larve de *némocère*, traité à frais par le vert de méthyle.

a : Gr. : **1/18**, **1**. A ce grossissement les stries paraissent formées par une série de points juxtaposées et à peine perceptibles.

b : Gr. : **1/18**, **3**. Les points sont nettement séparés les uns des autres. Leur grosseur varie d'une strie à l'autre, suivant l'épaisseur de ces dernières. Ils sont verts.

c : Gr. : **1/18**, **5**. Boyau étiré et extrait du noyau. L'étirement y a produit des stries longitudinales qui, combinées avec les disques transversaux, donnent au boyau l'aspect d'une fibre musculaire. Les stries longitudinales ne sont que des plis de l'étui périphérique. Les granules verts sont déformés et allongés dans le sens de l'étirement.

Quoi qu'il en soit, la striation du boyau est due à l'alternance régulière des disques qui renferment la nucléine et des disques qui sont dépourvus de cette substance.

Nous devons dire un mot de la constitution de ces disques.

1° *Les disques incolores sont formés par un plasma hyalin,* renfermant probablement des albuminoïdes; du moins le boyau prend une teinte rouge uniforme sous l'influence du réactif de MILLON. Il semble que ce plasma soit plastique et visqueux, pouvant s'étirer facilement. Il dérive sans doute du plasma nucléaire, qui pénètre par osmose, à travers l'étui plastinien, à l'intérieur du boyau. Sur les boyaux des insectes ces disques se distingent aisément; mais ailleurs ils sont loin d'être toujours aussi tranchés, à moins que le boyau n'ait été étiré, fig. **90**. On les voit cependant dans le noyau de *Vanda*, *b* de la fig. **65**, et dans celui de la taupe, fig. **57**.

2° *Les disques nucléinifères sont pleins ou creusés; leur hauteur est variable; ils sont parfois organisés.*

Ils sont pleins lorsque le boyau est primitivement rempli de nucléine, ou lorsque l'anneau qui leur donne naissance s'avance assez dans le sens radial pour fermer le canal central, sinon ce canal persiste et les disques sont percés d'une ouverture, fig. **93**. La hauteur des disques est relativement minime chez les insectes, fig. **89** et **92**; elle est beaucoup plus considérable chez la *Paris quadrifolia* et d'autres monocotylés, fig. **90**.

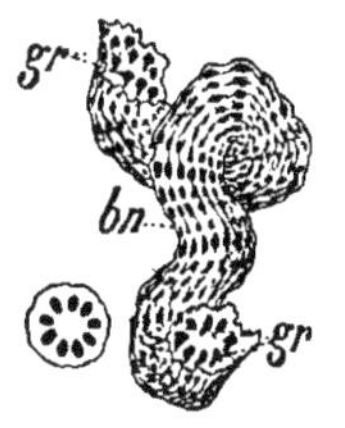

Fig. **93**. — Gr. : **1/18, 4**.

Coupe microtomique du boyau précédent.

bn : boyau couché.

gr : les deux sections opérées par le rasoir. On y voit un cercle de granules réfringents entourant l'orifice central. Les espaces interposés, laissés en blancs, représentent la masse plasmatique dans laquelle ils seraient enrobés. Ce sont ces granules qui donnent aux stries, vues de profil, l'aspect ponctué qu'elles présentent dans la figure précédente.

Les disques nucléinifères des arachnides, de la taupe, etc., se rapprochent de ces derniers, fig. **57** et **67**.

Enfin nous avons dit que ces disques sont parfois organisés. Il en est ainsi, par exemple, dans les noyaux striés des insectes. Les disques de ces noyaux sont en effet constitués par des sphérules juxtaposées, mais distinctes, entourant, en nombre variable, le canal médullaire du boyau. Les fig. **92** et **93** représentent l'exemple le plus frappant que nous ayons rencontré de cette structure particulière [1]. Dans la première de ces figures, le boyau couché est vu de face sous divers grossissements; dans la seconde, il est vu en section transversale sur une coupe microtomique. Ces deux

(1) Le boyau que nous figurons provient, croyons-nous, d'une larve de *némocère*; mais jusqu'ici nous n'avons pu maintenir cette larve en vie jusqu'à sa transformation en animal adulte.

figures sont tout-à-fait concordantes et se complètent mutuellement. On y trouve la preuve de que ce nous venons d'avancer. Nous devons ajouter que les sphérules nucléiniennes paraissent logées dans un stroma plasmatique formé par les épaississements brillants dont il a été question plus haut. C'est là du moins l'impression qui demeure lorsqu'on assiste à la dissolution de la nucléine par un réactif; à la place de chaque granule il existe, semble-t-il, une cavité à bords blancs, réfringents. Mais ces opérations sont fort délicates.

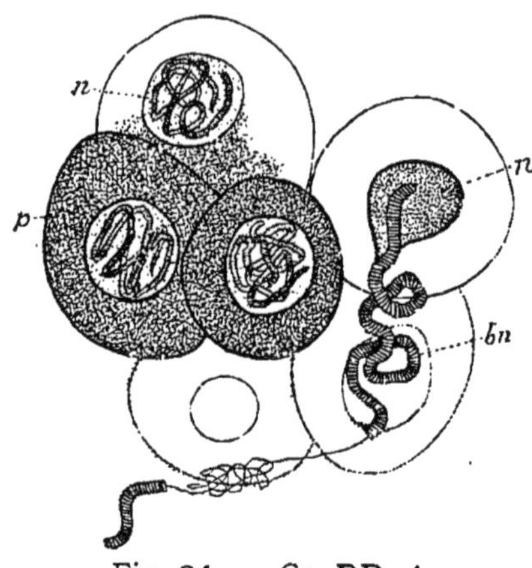

Fig. **94**. — Gr. **DD, 1**.

Extrémité de la glande filière d'une jeune larve de *némocère*, vue de face.

p : protoplasme avec son *reticulum* délicat, et son *enchylema* très riche.

n : noyaux. Les trois noyaux de gauche ont été dessinés sur le vivant; celui de droite a été réprésenté après l'action du picrocarmin qui a beaucoup accentué son plasma.

bn : boyau nucléinien plus grossi (**1/12, 1**). L'aiguille a entraîné ce boyau et a déroulé sa nucléine interne en un long filament. Les réactifs du noyau ne colorent que ce dernier.

Il arrive que, après avoir dissocié les tissus des insectes et des monocotylés, on rencontre, dans le voisinage des boyaux brisés, un fil mince, très sensible au vert de méthyle, qui s'en est déroulé et qui tient encore aux bouts de fracture. C'est BARANETZKY [1] qui a fait connaître le premier cette particularité qu'il avait observée sur les noyaux des cellules polliniques des *Tradescantia*. Nous avions déjà, à cette époque, rencontré plusieurs fois ce filament chez les insectes, et depuis lors nous l'y avons revu assez fréquemment. Le plus souvent le fil nucléinien sort en ligne droite des bouts fracturés, fig. **94**, sans qu'on puisse saisir la manière dont il se comporte avec les disques nucléinifères. Mais parfois aussi il se continue sous la forme d'une spirale interne avec ces disques, fig. **95**; ceux-ci ne paraissent alors représenter autre chose en réalité que les divers tours d'un filament continu, qui serait enroulé en spirale serrée à l'intérieur de l'étui.

Ces faits sont certains; nous les avons constatés trop souvent pour en douter encore. Mais comment faut-il les interpréter ? Le filament déroulable préexiste-t-il dans le boyau, ou bien n'est-il que le résultat d'un accident de préparation ? La dernière hypothèse nous paraît beaucoup plus probable pour la raison que voici : nous ne

(1) BARANETZKY, *Die Kerntheilung*, etc.; Bot. Zeit., 1880, p. 241.

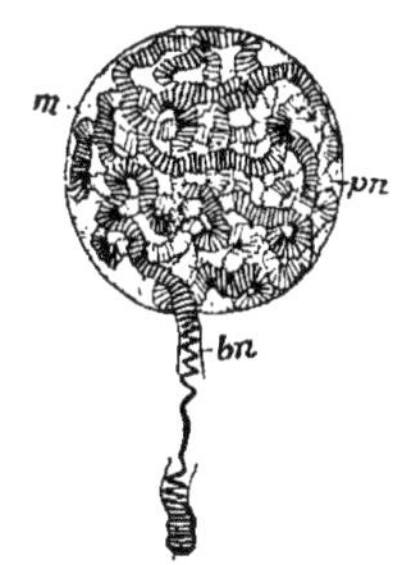

Fig. **95.** — Gr. : **1/12, II.**
Noyau type, provenant d'un tube de MALPIGHI d'une nymphe d'*hyménoptère*.
m : membrane.
pn : plasma nucléaire.
bn : boyau nucléinien, dont la partie intérieure se déroule sous la forme d'un fil spiralé, uniformément coloré par le vert de méthyle.

sommes jamais parvenu à voir le prétendu filament spiralé courir d'un disque à l'autre; les disques paraissent distincts dans toutes les positions où l'observation est possible. On peut du reste expliquer la formation du filament déroulé, par la traction opérée à l'aide de l'aiguille ou du scalpel. Il suffit d'admettre que le plasma hyalin des disques incolores et du canal central est constitué par une matière glutineuse, adhérant aux disques nucléiniens comme aux instruments de dissection, et se laissant étirer avec facilité. Dans ces conditions, on conçoit que l'aiguille puisse entraîner avec elle tout le contenu du tube et en fusionner tous les éléments, jetés pêle mêle, en une masse homogène et filamenteuse. Dans les cas plus rares (1) où l'on aperçoit une spirale interne près des bords déchirés, on pourrait admettre aussi que les disques, sous un étirement oblique et modéré du plasma, viennent se placer bord à bord, d'une certaine façon. Mais hâtons-nous d'ajouter que la science est loin d'avoir dit son dernier mot sur la constitution du boyau nucléinien, élément toujours aussi étrange en lui-même que désespérant pour l'observateur. L'étude de l'élément nucléinien est sans contredit une des parties les plus difficiles et les plus délicates de la micrographie biologique. Pendant les longues heures que nous lui avons consacrées, nous nous sommes rappelé bien des fois, et comme instinctivement, ces paroles de FONTANA(2), qui pourront paraître étranges à ceux qui n'ont pas l'habitude de ces sortes de recherches : « J'ai fait, dit-il, plus de 6000 expériences, j'ai fait mordre plus de « 4000 animaux, j'ai fait usage de plus de 3000 vipères..... et « cependant je puis m'être trompé..... et il est presque impossible « que je ne me sois trompé!.....»

(1) Nous n'avons observé cette spirale que 3 ou 4 fois, mais sur divers objets.

(2) FONTANA : *Traité sur le venin de la vipère etc.*; préface de l'édit., p. XIII. Florence, 1781.

§ III. Topographie du boyau nucléinien.

V. En général le boyau de nucléine n'occupe pas de position déterminée ; cependant il se localise parfois au centre du noyau pour y former un nucléole-noyau.

Le boyau ou filament nucléinien, disons-nous, n'a pas habituellement de position déterminée à l'intérieur du noyau : ses circonvolutions y sont jetées pèle mêle au milieu de l'élément plasmatique, comme le lecteur a pu s'en convaincre par les nombreuses figures qui précèdent. Si la longueur est considérable, il remplit le noyau tout entier. On aperçoit alors ses anses, nombreuses et serrées, monter et descendre contre la membrane nucléaire, où elles font l'effet, lorsqu'elles sont vues en section optique, d'une couche continue et membraniforme. C'est là ce qui a porté certains observateurs, comme nous l'avons indiqué à la p. 186, à considérer avec Rauber, la membrane nucléaire comme une dépendance du réseau chromatique. En réalité cette dépendance n'existe pas ; elle repose sur une apparence trompeuse. Car, en dissolvant la nucléine, on peut constater l'existence de la véritable membrane plasmatique jusque là peu distincte, à cause de la grande réfringence des anses nucléiniennes qui la tapissaient intérieurement.

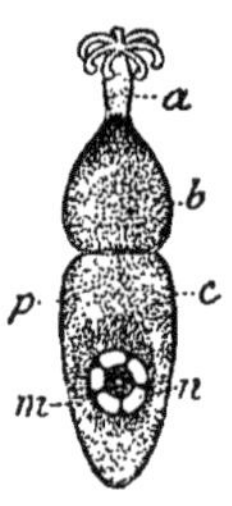

Fig. **96**. — Gr. : **DD, 1**.

Grégarine de la larve de *phrygane*.

a : épimérite avec crochets.
b : deutomérite.
c : protomérite.
m : membrane cellulaire.
n : noyau. Au milieu, le *nucléole-noyau*, avec son filament vu en section, et son nucléole plasmatique (blanc) ; à la périphérie, les cinq cordons protoplasmatiques, séparés par autant de vacuoles hyalines.

Cependant il arrive que l'élément nucléinien se localise, et la position qu'il prend présente un intérêt particulier. Le boyau se ramasse en pelotte serrée au centre du noyau, laissant libre et inoccupée tout la partie protoplasmatique extérieure, qui se présente alors avec tous les caractères du protoplasme cellulaire. Ce phénomène s'observe çà et là, et pour ainsi dire à l'état sporadique, sur divers éléments, dans des circonstances indéterminées. Il est rare d'observer, dans ce cas, une limite tranchée entre la sphérule centrale et la partie restante du noyau, fig. **105**. Mais cette aberration dans la topographie du filament devient normale dans certaines cellules ; et alors la pelotte nucléinienne s'entoure souvent d'une mince membrane qui en fait un nouveau noyau au milieu de l'ancien. Cette particularité intéressante se rencontre chez plusieurs protorganismes : on la constate dans les grégarines, fig. **96**, certains radiolaires et rhizopodes, quelques algues, les *Spirogyra* par exemple, les thèques de champignons, fig. **123**, etc. Elle se présente également dans les cellules ordinaires des tissus. Un des exemples les plus frappants que nous ayons observé est celui que présentent les noyaux des cellules testiculaires du *Lithobius forficatus*, fig. **97** et **100**. Ces noyaux sont modelés sur celui des grégarines. Le filament nucléinien, à circonvolutions distinctes, n'occupe qu'un espace restreint au milieu du protoplasme nucléaire dont il se sépare par une membrane très nette. Le noyau primitif est ainsi transformé apparemment en une véritable cellule.

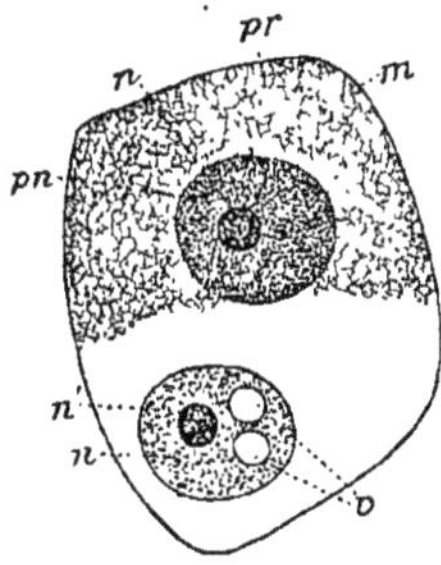

Fig. **97**. — Gr. : **G, 2**.
Cellule testiculaire du *Lithobius forficatus*.

pr : cytoplasma finement réticulé.
n : les deux noyaux avec leur large zone protoplasmatique, *pn*, limitée par une membrane bien visible.
n' : le *nucléole-noyau* avec son filament enroulé.

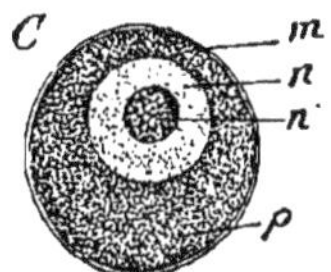

Fig. **98**. — Gr. : **1/12, IV**.
Œuf du *Pleurobrachia pileus* (béroïde) avant la fécondation.

m : membrane.
p : protoplasme.
n : noyau avec sa mince membrane et son plasma peu granuleux.
n' : filament de nucléine ramassé au centre en un *nucléole-noyau* volumineux.

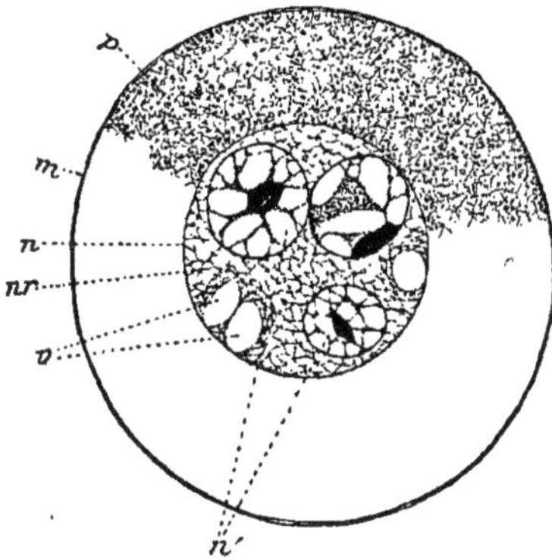

Fig. **99**. — Gr. : **1/12, 1**.
Œuf mûr de *Nephthys scolopendroïdes* (annélide).

p : protoplasme réticulé.
n : noyau. La portion plasmatique, très développée, porte un *reticulum nr*, et quelques vacuoles *v*. La nucléine a formé trois taches de Wagner; celles-ci se sont entourées d'une zone de protoplasme, séparée du restant par une membrane.

Les œufs de certains animaux montrent des phénomènes semblables. La fig. **98** représente cette particularité dans celui d'un béroïde. Le boyau de nucléine, au lieu de se scinder pour former les taches germinatives ordinaires, s'est maintenu au centre de la vésicule, en s'entourant d'une membranule. On constate la même chose dans les œufs de certaines ascidies, fig. **110**. Signalons encore une particularité que nous n'avons trouvé mentionnée nulle part. Les taches de WAGNER se conduisent parfois comme les pelottes nucléiniennes dont nous venons de parler. Elles agissent comme autant de centres qui individualisent une portion plasmatique, nettement limitée à la périphérie, et finissent par simuler de vrais noyaux. La vésicule germinative devient alors une sorte de cellule multinucléée. Nous avons constaté ce fait à diverses reprises chez les insectes, les mollusques, les vers, spécialement sur les œufs de *Nephthys*, fig. **99**.

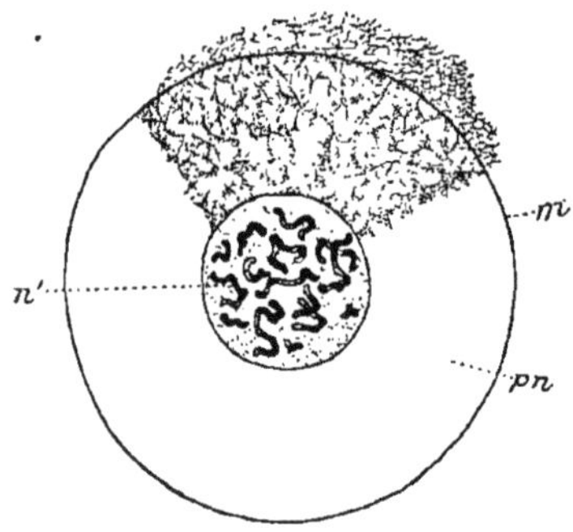

Fig. **100**. — Gr. : **L, 4**.

Noyau jeune de *Lithobius* (*b* de la fig. **116**).

m : membrane du noyau.

pn : zone protoplasmatique du noyau.

n' : nucléole. On y remarque une membrane et une portion plasmatique. Les tronçons en **V** des couronnes polaires de nucléine ne se sont pas encore entièrement soudés pour reconstituer le boyau nucléinien.

Lorsqu'on examine attentivement ces nucléoles on y trouve tous les éléments du noyau ordinaire : une membrane, une portion protoplasmatique et un élément nucléinien, fig. **100**. Chez le *Lithobius* la membrane du nucléole est aussi forte que celle du noyau; on peut s'en convaincre en dissolvant la nucléine par l'acide chlorhydrique. Il n'est pas rare d'y rencontrer de volumineux nucléoles plasmatiques; les grégarines sont remarquables sous ce rapport, fig. **96**.

Si l'on tenait à conserver la dénomination de *nucléole*, il semblerait naturel de la réserver exclusivement pour nommer ces noyaux en miniature, *nucleoli*. Cette restriction dans la signification du mot nucléole est d'autant plus légitime que VALENTIN a originairement défini ce corps, nous l'avons vu à la p. 174 : « *eine Art von zweiten Nucleus*, *une espèce de second noyau*. » Or, de toutes les productions si disparates qui ont été comprises sous ce nom par les auteurs subséquents, celles qui nous occupent sont les seules dont on puisse dire qu'elles sont *une sorte de petit noyau dans le grand*. Nous pouvons ajouter que dans certains circonstances ces *nucléoles* deviennent libres, et se conduisent comme un noyau ordinaire : cela se voit, comme M. GILSON le démontrera bientôt, dans la formation des spermatozoïdes du *Lithobius*.

Nous aurons l'occasion de revenir plus tard sur ces formations. Elles nous serviront pour appuyer certaines déductions concernant le rôle de la nucléine.

ARTICLE SECOND.

L'ÉLÉMENT PROTOPLASMATIQUE.

Consulter ci-dessus p. 185, 202 et 203, et p. 205 à 207.

VI. Il existe, à l'intérieur du noyau et indépendamment du filament nucléinien, une partie protoplasmatique formée, comme le protoplasme cellulaire, d'un reticulum et d'un enchylema.

L'élément protoplasmatique ne paraît manquer à aucun noyau bien constitué. Sans doute, il est difficile de le mettre en évidence dans les noyaux très petits, à peine visibles avec les meilleurs instruments, tels que ceux des saprolégniées, des chytridinées et d'autres champignons, ceux des algues siphonées, des tubes polliniques et de beaucoup de cellules multinucléées semblables. Il en est de même pour les noyaux réduits des tissus, particulièrement chez les mollusques, les échinodermes, les polypes, etc.

Mais les noyaux dont le volume se prête à une exploration intime, nous montrent, à côté de la nucléine, une partie plasmatique figurée, formée d'un *reticulum* et d'un *enchylema* hyalin, p. 185 et 202.

1° *Noyaux vivants.*

La constatation de ce nouvel élément dans les noyaux vivants n'est pas sans offrir quelques difficultés. Pour réussir, il faut faire un choix parmi les noyaux les plus volumineux. On conçoit en effet que dans les noyaux conformés comme ceux du cloporte, fig. **41**, p. 196, (et ces noyaux sont malheureusement très répandus) il soit impossible de lire à leur intérieur : les anses nucléiniennes, nombreuses et serrées, les rendent impénétrables. Ensuite le *caryoplasma* vivant est hyalin, presque homogène, ses granules étant généralement petits et rares; il fait donc, à première vue, l'impression d'un liquide ou d'une vacuole. Il est une troisième difficulté qui n'est pas moins sérieuse, celle de le distinguer avec certitude de l'élément nucléinien, sans l'emploi des réactifs.

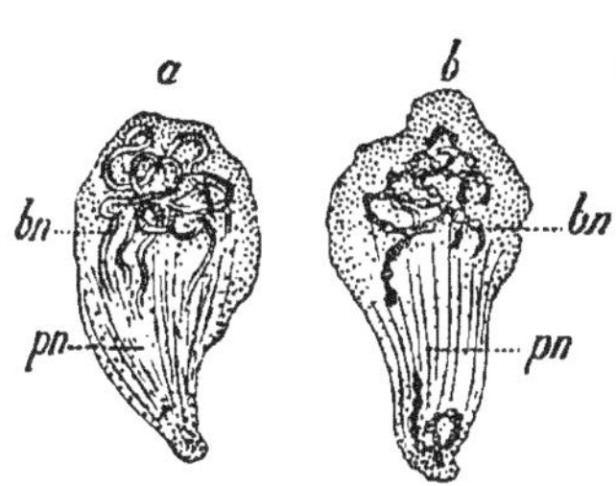

Fig. **101**. — Gr. : L, 3.

a : noyau d'une cellule graisseuse de la larve d'un *lépidoptère*.

b : noyau extrait d'une trachée d'*asticot* (fig. **56**).

Ces deux noyaux, accidentellement étirés par l'aiguille, montrent leur *reticulum* plasmatique transformé en un faisceau de filaments, *pn*, qui rappelle le fuseau nucléaire de *B*, fig. **102**.

a) Les noyaux volumineux, renfermant un boyau épais et peu tortillé, sont particulièrement favorables à l'étude du plasma nucléaire; celui-ci s'y montre nettement entre les tours du filament, fig. **56**, **57**, **58**, **66**, **67**, etc.

b) Sur les noyaux qui ont été accidentellement extraits des cellules et actionnés par l'aiguille on peut voir davantage. Il nous est arrivé plus d'une fois de trouver leur plasma transformé en un fuseau rappelant celui de la caryodiérèse, fig. **101**. A notre avis, les filaments de ce fuseau représentent le *reticulum* plasmatique du noyau, devenu apparent lors de l'étirement, peut-être parce que plusieurs trabécules se sont collées ensemble.

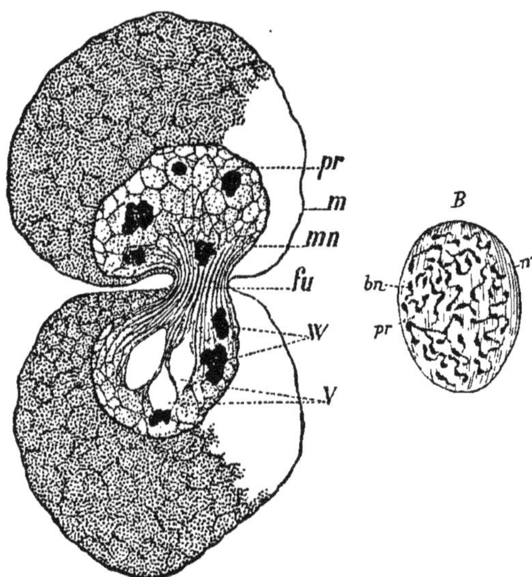

Fig. **102**. — Gr. : *B*, **L**, **3**; *A*, **1/12**, **1**.

B : Noyau d'une fibre mnsculaire d'une très jeune larve d'*hydrophyle*, entrant en division. Le *caryoplasma* s'y est ordonné en un grand nombre de filaments (fuseau), *à l'intérieur de la membrane nucléaire encore intacte*. A gauche, œuf de l'ovaire du crapaud mâle (*Pelobates fuscus*), en division,

mn : membrane nucléaire intacte; *w*, tâches de Wagner, irrégulières; *v* : vacuoles; *fu* : fuseau intérieur, formé par la régularisation du *reticulum* plasmatique du noyau.

c) Nous venons de faire allusion à la caryodiérèse. Les caractères qu'elle présente sont de nature à nous intéresser. En effet, dans certains cas particuliers, on constate avec certitude que le *fuseau nucléaire* se forme à *l'intérieur du noyau et aux dépens des éléments de ce dernier*. Cela se voit lorsque la membrane du noyau conserve son intégrité jusqu'au moment de cette formation. Or, c'est là un fait qui se présente plus souvent qu'on ne le croit généralement. Nous avons observé un *fuseau intérieur* sur les noyaux de l'opaline de la grenouille, de l'euglyphe, d'une vorticelle, etc. Nous avons également remarqué sa présence dans plusieurs noyaux des jeunes fibres musculaires de la larve de l'hydrophile, fig. **102**, *B*, et dans ceux des jeunes œufs en division du crapaud mâle, même fig., *fu*. En élevant et en abaissant alternativement l'objectif, il est aisé de s'assurer que les nombreux filaments de *B* et ceux de *fu* sont à l'intérieur de la membrane nucléaire *m*, qui est très nette dans ces deux objets.

Ainsi, on est obligé d'admettre qu'il existe dans ces noyaux un élément plasmatique à côté de l'élément nucléinien [1].

d) En pratiquant des coupes sur les tissus frais, le rasoir emporte parfois le boyau nucléinien et alors, si le noyau a été respecté dans sa forme, l'œil y distingue un *reticulum* régulier, renfermant un *enchylema* hyalin dans lequel nagent quelques granules. La fig. **103** met sous les yeux du lecteur deux cellules d'une coupe faite à travers les feuilles d'un bulbe d'oignon. Le noyau de gauche s'est trouvé dans les conditions que nous venons d'indiquer; son boyau a été déroulé et entraîné par le rasoir et la partie protoplasmatique ainsi dégagée est devenue visible sur place. Nous avons souvent rencontré de pareilles figures sur des coupes pratiquées dans l'endosperme frais de *Paris*, de *Clivia*, de *Majanthemum*, etc..

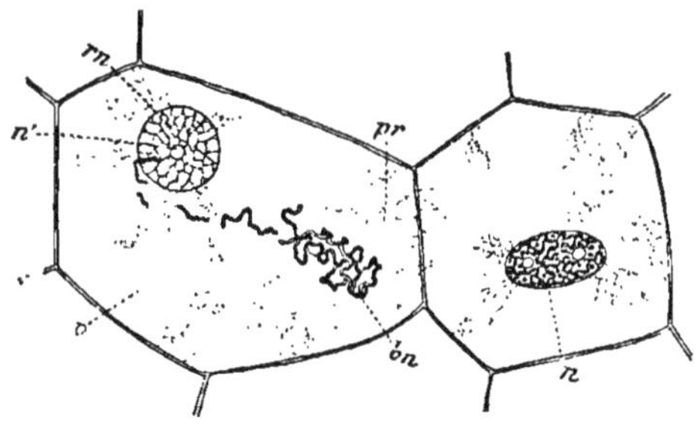

Fig. **103**. — Gr. : **F, 1**.

Deux cellules du parenchyme foliaire de l'*Allium cepa*.

A DROITE, un noyau, *n*, montrant son boyau nucléinien et ses deux nucléoles plasmatiques.

A GAUCHE, un *nucleus* dont le boyau, *bn*, a été déroulé par le rasoir; le *reticulum* plasmatique, *rn*, est resté en place, ainsi que le nucléole plasmatique, *n'*.

e) Il est un genre de cellules fort remarquables par leur *caryoplasma*, ce sont les œufs des animaux. Il est vrai que, pour la plupart des auteurs, tous les corps figurés de leur noyau font partie de l'élément chromatique; ainsi FLEMMING [2] parle d'un réseau de chromatine et la décrit longuement. Mais ce n'est pas ainsi que nous comprenons la constitution de ces noyaux. Selon nous, on a généralement confondu deux éléments distincts : l'élément nucléinien et l'élément plasmatique. Cette erreur provient de plusieures causes :

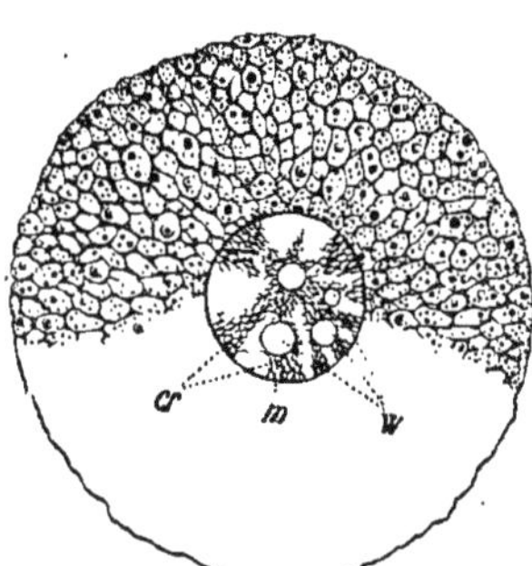

Fig. **104**. — Gr. : **F, 1**.

Œuf de *crabe* à demi-développé.

m : membrane du noyau.

cr : cordons plasmatiques réticulés.

w : taches de WAGNER dont la nucléine a été enlevée par le carbonate de potassium à 50 o/o; leurs contours ont été maintenus pour indiquer la place qu'elles occupaient.

---

(1) L'existence d'un *fuseau intérieur* est de nature à infirmer l'opinion de STRASBURGER et de ceux qui font dériver le fuseau nucléaire du *cytoplasma*.

(2) FLEMMING : *Zellsubst.*, etc., p. 104, et passim dans le XVIIe chap., p. 98 à 178.

a) l'idée qu'on devait retrouver un *reticulum* chromatique dans le noyau des œufs, *reticulum* qui n'existe pas, p. 223; *b*) la présence d'une sorte de *reticulum* formé par les cordons protoplasmatiques; *c*) les méthodes de coloration qui, appliquées sans contrôle et d'une manière exclusive sur des matériaux durcis, ont fait prendre ces éléments plasmatiques pour le *reticulum* nucléinien. En effet les réactifs colorants tels que les carmins, l'hématoxyline, la safranine, etc., ne teignent pas seulement le filament nucléinien, ils colorent aussi intensément beaucoup d'autres corps : les cordons et les *nucléoles plasmatiques*, les enclaves albuminoïdes, et même la membrane nucléaire; et, lorsqu'on emploie la méthode de surcoloration, p. 146, ces corps retiennent parfois la matière colorante avec autant d'énergie que la nucléine elle-même. Il est donc difficile de distinguer, par ce moyen, la partie nucléinienne de la partie plasmatique. Pour y arriver il faut prendre une autre voie; il faut appliquer le vert de méthyle sur des matériaux frais, et recourir aux dissolvants de la nucléine. En suivant cette méthode, on arrive à la conclusion que nous avons formulée à la p. 223, à savoir que dans la grande majorité des œufs, l'élément nucléinien est localisé tout entier dans les taches de WAGNER, et que, par conséquent, tout le restant du noyau représente le *caryoplasma*. Cela étant, il est aisé de voir ce dernier sur le noyau de certains œufs vivants, surtout lorsqu'on parvient à le mettre en liberté soit à l'aide de l'aiguille, soit à l'aide d'une pression modérée. La chose est d'autant plus facile que les taches germinatives y sont habituellement bien marquées et que le protoplasme y affecte souvent la forme de cordons grossiers.

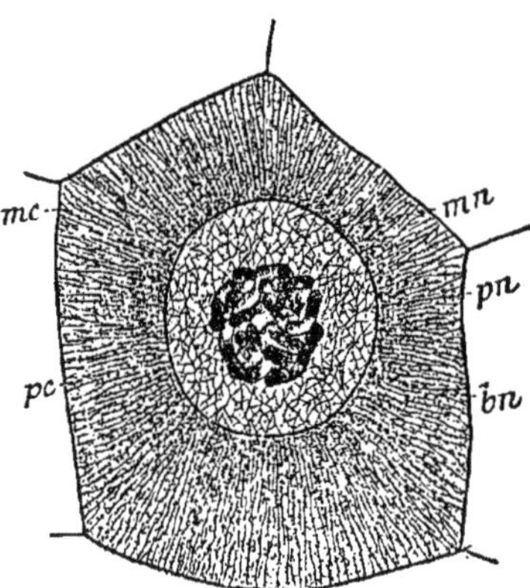

Fig. **105**. — Gr. : **DD, 1**.

Cellule et noyau typiques de l'épithélium intestinal d'un *asticot* exposé aux vapeurs d'acide osmique.

mc : membrane cellulaire.

pc : protoplasme cellulaire : on y distingue le *reticulum* rayonnant, et l'*enchylema* renfermé dans ses mailles.

mn : membrane du noyau.

pn : plasma du noyau : on y voit également un *reticulum* et un *enchylema* plasmatiques, aussi distincts que ceux du protoplasme.

bn : boyau nucléinien continu, contracté au centre du noyau, et montrant des anses nombreuses.

f) Enfin, dans tous les noyaux qui possèdent un nucléole véritable, l'existence d'un élément plasmatique ne peut échapper à l'observateur. La large zone de protoplasme qui entoure le nucléole s'y voit aussi facilement que le protoplasme de la cellule, fig. **97** à **100**, etc.

2° *Noyaux traités par les réactifs.*

a) Le vert de méthyle est d'une grande utilité pour constater la présence du caryoplasma, parcequ'il ne se fixe sensiblement que sur le filament de nucléine. En traitant par ce réactif les noyaux dont nous venons de parler, la partie qui reste incolore est notable. On y distingue de nombreux granules et des détails de structure qui rappellent le *reticulum* du protoplasme cellulaire, fig. **99**.

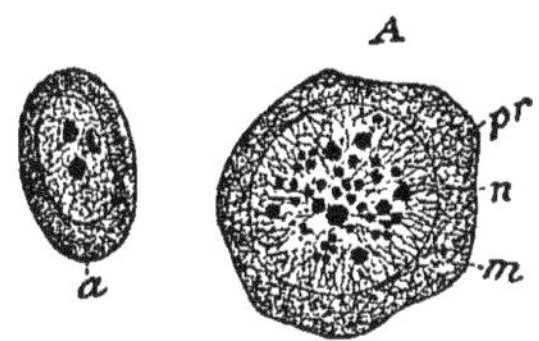

Fig. **106**.—Gr. : *a*, G, **4**; *A*, G. **2**.

a : jeune œuf d'*Ascaris megalocephala*, avec son noyau volumineux dont le boyau de nucléine est remplacé par trois sphérules (taches germinatives), et dont le plasma est délicatement réticulé.

A. Œuf jeune de *carabe*.

m : membrane de la cellule.

pr : protoplasme avec son *reticulum* marqué.

n : noyau ou vésicule germinative. Le boyau de nucléine s'est scindé en une foule de sphérules éparses dans le plasma nucléaire. Celui-ci est doué d'un *reticulum* plasmatique bien développé.

b) Les réactifs fixateurs mettent ces détails plus en relief. C'est ainsi, qu'en employant le tanin et l'alcool, ZACHARIAS constate la présence du *reticulum* de plastine à l'intérieur des noyaux du *Phajus grandifolius*. L'acide osmique, le mélange de FLEMMING, p. 90, agissent encore plus efficacement. L'application de ces fixateurs sur des matériaux convenablement choisis fait apparaître le *reticulum* et l'*enchylema* nucléaires avec une grande netteté, fig. **104**, **105** et **106**.

c) La digestion artificielle modérée rend aussi service. Met-on à digérer des noyaux comme ceux du *Lithobius* et des œufs, on constate que la portion granuleuse, ou l'enchylème, disparaît, laissant en place un réseau plus ou moins fourni. Dans le *Lithobius* ce réseau rivalise de régularité avec celui du protoplasme.

d) Mais le plus souvent, pour déceler le *caryoplasma*, il est nécessaire de faire disparaître le boyau par l'un ou l'autre des dissolvants de la nucléine. Cette opération est assez délicate, à cause de la grande finesse du *reticulum* plasmatique; en général, il faut que les réactifs agissent avec lenteur pour qu'il ne soit pas altéré. On choisira donc les endroits convenables de la préparation pour le reconnaître.

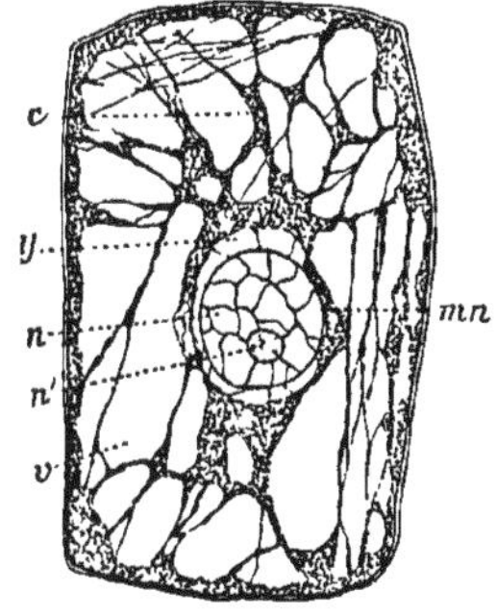

Fig. **107**. — Gr. : **F**, **1**.
Cellule parenchymateuse de *Rhenanthera coccinea* (orchidée).

mn : membrane du noyau.

n : intérieur du noyau après l'action de l'acide chlorhydrique. Le boyau nucléinien a disparu, mais le *reticulum* plasmatique a été respecté.

n' : nucléole plasmatique qui s'est maintenu également.

y : zone d'où s'est retiré le *cytoplasma* en se contractant. On y voit quelques trabécules attachées à la membrane du noyau.

c : cordons réticulés du cytoplasma.

v : vacuoles interposées.

Du reste il est utile de varier les dissolvants. Nous avons employé avec avantage le cyanure de potassium et le carbonate potassique; ces deux réactifs nous paraissent généralement préférables aux alcalis dilués. Nous les employons en solution de 40 à 50 o/o. Veut-on enlever toute la nucléine, il est nécessaire de prolonger l'action des dissolvants, surtout lorsqu'on opère sous le verre-à-couvrir — ce qui est toujours à conseiller pour éviter la déformation des noyaux —. Il arrive qu'après deux ou trois jours le vert de méthyle, malgré les lavages répétés, décèle encore la présence d'une trace de nucléine, uniformément répandue dans les mailles du *reticulum* plasmatique; mais on trouvera toujours dans les préparations des noyaux qui restent incolores sous l'influence de ce réactif.

Nous représentons dans la fig. **107**, une cellule d'orchidée, traitée de cette façon par l'acide chlorhydrique. La nucléine a disparu entièrement du noyau; mais le *reticulum* plastinien, *n*, ici peu fourni, le nucléole plasmatique *n'*, et la membrane *mn*, ont été respectés.

En se servant tour à tour des différents dissolvants que nous venons de mentionner, et en agissant avec précaution, il est rare qu'on ne parvienne pas à découvrir une portion plasmatique dans le noyau. Il est même intéressant de constater combien cette portion peut se développer

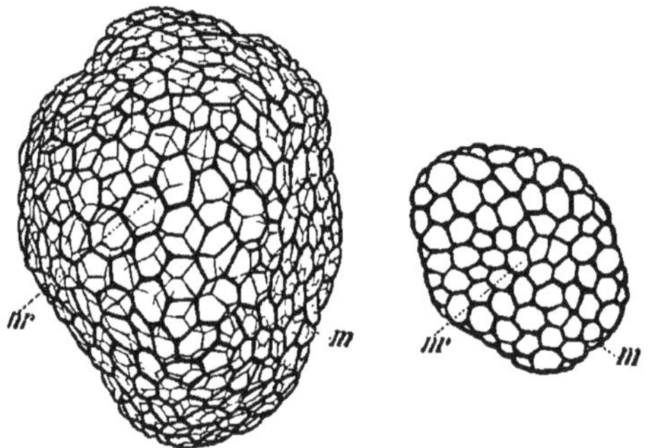

Fig. **108**. — Gr : **1/18**, **2**.

Deux noyaux des cellules testiculaires du *cloporte*, traités par le cyanure de potassium et le carbonate potassique.

m : membrane du noyau.

nr : *reticulum* plasmatique, formé de plastine ou d'une substance analogue. Ce reticulum est d'une grande régularité, et il se montre tel sur tous les noyaux.

au sein des noyaux qui sont bondés de nucléine. Le type par excellence de ces noyaux est bien celui des grandes cellules testiculaires du cloporte. En examinant le noyau de la fig. **41**, p. 196, on se demanderait volontiers comment un second élément pourrait s'y loger.

Et cependant cet élément s'y trouve ! et il y est beaucoup plus développé que dans une foule d'autres noyaux ! La fig. **108** le prouve d'une manière éclatante. Elle représente deux noyaux ayant séjourné pendant 3 jours, l'un, *A*, dans le cyanure de potassium, l'autre, *B*, dans le carbonate potassique. Leur *reticulum* de plastine est d'une puissance et d'une richesse peu communes. Ces squelettes ne fixent plus la moindre particule de vert de méthyle.

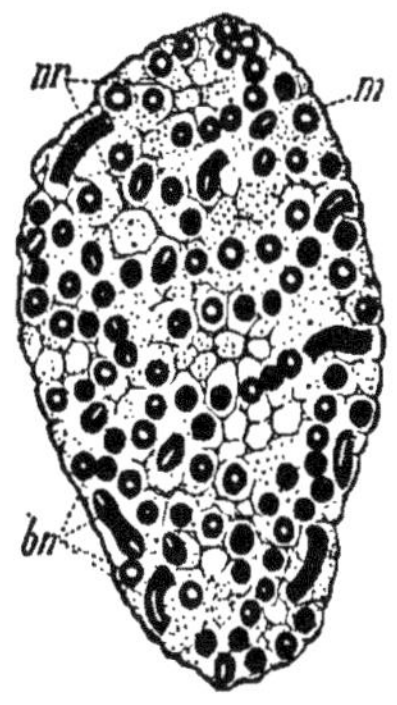

Fig. **109**. — Gr. : **1 18, 2**.

Coupe microtomique d'un noyau de *cloporte*.

m : membrane du noyau.

nr : *reticulum* de plastine visible sur presque toute la coupe.

bn : sections du boyau nucléinien. Ce boyau passe dans la plupart des mailles du réseau précédent. La nucléine y est renfermée sous la forme d'un manteau périphérique qui laisse libre la portion centrale du tube

e) Enfin l'observateur peut user d'un dernier moyen dans la recherche de l'élément plasmatique du noyau : il peut recourir aux coupes microtomiques, comme nous l'avons fait déjà pour étudier la structure du boyau nucléinien. En pratiquant la méthode que nous avons indiquée à la p. 229, il arrive souvent qu'on distingue sans trop de difficulté des portions notables du *reticulum*, ou du moins de la partie plasmatique, sur la plupart des coupes. On peut s'en assurer par l'inspection de la fig. **109** que nous connaissons déjà. Le *reticulum*, *nr*, tranche par sa blancheur à côté des tubes nucléiniens, intensément colorés par le vert de méthyle. Lorsqu'on fait arriver le cyanure sur ces coupes, on reconnaît que le carrelage brillant dont nous parlons demeure en place pour former le *reticulum* de la fig. **108**.

Il résulte de ce qui précède, qu'il existe dans le noyau, à côté de l'élément chromatique, autre chose que la sève amorphe des auteurs, p. 185 : on y trouve en effet une portion protoplasmatique figurée, composée d'un *réseau* et d'un *enchylème*, à l'instar du protoplasme cellulaire. Remarquons cependant que les trabécules de ce réseau sont généralement plus minces et moins régulières, son enchylème, plus hyalin et moins granuleux que les éléments correspondants du cytoplasme. Parfois aussi, comme chez les batraciens, etc., etc., cette portion est peu fournie. Mais à part ces détails, on doit identifier le *caryoplasma* avec le *cytoplasma*, au point de vue organique, comme au point de vue chimique, p. 205.

VII. La portion plasmatique du noyau peut renfermer les enclaves et les diverses substances qu'on rencontre dans le protoplasme cellulaire.

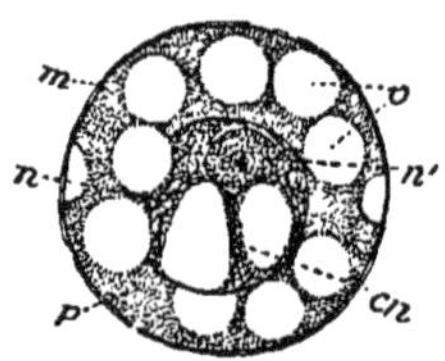

Fig. **110**. — Gr. : G, 2.
Œuf encore jeune d'une *ascidie*.
m : membrane.
p : protoplasme de l'œuf.
v : nombreuses sphérules albumineuses.
n : noyau volumineux, avec ses cordons plasmatiques *cn*, séparés par de larges vacuoles.
On observera dans ces cordons un *reticulum* assez marqué.
n' : *nucléole-noyau*, muni d'une membranule. Le filament nucléinien y est visible à la périphérie; au centre, il s'est fusionné en une sphérule centrale (tache de WAGNER).

L'identité que nous venons de signaler entre les éléments essentiels des deux portions plasmatiques se poursuit jusque dans les corps particuliers qui peuvent s'y rencontrer.

1° *Le caryoplasma porte des enclaves.*

Les enclaves principales et les plus fréquentes du noyau sont les *vacuoles*. Dans le jeune âge ces enclaves font défaut; mais plus tard elles font irruption dans le noyau comme dans le protoplasme. On les trouve surtout, cela se conçoit, dans les noyaux qui sont riches en plasma et dans ceux dont la portion plasmatique se dégage de l'élément nucléinien, ou qui ont un nucléole véritable. C'est ainsi que dans les noyaux des œufs leur existence est pour ainsi dire normale, fig. **110**. Les protozoaires, à noyau volumineux ont aussi des vacuoles; il en est même où ces enclaves constituent un phénomène constant : telles sont les grégarines, fig. **118**. Nous en avons rencontré souvent dans les noyaux des insectes, fig. **111**. Les noyaux âgés des parenchymes et des poils végétaux [1] en renferment aussi fréquemment.

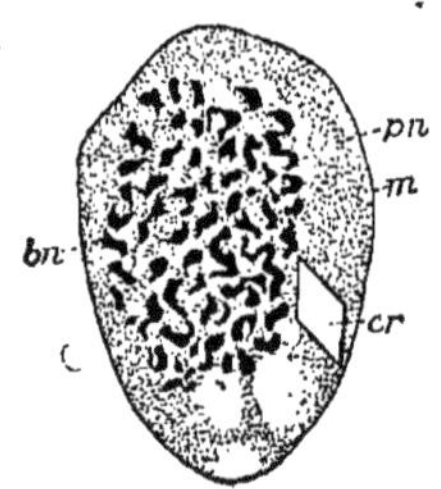

Fig. **111**. — Gr. : F, 1.
Noyau de la glande salivaire de la *Nepa cinerea*.
m : membrane du noyau.
p : portion protoplasmatique.
bn : boyau nucléinien, en grande partie fragmenté.
cr : enclave cristalline.
En bas, trois *vacuoles*.

Lorsque les vacuoles nucléaires sont développées, elles réduisent le *caryoplasma* à l'état de cordons, comme cela se voit si nettement dans les œufs et dans les grégarines. Ces cordons sont identiques à ceux du *cytoplasma*; ils sont également constitués par un certain nombre de mailles repoussées. C'est à tort que plusieurs observateurs ont assimilé le réseau grossier formé par l'ensemble de ces cordons au *reticulum* plasmatique véritable; ce dernier se retrouve avec tous ses caractères dans chacun des cordons en particulier, fig. **110**.

(1) Voir WEISS : *Allgemeine Botanik*, tom. I, p. 100.

Outre les vacuoles, on a signalé à l'intérieur du noyau des enclaves de diverse nature. STRASBURGER (1) a rencontré dans les noyaux des *Tradescantia*, et FROMMANN (2), dans ceux du *Cereus speciosus*, des sphérules se colorant en bleu par l'iode. Nous avons constaté la même chose dans les *Clivia*. HOFMEISTER (3) avait montré du reste, longtemps auparavant, que les nucléoles présentent parfois les réactions de la fécule. On observera, dans la fig. **78**, un grand nombre d'enclaves albuminoïdes à l'intérieur du noyau ramifié de l'*Yponomeuta*. Nous avons trouvé, à plusieurs reprises, des amas de glycogène dans les noyaux du foie embryonnaire de la limace, et des globules de graisse dans ceux de la noctiluque, des larves de crustacés, des oogones de champignons. La fig. **111** montre un beau cristal à l'intérieur d'un noyau de la glande digestive de la *Nepa cinerea*. On peut voir dans la fig. **112**, à côté du boyau fragmenté, cinq ou six sphérules blanches, identiques à celles qui se trouvent dans le protoplasme environnant, et qui présentent toutes les réactions des ferments solubles.

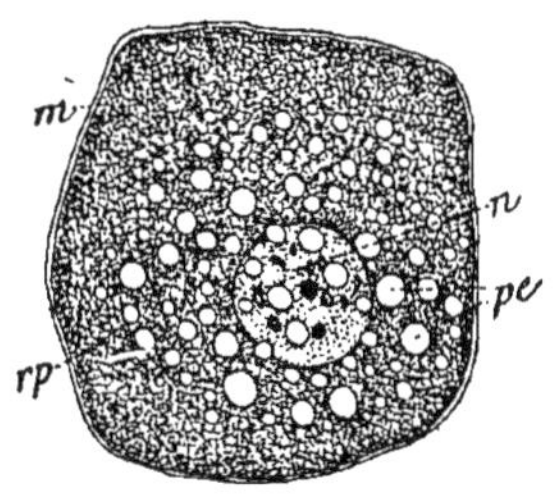

Fig. **112**. — Gr. : E,1.
Cellules épithéliales de l'intestin d'un *asticot*, en activité.
m : membrane.
rp : protoplasme avec son *reticulum* délicat.
pe : sphérules de pepsine?
n : noyau. Le boyau nucléinien s'y est fragmenté.

2° *Substances diverses.*

WEISS (4) a signalé la présence de la chlorophylle dans plusieurs noyaux végétaux. Nous avons rencontré accidentellement cette substance dans presque tous les noyaux des jeunes feuilles d'un bulbe d'oignon, récemment placé à la lumière pour les usages du laboratoire, ainsi que dans les noyaux des enveloppes florales de la *Nigella damascena*, au moment où elles passent à la teinte bleue de la corolle. Les œufs des crustacés en segmentation présentent parfois un singulier phénomène : tous les noyaux de leurs jeunes cellules sont remplis de pigment orangé. Pendant notre séjour au laboratoire de M. DE LACAZE DUTHIERS à ROSCOFF, nous avons observé à deux reprises ce phénomène remarquable sur des embryons ayant une vingtaine de cellules. Il n'est pas rare, lorsqu'on pratique les réactions du tanin ou de la glycose, de constater la présence de ces substances à l'intérieur du noyau. Comme on le voit, on peut rencontrer dans le plasma nucléaire la plupart des enclaves et des substances chimiques qu'on trouve dans le plasma cellulaire.

(1) STRASBURGER : Sitzungsb. d. Jen. Gesellsch., etc., 1879.
(2) FROMMANN, *Beob. üb. Struct. u. Beweg. d. Protopl. d. Pflanzenzelle*; Jena, 1880, Taf. I, fig. 6, 7, 8.
(3) HOFMEISTER : Bot. Zeit., 1848, p. 671.
(4) WEISS, l. c.

3° *Nucléoles plasmatiques.*

C'est ici le lieu de parler de ces productions que avons déjà mentionnées plusieurs fois.

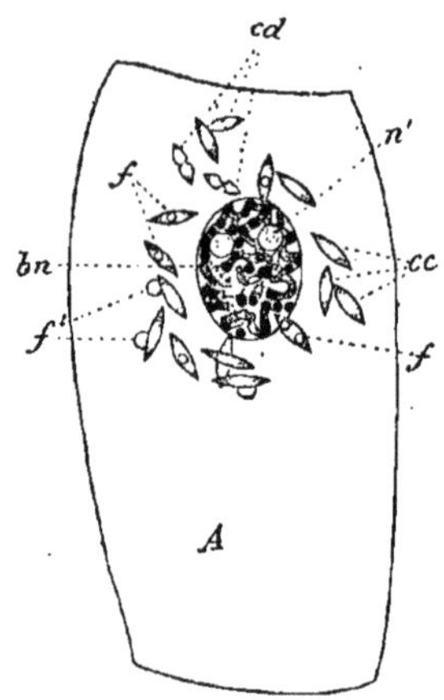

Fig. **113**. — Gr. : **F, 1**.

Cellule parenchymateuse du *Phajus grandifolius.*

bn : boyau nucléinien continu.

n : deux nucléoles plasmatiques, non colorés par le vert de méthyle. On remarquera la membrane du noyau.

Nous savons que les auteurs ont confondu sous la dénomination de *nucléoles* les corps les plus disparates, p. 203. Chemin faisant, nous en avons déjà rencontré de deux espèces :

a) Des *nucléoles nucléiniens*, qui sont eux-mêmes de plusieurs sortes. Tantôt ce sont des sphérules libres, dérivant de la scission du boyau nucléinien, comme dans les œufs (taches de Wagner), p. 223; tantôt se sont de simples épaississements, ou des nœuds, formés aux points de croisement des circonvolutions ordinaires de ce boyau, p. 219.

b) Des *nucléoles-noyaux*, ou noyaux en miniature, renfermant tous les éléments du noyau normal, p. 236 et 237.

Il nous reste à parler d'une troisième catégorie de nucléoles, de ceux-là mêmes que nous nommons *nucléoles plasmatiques*, pour rappeler leur origine et leur nature. Ces corps sont en effet bien différents des nucléoles précédents, car il ne renferment pas de nucléine [1]. Ils sont formés exclusivement de substances protéiques. Le réactif de Hartig leur imprime une coloration bleue, qui ne le cède guère en intensité à celle que prennent les corps amylogènes, dans les mêmes circonstances. On peut s'en convaincre, en traitant les jeunes organes des végétaux par le ferrocyanure de potassium et le perchlorure de fer [2]. La digestion artificielle, le chlorure de sodium au 10e, les alcalis dilués, et en général les dissolvants des albuminoïdes, leur enlèvent une certaine portion de leur masse, et alors ils ne bleuissent plus par le réactif précédent. Le résidu, nettement réticulé, se montre identique avec la plastine du réseau plasmatique du noyau. Ainsi, les nucléoles plasmatique sont formés d'un *reticulum* renfermant dans ses mailles un *enchylema* protéique, à la façon dont le *reticulum* des globules rouges

(1) C'est l'emploi de certaines matières colorantes, telles que la safranine, etc. et leur application exclusive sur des matériaux durcis, qui a fait prendre ces corps pour des sphérules de nucléine. Voir p, 242.

(2) Zacharias : *Ueber Eiweiss, Nuclein und Plastin*; Bot. Zeit., 1883. — Nous avons suivi dans nos recherches les indications fournies par ce savant.

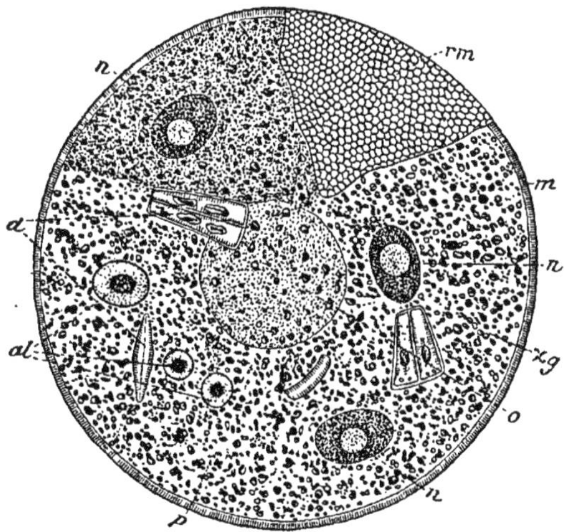

Fig. **114**. — Gr. : **L, 1**.

Arcella vulgaris (rhizopode).

m : la membrane vue en coupe optique.
rm : la membrane vue de face, avec son *reticulum*.
p : protoplasme renfermant de nombreux granules irréguliers, *xg*, la plupart formés de carbonate calcique.
d et *al* : inclusions : diatomées et algues vertes.
n : Les trois noyaux portant un filament pelotonné vu en coupe optique; au milieu de chacun d'eux brille un gros *nucléole plasmatique*.

des mammifères renferme l'hémoglobine, et celui des corps chlorophylliens, la chlorophylle et diverses autres substances. Il nous a semblé que la quantité de plastine renfermée dans les nucléoles augmente avec l'âge : on dirait que les albuminoïdes, que le réseau renfermait primitivement, s'y transforment peu à peu en cette substance. Dans ces conditions, on pourrait dire avec ZACHARIAS qu'ils ne sont plus que des sphérules de plastine.

Les nucléoles plasmatiques se rencontrent communément dans les noyaux de tous les tissus. On les trouve également dans les protoorganismes, fig. **114**, **96** et **135**.

Les corps dont nous parlons sont une dépendance de la portion plasmatique du noyau; toutes leurs réactions le prouvent. Ils n'ont donc aucun rapport avec l'élément nucléinien. Aussi est-ce sans fondement que STRASBURGER [1] les considère comme des *nucleomicrosoma* qui ont grandi, et qui ont fini par sortir du boyau nucléinien.

Nous avons toujours trouvé les nucléoles plasmatiques libres et indépendants du boyau de nucléine, même dans les insectes. BALBIANI [2] a vu, chez les *Chironomus*, le boyau implanté par ses extrémités dans les nucléoles; mais ce savant ne s'est-il pas trouvé en présence d'une exception, peut-être même d'un accident de préparation?

Quoi qu'il en soit, ces corps constituent une sorte de réserve du plasma nucléaire. De même que le protoplasme utilise ses dépôts, le noyau utilise ses nucléoles. Il les utilise en particulier au moment

(1) STRASBURGER : *Ueber den Theilungsvorg. d. Zellkerns*, etc.; Archiv f. mik. Anat., 1882, p. 570, etc.

(2) BALBIANI : Zool. Anz.; 1881, n°s 99 et 100.

de la division, car ils disparaissent alors, tôt ou tard, pour concourir avec les autres éléments plasmatiques du noyau à l'établissement du fuseau nucléaire. Ensuite leur nombre est indéterminé et changeant. Ici, on en trouve un ou deux, là, dix et plus. Ils varient numériquement, d'une cellule à l'autre, dans un même organe, fig. **34** et **35**, p. 190; et d'une époque à l'autre, dans une même cellule. On les voit disparaître pour se reformer ensuite en nombre variable. Ils font même souvent totalement défaut. Tous ces caractères concordent avec le rôle de *réserve plasmatique* qu'on doit leur attribuer.

VIII. Le caryoplasma dérive du cytoplasma.

Le protoplasme du noyau et le protoplasme de la cellule ont donc la même constitution et les mêmes allures. Cela ne doit pas nous étonner, car le premier emprunte au second son origine.

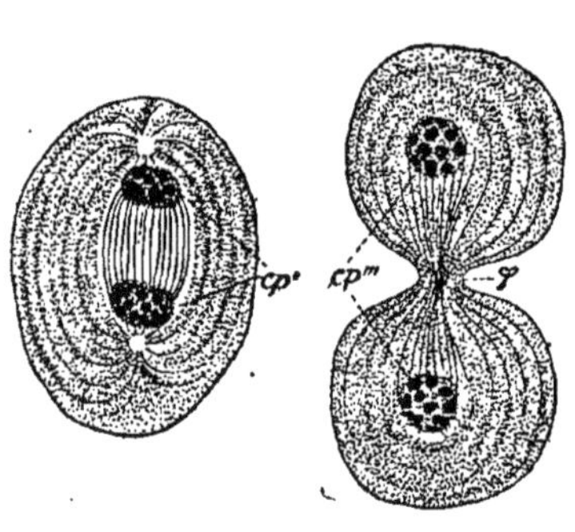

Fig. **115**. — Gr. : **L, 2**.

Deux cellules testiculaires de la *Chelonia Caja*, en division.

cp'' : les bâtonnets de nucléine sont arrivés aux pôles depuis un certain temps; le *cytoplasma* venant de toutes parts s'introduit entre ces bâtonnets, et accuse déjà la forme du futur noyau.

cp''' : les deux nouveaux noyaux ont une mince membrane qui s'est formée à la partie périphérique du plasma précédent, et qui a englobé une portion des filaments du fuseau. C'est à ce moment que naît l'étranglement

φ : qui repousse devant lui les rayons des asters, pour les couper plus tard avec les filaments du fuseau. On voit que la principale portion du fuseau devient partie intégrante du protoplasme des nouvelles cellules.

Pour le prouver nous devons remonter jusqu'à la dernière phase de la division nucléaire. Ce n'est pas le moment d'entrer dans beaucoup de détails à ce sujet; les deux figures suivantes suffiront d'ailleurs pour faire comprendre notre pensée.

La première, fig. **115**, représente la formation des jeunes noyaux dans les cellules-mères des spermatoblastes de la *Chelonia Caja*. Après la séparation des éléments nucléiniens en deux portions polaires *cp''*, *cp'''*, les granules du protoplasme environnant s'accumulent en sphérule autour d'eux pour former la partie plasmatique du nouveau noyau. Parmi les éléments du plasma du noyau-mère, il n'y a plus que la partie extrême du fuseau qui entre pour une portion légère dans la constitution du *reticulum* du *caryoplasma*. Tout le reste est neuf et dérive du *cytoplasma*.

Le phénomène que nous venons de décrire est bien plus sensible encore chez le *Lithobius forficatus*, fig. **116**. Ici les deux couronnes nucléiniennes sont reportées à une distance considérable, jusque dans le protoplasme polaire, où elles formeront bientôt les deux nucléoles-noyaux que nous connaissons. Alors on voit le cytoplasme se différentier sur une large zone circulaire ; il devient clair, hyalin, et se sépare nettement à sa périphérie du protoplasme non modifié. Cette zone fera désormais partie du jeune noyau. A chaque division le *caryoplasma* subit donc une rénovation totale; on peut dire que *la nucléine change de milieu ou plutôt se bâtit une nouvelle demeure.*

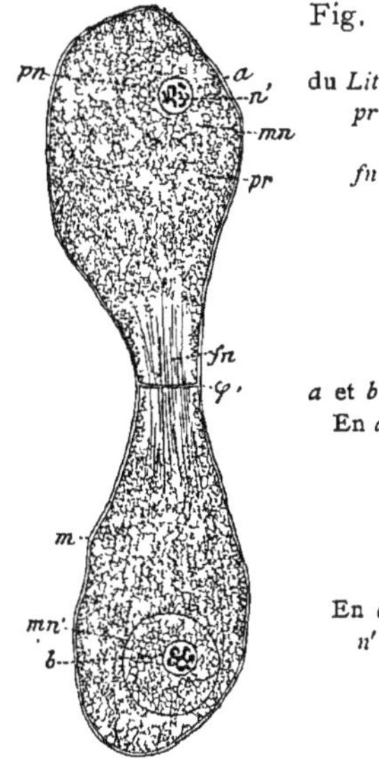

Fig. **116**. — Gr. : G, **2**.
Cellule testiculaire du *Lithobius forficatus*, en division.
pr : protoplasme cellulaire réticulé.
fn : restant du fuseau où les granules du cytoplasma n'ont pas encore pénétré. Depuis cette portion jusqu'aux noyaux, le *cytoplasma* s'est reconstitué dans toute l'étendu fuseau.
a et *b* : les deux jeunes noyaux.
En *a*, la membrane nucléaire, *mn*, commence à s'établir par l'épaississement des trabécules du réseau plasmatique à la périphérie de la portion hyaline *pn*.
En *b*, cette membrane est achevée.
n' : les deux *nucléoles* avec leur membrane propre; le boyau nucléinien n'y est pas encore reformé entièrement. (Voir fig. **100**).

Entretemps le *caryoplasma* ancien, représenté par le fuseau nucléaire *fn, est restitué au cytoplasma dont il redevient une partie intégrante.* A cet effet les filaments de ce fuseau se reconstituent en *reticulum* ; les granules du cytoplasme font irruption dans les nouvelles mailles, en grand nombre, et transforment bientôt leur *enchylema* hyalin en *enchylema* granuleux, identique à celui du protoplasme cellulaire, fig. **115** et **116**.

ARTICLE TROISIÈME.

LA MEMBRANE NUCLÉAIRE.

Voir ci-dessus, pp. 186, 202, 205. — FLEMMING, *Zellsubstanz.*, etc. p. 165.

Nous connaissons les diverses opinions qui ont cours dans la science au sujet de l'*existence* et de la *nature* de la membrane nucléaire. Au § précédent nous avons eu l'occasion de montrer qu'elle est indépendante de l'élément nucléinien. Ce résultat était prévu : puisque la membrane nucléaire est, quant à sa composition chimique, toute différente de l'élément nucléinien, p. 205. Il ne nous reste plus qu'à établir les trois propositions suivantes :

IX. Le noyau est limité par une membrane close et réticulée.

1° *La membrane nucléaire existe.*

L'existence de la membrane nucléaire n'est pas douteuse ; elle est même beaucoup plus facile à distinguer sur les noyaux vivants que la portion protoplasmatique. Aussi l'aperçoit-on généralement, pourvu que les deux conditions suivantes soient réalisées : *a*) que le protoplasme cellulaire entourant le noyau ne soit pas trop fourni ; *b*) que les circonvolutions nucléiniennes ne viennent pas la masquer en se pressant contre elle. En général les éléments que nous avons mentionnés dans l'article précédent comme étant favorables pour constater l'existence du caryoplasma vivant, conviennent mieux encore pour distinguer la membrane.

La membrane se voit plus facilement sur les noyaux âgés que sur les noyaux jeunes, ou qui se divisent fréquemment. Cela se conçoit, car elle s'affermit et s'épaissit avec le temps. C'est en grande partie pour cette raison qu'on la remarque si facilement sur les œufs animaux, les tubes de MALPIGHI, les glandes et les tissus des insectes, ainsi que sur les parenchymes adultes des végétaux, des monocotylés surtout. L'œil la saisit mieux encore sur les noyaux dégagés de leur enveloppe cellulaire. On met souvent les noyaux en liberté en lacérant délicatement avec l'aiguille et le scalpel les organes des insectes. Il est aussi assez facile d'énucléer les œufs sans léser leur noyau.

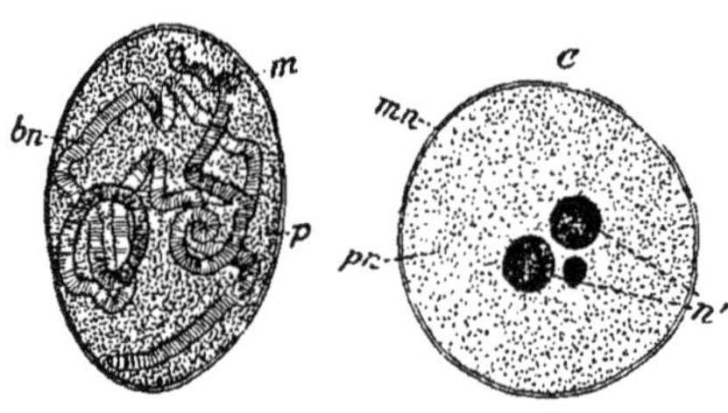

Fig. **117**. — Gr. : **1/12**, **4** et G, **3**.

A GAUCHE : noyau de la glande filière d'un *némocère*.
m : membrane nucléaire, aussi distincte qu'une membrane cellulaire.
p : protoplasme.
bn : boyau nucléinien.
A DROITE : noyau de l'œuf du *brochet*.
mn : membrane épaisse et à double contour très accentué.
pn : protoplasme du noyau.
n' : sphérules de nucléine.

Dans les cas plus embarrassants on a recours aux expédients que nous connaissons : l'action des réactifs fixateurs, la macération, la digestion artificielle, la dissolution de la nucléine. Tous ces moyens agissent en séparant ou en dégageant la membrane des autres parties de la cellule et du noyau lui-même. Avec l'acide chlorhydrique, par exemple, on obtient de très belles préparations végétales, surtout lorsqu'on fait agir ce réactif sur des matériaux préalablement fixés par l'alcool. En mettant ainsi la membrane à nu, non seulement on la rend plus visible, mais on écarte en même temps la plupart des illusions d'optique sur lesquelles certains auteurs se sont appuyés pour mettre en doute son existence (1). Quoi qu'il en soit, en se servant tour à tour

(1) PFITZNER : *Ueber d. feineren Bau*, etc. ; Morph. Jahrb., 1881.

de ces divers procédés, on acquiert bien vite la conviction que les noyaux possédant un certain volume sont munis d'une membrane.

Un nombre assez considérable de noyaux ont une membrane à double contour, qui y est parfois aussi marqué que sur les membranes cellulaires. Tels sont les noyaux des arthropodes et des œufs, fig. **117**; ceux de divers protozoaires : grégarines, fig. **118**, rhizopodes (*Euglypha* par exemple), radiolaires (¹), etc. On trouve aussi de pareilles membranes dans les parenchymes végétaux fig. **113**, et dans certaines algues, comme les *Spirogyra* (²), les *Zygnema*, les *Pinnularia*, les *Closterium*, les *Micrasterias fig.* **135**, etc. Du reste, il est bon de le faire remarquer, plus on perfectionne les lentilles pour atténuer les aberrations lumineuses et plus on augmente les grossissements utiles, mieux on distingue le double contour de la membrane du noyau. Il doit en être ainsi, car on ne conçoit pas une membrane dénuée d'épaisseur. Si les membranes les plus minces ne présentent qu'un contour linéaire, c'est à l'impuissance de nos instruments qu'il faut l'attribuer.

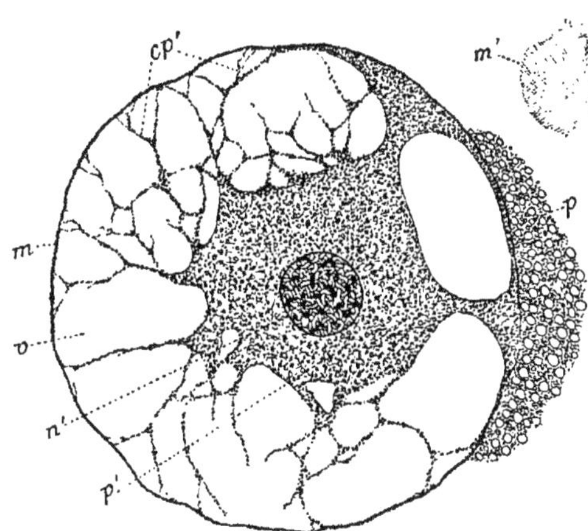

Fig. **118**. — Gr. : **F, 1**.

Noyau d'une *grégarine* de la *Nepa cinerea*.

m : membrane du noyau.
cp' : cordons protoplasmatiques du noyau.
v : vacuoles interposées.
p' : protoplasme sans vacuoles entourant le noyau.
n' : nucléole pourvu d'une membrane propre, et logeant un boyau continu et pelotonné de nucléine.
m' : *reticulum* délicat de la membrane *m*.

2° *La membrane est close.*

On veut dire par là qu'elle ne porte ni trous ni pores organiques, capables de mettre le caryoplasma en communication *ouverte* avec le cytoplasma. On n'y découvre en effet rien de semblable. La membrane nucléaire est identique avec la membrane primordiale de Mohl, p. 179, qui limite le protoplasme à sa partie périphérique.

(¹) Hertwig : *Zur Histologie d. Radiolarien*; Leipzig, 1876. Taf. IV, fig. 1 à 5; — et : *Der Organismus d. Radiol.*; Jena, 1879. Taf. V, fig. 1*a*, 3 et 4.

(²) Flemming : *Zellsubstanz*, etc. Taf. II*b*, fig. 30*a*, et Taf. IV*a*, fig. 47 et suiv.

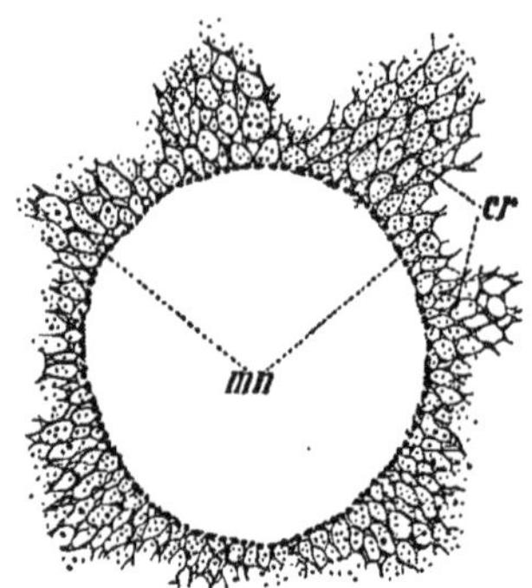

Fig. **119**. — Gr. : **1/18, 2.**

Noyau d'un œuf de *Nebria brevicollis.*

m : sa membrane réticulée apparaît en coupe optique sous la forme de points brillants irréguliers, séparés par des espaces plus sombres simulant des pores. Les premiers représentent la coupe des trabécules; les seconds, celle des mailles du *reticulum.*

cr : *reticulum* du cytoplasme, adhérant fortement de tous côtés aux trabécules de la membrane nucléaire.

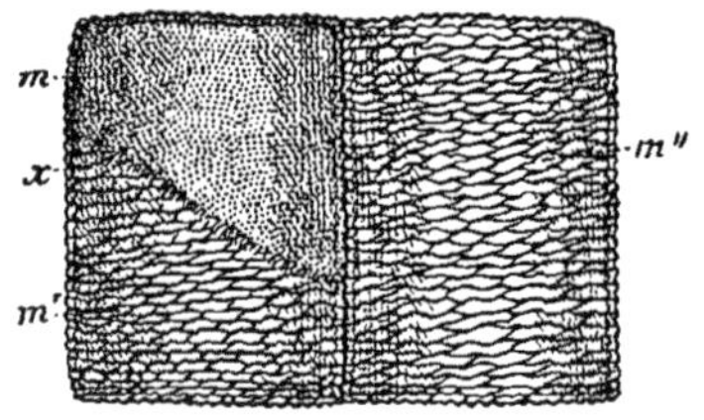

Fig. **120**. — Gr. : **F, 1.**

Cellules épithéliales de l'intestin du *cloporte*, mises à digérer dans la potasse.

m : membrane primaire très finement réticulée et ponctuée aux angles du *reticulum*; en *x*, ainsi que sur la cellule de droite, elle a disparu; à la limite de *x*, ses trabécules se désagrègent.

m'' : membrane secondaire beaucoup plus épaisse, à *reticulum* grossier.

Hertwig (¹) est porté à admettre l'existence des perforations dans la membrane du noyau de certains radiolaires, par exemple des *Ethmosphéridés* et des *Thalassicolla*. La chose est possible. Mais remarquons cependant qu'il est facile de prendre pour des pores les mailles du *reticulum* de la membrane, lorsqu'elles sont limitées par des trabécules denses et puissantes. Elles produisent alors sur l'œil l'effet d'une ponctuation, parce que la mince couche d'*enchylema* solidifié qui les ferme y est invisible, fig. **119**. Ce qui nous a suggéré cette réflexion c'est l'image que présente la membrane nucléaire dans certaines circonstances dont nous allons parler.

3° *La membrane est réticulée.*

Il est difficile d'apercevoir un réseau net sur les noyaux vivants; on peut tout au plus en soupçonner l'existence, par l'indication vague de certains détails plus marqués, sur les noyaux extraits de leur cellule. Cependant l'image fournie par la membrane nucléaire de la grégarine de la *Nepa*, fig. **118**, est de nature à y faire admettre un *reticulum* serré, dont les points de jonction des trabécules seraient mieux indiqués sous la forme de petits mamelons blancs (²). C'est ainsi du moins qu'on peut l'interpréter en la comparant avec

(¹) R. Hertwig : *Der Organismus*, etc., p. 237; Taf. V, fig. *a*, **4** et **6**. Ce savant a beaucoup regretté de n'avoir plus en sa possession les matériaux que nous nous étions permis de lui demander.

(²) Ces points blancs ne sont pas dûs à un dépôt de granules plasmatiques; ils appartiennent à la membrane. En effet la macération dans la potasse diluée, au lieu de les dissoudre, les rend beaucoup plus apparents, comme cela a lieu également pour la membrane primaire du cloporte, fig. **120**, *m*.

des images analogues, mais où les trabécules sont plus visibles, fig. **48**, *rm*, p. 201. L'aspect de la membrane primaire *m*, fig. **120**, des cellules intestinales du cloporte rappelle, à s'y méprendre, celui de la membrane nucléaire de notre grégarine.

Pour mieux voir le *reticulum*, on peut recourir à la macération dans les alcalis ou à l'application des acides concentrés. Ces opérations débarrassent la membrane des granules plasmatiques qui adhèrent à sa surface et disloquent, ou dissolvent, l'*enchylema* renfermé entre les trabécules. Le *reticulum*, ainsi dégagé, se montre habituellement formé de trabécules serrées, qui circonscrivent des mailles peu étendues, mais généralement assez régulières. Les noyaux des œufs, ceux des insectes et des monocotylés, conviennent pour ce genre de recherches. Après avoir dissout la nucléine des gros noyaux du cloporte, on constate que leur membrane est formée par l'épaississement des trabécules périphériques du réseau de plastine qui s'est maintenu sous l'action des réactifs, fig. **121** et **109**. L'existence du *reticulum* se constate mieux encore sur les petits noyaux des cellules qui remplissent le tube testiculaire du même animal : leur membrane plus épaisse est comme percée à jour. L'observateur se gardera de prendre les plis accidentels de la membrane pour des trabécules réticulaires.

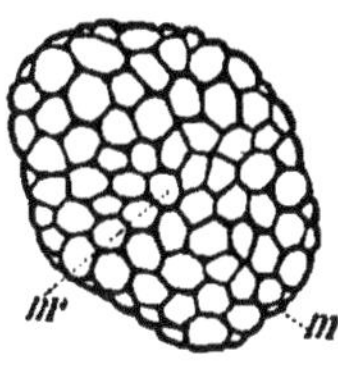

Fig. **121**. — Gr. : **1/18, 4.**
Noyau du *cloporte*, traité par le cyanure de potassium.
m : membrane. On peut voir qu'elle est formée par les trabécules périphériques du *reticulum* de plastine *nr*, situé à l'intérieur.

La structure réticulée dont nous parlons se marque davantage au moment de la division. On sait qu'alors la membrane disparait comme telle, mais elle est loin de se dissoudre, comme le supposent la plupart des savants; elle se retransforme au contraire en un *reticulum* ordinaire, plus lâche et plus apparent qu'à l'état de repos. A cet effet, les trabécules dirigées dans le sens de l'allongement du noyau s'accentuent sous la forme de côtes, d'abord irrégulières et encore reliées latéralement, à peu près comme dans la fig. **36**, en *pr*, p. 191 ; mais les travées transversales y sont beaucoup plus rares et moins apparentes que dans cette figure. Ensuite ces côtes se régularisent pour former autant de fils parallèles, qui entreront dans la constitution du fuseau nucléaire *fn*, fig. **36**.

Enfin le mode de formation de la membrane du noyau indique clairement qu'elle doit posséder une structure réticulée, au même titre que la membrane cellulaire elle-même. On peut suivre toutes les phases de cette formation sur les jeunes noyaux du *Lithobius*. La fig. **122** représente les phénomènes qui se passent à ce moment. Les filaments réticulaires, *a*, *mn*, qui limitent la zone plasmatique modifiée et destinée à faire partie du noyau, commencent par s'épaissir. Ensuite ils se régularisent, pendant que, de son côté, l'enchylème qui remplit les mailles se solidifie, *b*, *mn'*. Vue en coupe optique, la jeune membrane fera désormais l'impression d'une lamelle homogène. En comparant notre figure avec la fig. **45**, p. 198, le lecteur pourra se convaincre de ce fait : *que la membrane nucléaire et la membrane cellulaire doivent leur formation à un processus identique.*

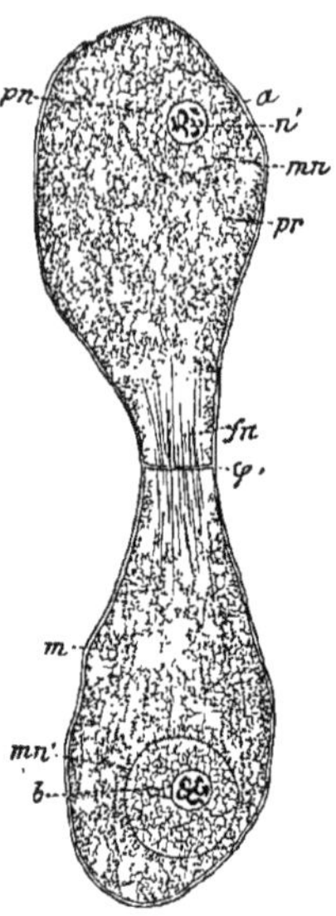

Fig. **122**. — Gr. : **G, 2**.
Cellule testiculaire du *Lithobius forficatus*, en division.

pr : protoplasme cellulaire réticulé.

fn : restant du fuseau où les granules du cytoplasma n'ont pas encore pénétré. Depuis cette portion jusqu'aux noyaux, le *cytoplasma* s'est reconstitué dans toute l'étendu fuseau.

a et *b* : les deux jeunes noyaux.

En *a*, la membrane nucléaire, *mn*, commence à s'établir par l'épaississement des trabécules du réseau plasmatique à la périphérie de la portion hyaline *pn*.

En *b*, cette membrane est achevée.

n' : les deux *nucléoles* avec leur membrane propre ; le boyau nucléinien n'y est pas encore reformé entièrement. (Voir fig. **100**).

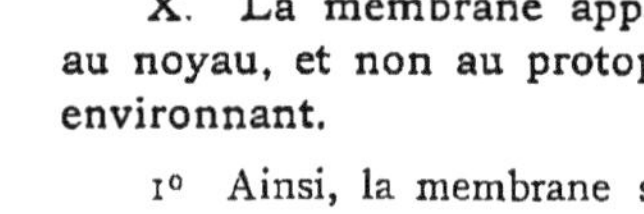

X. La membrane appartient au noyau, et non au protoplasme environnant.

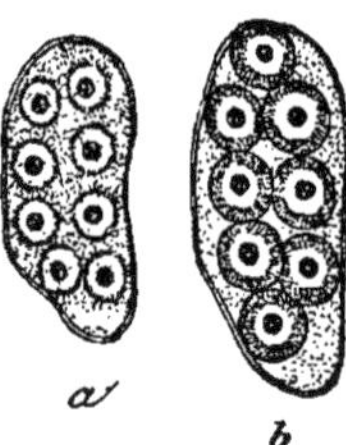

Fig. **123**. — Gr. : **1/12, 1**.
Deux thèques d'un *ascomycète*, renfermant des spores en voie de formation.

a : les huit noyaux, portant un nucléole véritable entouré d'une zone de plasma hyalin, commencent à modifier le cytoplasme environnant en condensant ses granules à leur périphérie.

b : les sphérules plasmatiques qui doivent constituer les spores sont achevées ; la membrane s'établit à leur périphérie.

1° Ainsi, la membrane s'établit à la périphérie de la partie plasmatique modifiée, qui doit entrer dans la constitution du noyau. Cela étant, il est juste de la considérer comme une dépendance de cette dernière, de même que l'on considère la membrane primordiale comme une dépendance du protoplasme sous-jacent. La formation d'un noyau est en effet calquée sur la formation d'une cellule par voie libre. Pour le prouver, comparons les phénomènes qui se passent dans l'élaboration des spores d'un ascomycète, fig. **123**, avec ceux que nous venons de signaler. En *a*, les 8 noyaux agissant comme autant de centres distincts, condensent le protoplasme environnant ; en *b*, la membrane primaire de la spore se dessine à la limite de la sphérule protoplasmatique ainsi formée. Dira-t-on que cette membrane appartient au protoplasme restant de la thèque? Tous les savants la considèrent au contraire comme une partie intégrante des jeunes spores. Or, nous venons de le voir, les choses se passent exactement de la même manière dans l'élaboration des nouveaux noyaux du *Lithobius*. Ce serait donc méconnaître les lois de l'analogie que de considérer leur membrane comme appartenant au protoplasme non modifié de la cellule.

2° Il y a plus. En supposant que la membrane s'établisse dans le protoplasme ordinaire, et continue à s'épaissir à ses dépens, il faudrait encore admettre qu'elle est une dépendance du noyau, parce qu'elle s'élabore sous son influence immédiate et forme un tout avec lui. Ne faut-il pas admettre que les membranes externes des macrospores et des microspores de *Pilularia*, fig. **46** et **47**, p. 199, formées à l'aide d'un *syncytium extérieur*, sont bien l'apanage de ces spores qui s'approprient un protoplasme étranger pour s'en créer des enveloppes particulières?

3° N'oublions pas du reste que la membrane partage toute les destinées du noyau. Citons quelques exemples à l'appui de cette assertion. Lorsqu'un noyau se divise par étranglement dans une cellule multinucléée, comme cela se voit dans les opalines, les cellules testiculaires du cloporte, etc., la membrane nucléaire s'infléchit pour former la membrane des deux nouveaux noyaux, le cytoplasme environnant restant au repos et comme étranger au phénomène. Dans la formation des spermatozoïdes et des anthérozoïdes fig. **83** et suivantes, la membrane se montre aussi indépendante du cytoplasme; elle accompagne le noyau dans toutes ses évolutions, et on la retrouve tout entière autour de la tête du spermatozoïde. Nous pourrions multiplier les exemples semblables, car, partout, la membrane se comporte comme une partie intégrante du noyau; c'est à elle surtout que le noyau doit son autonomie et son indépendance.

XI. La membrane du noyau peut présenter des connexions organiques avec le cytoplasma aussi bien qu'avec le caryoplasma.

1° S'il est vrai, comme le dit très bien Flemming (1), qu'on n'a jamais pu saisir de connexion entre le protoplasme cellulaire et le boyau nucléinien, il n'en est pas de même en ce qui concerne les rapports de cet élément avec la membrane du noyau. Rappelons-nous le mode de formation de la membrane. D'après ce que nous en avons dit plus haut, il est évident que, à son origine, elle tient de tous côtés par des trabécules au protoplasme environnant. Or cet état de choses peut persister pendant un temps plus ou moins long, peut-être même toujours dans certaines cellules. Il en est ainsi dans le *Lithobius* et dans divers œufs, dans ceux de la *Nebria brevicollis* par exemple. La fig. **119** montre les liaisons de la membrane du noyau de l'un de ces derniers œufs avec le cytoplasma. Ces connexions trabéculaires se voient surtout pendant l'action de l'acide chlorydrique. En

(1) *Zellsubstanz*, etc., p. 170—172.

traitant par le même réactif les cellules parenchymateuses de la *Rhenanthera coccinea*, on peut constater que certains de leurs noyaux sont comme suspendus à la poche plasmatique qui les entoure, par de minces filaments trabéculaires, fig. **125**. Mais, sur beaucoup d'objets,

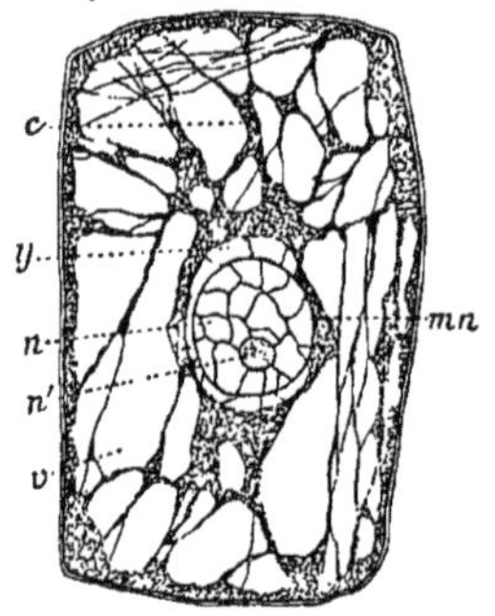

Fig. **107**. — Gr. : **F**, **1**.
Cellule parenchymateuse de la *Rhenanthera coccinea* (orchidée).

mn : membrane du noyau.
n : intérieur du noyau après l'action de l'acide chlorhydrique. Le boyau nucléinien a disparu, mais le *reticulum* plasmatique a été respecté.
n' : nucléole plasmatique qui s'est maintenu également.
y : zone d'où s'est retiré le *cytoplasma* en se contractant. On y voit quelques trabécules attachées à la membrane du noyau.
c : cordons réticulés du cytoplasma.
v : vacuoles interposées.

ces adhérences disparaissent avec le temps. C'est ainsi que la plupart des noyaux de la *Rhenanthera* s'en montrent dépourvus. Il en est de même des noyaux des cellules testiculaires du *cloporte*, qu'on dégage si facilement de leurs cellules. Leur membrane est d'une grande netteté, et il est assez rare qu'on puisse apercevoir à son pourtour extérieur quelque chose qui ressemble à une bride rompue. Il nous a paru que la plupart des noyaux que l'on parvient facilement à mettre en liberté, sont dans le même cas. En résumé, le nombre des noyaux libres et indépendants du cytoplasme est considérable ; mais il en est cependant un certain nombre qui conservent leurs connexions originelles avec cet élément.

2° Les rapports du *reticulum* caryoplasmatique avec la membrane nucléaire sont beaucoup plus intimes. En opérant avec précaution, lorsqu'on le dégage à l'aide des réactifs, on parvient presque toujours à constater qu'il est relié de tous côtés à la membrane périphérique. Les fig. **33**, **68**, **99**, **100**, **103** à **108**, **116**. **118**, **121**. **124**, etc,. fournissent la preuve de ce que nous avançons.

Il est bon, pour maintenir dans leur intégrité ces adhérences naturelles, de traiter préalablement les matériaux par les réactifs fixateurs et durcissants : ces corps, en affermissant le réseau plasmatique, rendent plus difficile sa dislocation, soit pendant les manipulations, soit sous l'influence des dissolvants de la nucléine.

Est-il besoin d'ajouter que les connexions du réseau nucléaire avec la membrane peuvent se briser ? Nous avons observé plus d'une fois chez les grégarines, fig. **118**, le retrait de tous les cordons plasmatiques vers le nucléole ; et d'ailleurs, dans bien des cas, on ne peut saisir la moindre liaison trabéculaire avec la membrane. Nous verrons aussi en physiologie que les connexions dont nous parlons peuvent se rétablir après avoir cessé d'exister.

CHAPITRE III.

MORPHOGRAPHIE DU NOYAU.

§ I. FORME DU NOYAU.

Le noyau est limité par des surfaces courbes. Sa forme originelle et typique est la forme sphérique, mais cette forme subit des modifications.

1° *Forme ordinaire.*

Dans les cellules jeunes, embryonnaires et méristématiques des deux règnes, le noyau affecte presque toujours la forme d'une sphère relativement parfaite. Les quelques exceptions qu'on pourrait mentionner, ne feraient que confirmer cette règle(1). Mais avec le temps, cette configuration peut changer. C'est ainsi que peu à peu, pendant la différentiation tissulaire, un grand nombre de noyaux passent à la forme ellipsoïdale. Ce sont surtout les noyaux des éléments allongés dans un sens déterminé, comme le sont les fibres et les cellules conductrices des végétaux, les cellules musculaires et nerveuses etc., qui subissent cette modification. Habituellement le plus grand diamètre du noyau coïncide avec le plus grand diamètre de la cellule. On trouve cependant des exceptions, surtout parmi les animaux inférieurs; du reste, chez ces êtres, la direction du noyau varie mécaniquement, autant que sa position, avec les divers états d'expansion où ils se trouvent.

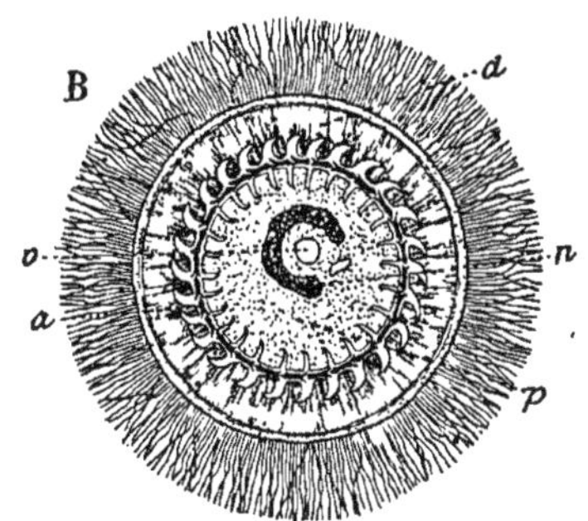

Fig. **125**. — Gr. : **1/12, 2.**

Trichodina pediculus, infusoire vivant sur l'hydre.

B : face inférieure appliquée sur l'hydre.

n : noyau en fer à cheval.

v : vacuole contractile.

d : disque chitineux portant un grand nombre de stries radiales dirigées un peu obliquement, en entonnoir, vers l'intérieur du protoplasme *p*.

a : anneau porté par le bord interne du disque précédent : il montre deux rangées circulaires de dents en scie, reliées par des trabécules en forme de > .

A l'extérieur, la lisière cuticulaire, munie de cils.

Les noyaux sont loin de conserver pendant toute leur existence la forme d'un sphéroïde ou d'un ellipsoïde de révolution; souvent, en effet, ils s'aplatissent et prennent la forme d'un biscuit : tels sont, pour n'en citer que

(1) Dans les sacs embryonnaires des végétaux, par exemple, les noyaux sont souvent elliptiques.

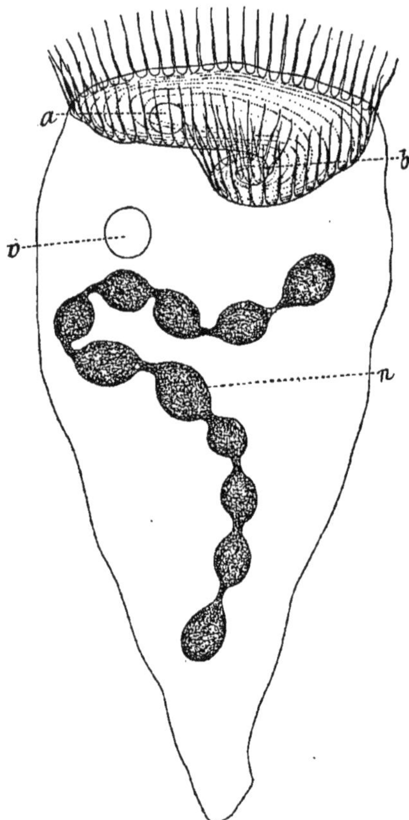

Fig. **126**. — Gr. : **1**.

Stentor polymorphus (infusoire).

b : bouche.
a : anus.
v : vacuole contractile.
n : noyau en chapelet.
Le filament de nucléine s'y voit facilement; mais ses circonvolutions sont tellement nombreuses qu'il est impossible de saisir sa continuité.

quelques exemples, les grands noyaux des cellules testiculaires du cloporte, ceux de beaucoup de fibres musculaires et de tubes nerveux, etc. Cette déformation s'explique facilement par la pression que les éléments subissent dans le tissu; mais il y a aussi bon nombre de cellules vivant librement dans l'eau, qui ont des noyaux aplatis.

2° *Forme rubanée.*

Les noyaux rubanés peuvent être considérés comme des noyaux elliptiques allongés. On les rencontre dans les animaux inférieurs, les infusoires surtout. Les uns sont droits, les autres courbes, en fer à cheval, fig. **126**, ou lâchement enroulés lorsqu'ils ont une certaine longueur. Les vorticelliens fig. **125** et **62** sont remarquables sous ce rapport : on trouve chez eux toutes les modifications que nous venons d'indiquer. On rencontre aussi des noyaux rubanés chez quelques acinétiens et chez les *Bursaria*, le *Bursaria truncatella* en particulier.

Les infusoires de la famille des *Stentor* et quelques lacrymariens, comme le *Spirostomum ambiguum*, le *Condylostoma patens*, possèdent un noyau du même genre, mais, au lieu de conserver le même diamètre sur toute sa longueur, il s'étrangle et devient moniliforme, fig. **126**. Au premier coup d'œil on prendrait les divers articles ainsi formés pour autant de noyaux isolés, mais il est aisé de s'assurer qu'ils sont reliés entre eux pour ne former qu'un seul chapelet. Le nombre de ces articles varie d'une espèce à l'autre, et même d'un

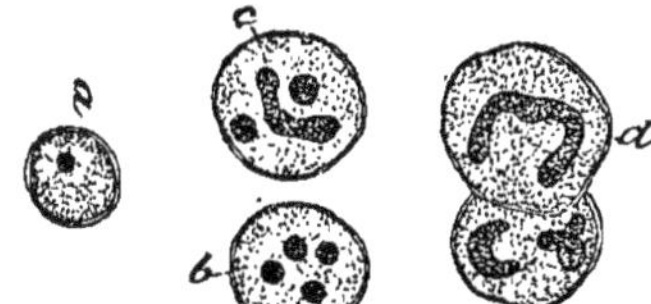

Fig. **127**. — Gr. : G, 1.
Jeunes kystes d'une vorticelle (fig. **62** et **69**).
a : le noyau est unique.
b : il est quadruple.
c, *d* : les noyaux s'allongent, peut être parfois après s'être fusionnés, en un corps rubané.

individu à l'autre; il s'élève parfois à plus de vingt dans le *Spirostomum*.

Les noyaux rubanés ne font pas exception quant à leur forme originelle. Comme les autres noyaux, ils affectent la forme sphérique à leur début. Nous avons pu constater ce fait sur de jeunes vorticelles, libres et enkystées, trouvées dans le liquide d'une culture éteinte depuis plus d'un mois (fig. **127**)(¹).

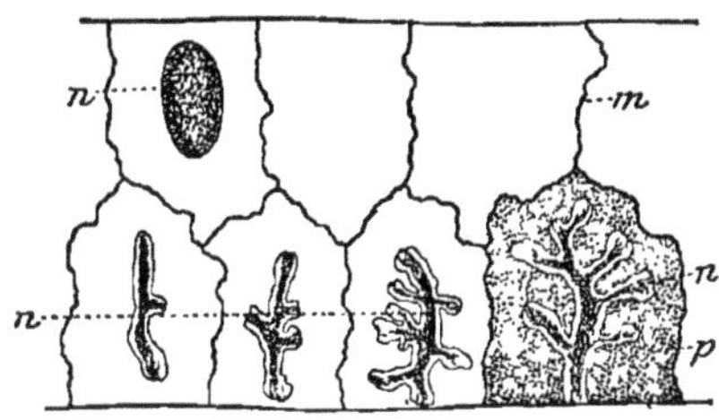

Fig. **128**. — Gr. : DD, 1.
Glande salivaire de la larve de *phrygane* (fig. **54**).
m : membrane cellulaire.
p : noyaux à différents degrés de ramification. On y voit une fine membrane, un plasma hyalin, et un filament nucléinien enroulé et formant réseau au grossissement employé.

3° *Forme ramifiée.*

Dans quelques tissus des insectes : les glandes filières, les tubes de MALPIGHI, les glandes sous-cutanées, il arrive que les noyaux subissent une autre modification, ils se ramifient. Les fig. **128** et **132** représentent les diverses étapes de ce phénomène. Le noyau, d'abord elliptique, s'allonge dans un sens et envoie ensuite des protubérances dans toutes les directions. Il est rare que ces ramifications soient régulières; elles présentent sur leur trajet des sinus et des protubérances capricieuses, qui se terminent par des renflements obtus ou acuminés. Souvent ces ramifications se soudent. Rien de plus varié, ni de plus bizarre tout à la fois, que ces singulières productions.

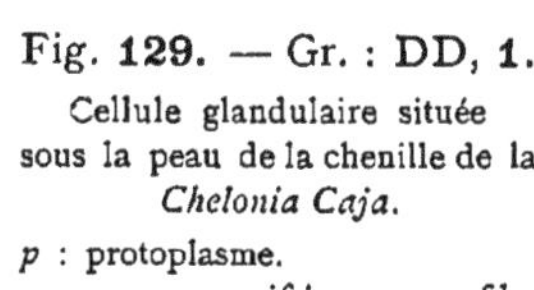

Fig. **129**. — Gr. : DD, 1.
Cellule glandulaire située sous la peau de la chenille de la *Chelonia Caja*.
p : protoplasme.
n : noyau ramifié avec un filament de nucléine très distinct. Le liséré blanc qui borde la pelote de nucléine appartient au plasma du noyau; la membrane de ce dernier est blottie contre le protoplasme cellulaire qui demeure visible entre les bras ramifiés.

(¹) Nous n'avons pas à rechercher ici l'origine de ces germes. Nous pourron y revenir plus tard, à propos des opalines et des cellules multinucléées. Parmi ces germes, les uns n'ont qu'un noyau, tandis que les autres deviennent multinucléés par la

On les rencontre spécialement dans les larves de névroptères et de lépidoptères.

Parmi les êtres inférieurs, on a signalé la présence des noyaux ramifiés dans quelques acinétiens ou infusoires tentaculifères, par exemple dans les *Podophrya* et les *Ophryodendron*(1). Un petit nombre de radiolaires portent des noyaux plus au moins profondément lobés : tels sont les *Thalassicolla* et les *Acanthometra*(2).

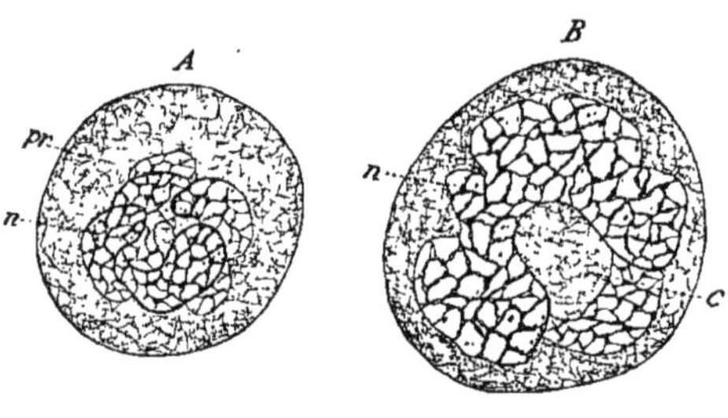

Fig. **130**. — Gr. : **L, 2.**

Cellules géantes de la moelle du lapin.

pr : protoplasme délicatement réticulé, avec un *enchylema* très riche.

n : noyau ramifié portant un filament de nucléine dont toutes les circonvolutions paraissent soudées. Le centre, *c*, appartient au protoplasme.

Fig. **131**. — Gr. : **L, 3.**

A (à gauche) : cellule éosinophile avec un noyau ramifié et un prolongement amiboïdien.

A et *B* (à droite) : deux globules du pus, à noyau ramifié et bosselé.

Les noyaux ramifiés ne sont pas inconnus chez les vertébrés. Les cellules géantes de la moelle, fig. **130**, les cellules éosinophiles et les globules du pus fig. **131**, en présentent fréquemment. Les noyaux des cellules géantes ont une certaine ressemblance avec ceux des cellules glandulaires de la *Chelonia* fig. **128**, seulement leurs ramifications sont moins séparées les unes des autres et se recouvrent davantage. C'est sans doute cette particularité qui les a fait prendre pour des noyaux ordinaires à contour ondulé(3) et à centre blanc, *c*. Or il n'en est pas ainsi : ce sont des noyaux ramifiés, et les plages, *c*, appartiennent au protoplasme cellulaire, visible entre les ramifications, comme dans la fig. **129**, et non au noyau lui-même.

Les plantes n'ont pas de noyaux ramifiés. Cependant nous avons trouvé dans le sac embryonnaire stérile de la *Zostera marina* et de la *Corydalis solida*, les vésicules embryonnaires et les cellules antipodes développées outre mesure et munies d'un immense noyau à lobes nombreux et accentués.

---

division du noyau primitif. En les déposant dans une infusion fraîche, de façon à pouvoir suivre leur développement *in situ*, on constate que leurs noyaux s'allongent, soit directement, soit après s'être fusionnés?. En même temps ils se transforment en la vorticelle de la fig. **62**. Ces germes, à l'origine, sont d'une extrême petitesse.

(1) Fraipont, *Recherches sur les Acinét. de la côte d'Ostende;* Bull. Acad. d. Sc. d. Belgiq., 1878, en figure quelques-uns.

(2) Hertwig, *Der Organ. d. Radiol.*; Taf. III.

(3) J. Arnold : *Ueber Kern u. Zellth. bei. acut. Hyperplasie*, etc.; Virch. Arch. tom. 95, 1, p. 46.

Avec l'âge, la forme du noyau se dégrade plus ou moins profondément. C'est ainsi que, dans les cellules vieilles, au lieu de noyaux sphériques ou elliptiques on ne trouve plus que des noyaux bosselés,

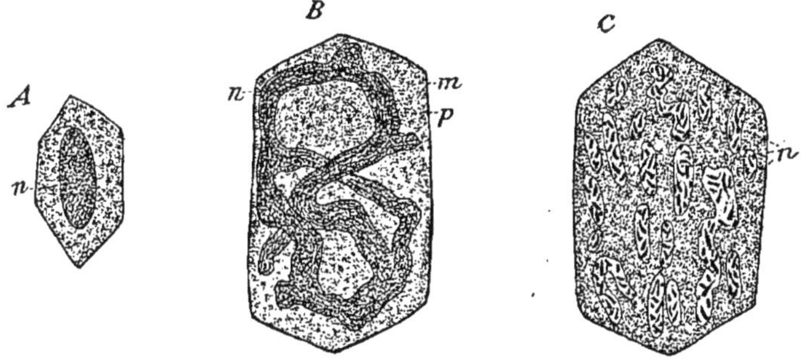

Fig. **132.** — Gr. : **F. 1.**

Cellules de la glande filière d'un *microlépidoptère.*

A : Cellule jeune. Son noyau, *n*, est encore elliptique.

B : Cellule adulte, portant un noyau, *n*, à ramifications nombreuses et anastomosées.

C : Cellule vieille. Le noyau s'est scindé et a formé un grand nombre de noyaux irréguliers et étranglés, où la nucléine se montre sous la forme de larmes séparées.

étranglés, munis de protubérances irrégulières, parfois amincis à une extrémité ou acuminés aux deux pôles. Ce phénomène est surtout remarquable dans les cellules où le noyau se divise seul, pour former ces sortes d'éléments que nous désignerons dans le livre IV sous le nom de « *cellules multinucléées tardives* », et qui se rencontrent si communément dans les deux règnes, surtout parmi les tissus parenchymateux, fig. **136.** Les *characées* sont devenues classiques par leurs formes nucléaires dégradées, fig. **76**, p. 221 [1]. Les nombreux noyaux issus de la scission du noyau ramifié des glandes filières des insectes, avant leur résorption, présentent une ressemblance frappante avec ceux des *Chara*, fig. **132**, *C.*

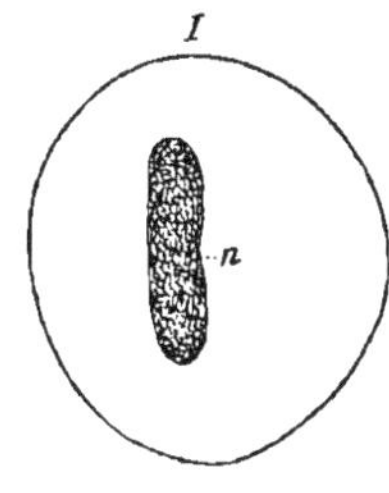

Fig. **133** — Gr. : **1.**

Vorticelle (fig. **62** et **69**).

Le noyau rubané et tortillé de la fig. **62**, p 214, s'est contracté sous la forme d'un ellipsoïde allongé.

Lorsque le noyau entre en activité au moment de la diérèse, il subit parfois, comme nous le verrons, des changements notables dans sa forme générale. C'est ainsi que le noyau enroulé des *vorticelles*, fig. **62**, se raccourcit et se rectifie en s'épaississant pour prendre une forme elliptique régulière, fig. **133.** Il en est de même chez les *Stentor* et en général chez les autres espèces à noyau rubané. Nous devons nous contenter de cette courte indication pour le moment.

(1) Johow, Bot. Zeit., 1881, taf. VII en donne d'excellentes figures.

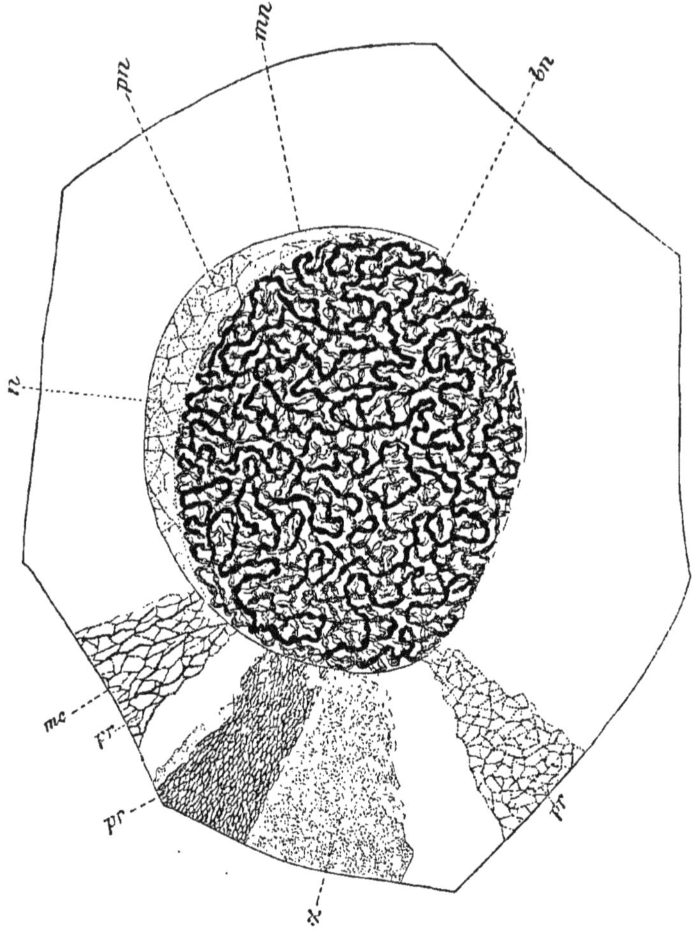

Fig. **134**. — Gr. : DD, **1**.

Cellule de la glande génitale larvaire d'une *mouche* (*Masicera velox*), parasite de la larve du *Liparis dispar*.

m : membrane cellulaire.
pr : *reticulum* plasmatique. On a représenté trois genres de réseau pris sur trois cellules différentes.
χ : *enchylema* remplissant les mailles du réseau, représenté à part.
n : noyau.
mn : membrane du noyau.
pn : plasma du noyau avec *reticulum* et *enchylema*.
bn : boyau de nucléine continu, bosselé, pelotonné, à circonvolutions très nombreuses (on en a omis quelques-unes pour plus de clarté).

§ II. Volume du noyau.

Les dimensions du noyau varient avec la nature des êtres et la nature des tissus.

I. *Dimensions du noyau en général.*

Le noyau le plus volumineux que nous ayons rencontré est celui des cellules de l'organe sexuel larvaire de la *Masicera velox*, muscide vivant en parasite dans la chenille du *Liparis dispar*. Nous le représentons dans la fig. **134**. Ce géant des noyaux se voit à l'œil nu ; il mesure presque un demi-millimètre (450 μ ou 0,45 mm.) de diamètre. Les organes similaires de plusieurs insectes, des bourdons en particulier, ont des noyaux presque aussi volumineux.

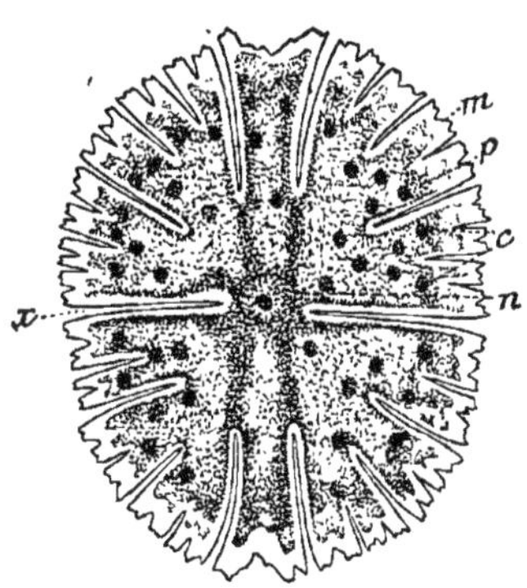

Fig. **135**. — Gr. : DD, **1**.
Micrasterias (desmidiée), vu de face.
m : membrane cellulosique très mince portant sur les bords des sinus de forme diverse qui découpent la cellule en lobes de différente grandeur.
x : étranglement plus profond divisant la cellule en deux moitiés symétriques.
p : protoplasme uniformément teinté de chlorophylle, excepté dans la partie périphérique qui est logée dans les anfractuosités marginales.
c : enclaves protéiques.
n : noyau situé dans la partie la plus riche en protoplasme, vis-à-vis de *x*. On y voit un filament de nucléine et un gros nucléole plasmatique (noir).

En général il faut dire que, de tous les êtres organisés, ce sont les arthropodes qui possèdent les noyaux de plus grande dimension. Nous connaissons ces noyaux par les figures qui précèdent. Les plus gros se voient habituellement dans les glandes filières, les tubes de Malpighi, l'épithélium intestinal et l'organe sexuel des larves des lépidoptères et des muscides.

Les grands infusoires, les radiolaires uninucléés, les grégarines, etc., ont aussi d'énormes noyaux. Celui de la grégarine de la *Nepa*, fig. **118**, mesure jusqu'à 170 μ. D'après Hertwig (1), ceux des *Thalassicolla nucleata* et *pelagica* ont jusqu'à 300 et même 500 μ. (2)

Parmi les autres animaux, ce sont les batraciens, la salamandre en particulier fig. **72** et **73**, qui sont les plus remarquables par les dimensions de leur *nucleus*. Il existe dans ce groupe des noyaux qui sont visibles à l'œil nu, après coloration (3). Les mollusques, les tuniciers, les échinodermes, les

(1) Hertwig : *Der Organismus der Radiol.*, p. 237, taf. III et V.

(2) D'après les fig. de Hertwig, les dimensions de ces noyaux ne sont pas aussi considérables.

(3) Voir Flemming, *Zellsubstanz*, etc. p. 101.

vers et les cœlentérés ont au contraire des noyaux de petite taille.

Les monocotylés sont de tous les végétaux ceux qui possèdent les noyaux les plus volumineux. On connait les beaux noyaux des liliacées, des amaryllidées, des orchidées, des *Tradescantia*, etc., fig. **64**, **65**, **75**, **94**, **103** (1).

A part quelques algues, comme les *Spirogyra*, certaines diatomées les grandes desmidiées, fig. **135**, etc., les cryptogames ont de petits noyaux. Ceux du thalle des hépatiques et des mousses n'ont souvent que 1 à 2 μ. Chez beaucoup d'algues et de champignons ils sont tellement réduits qu'on a de

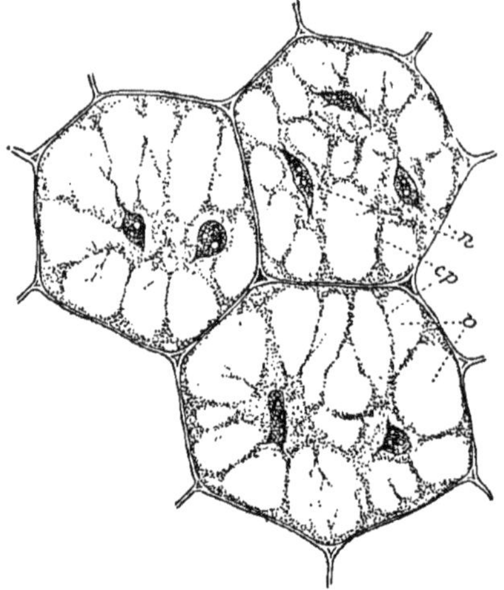

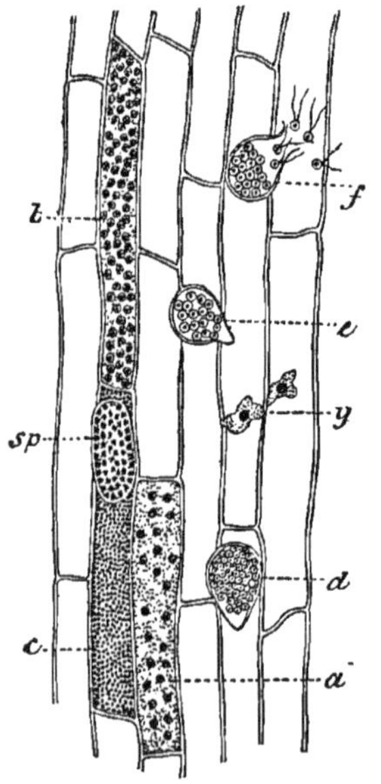

Fig. **136**. — Gr. : DD, **2**.
Cellules parenchymateuses du pétiole de la *Spermannia africana* (dicotylée).
n : noyaux multiples, irréguliers de forme et acuminés. On y remarque plusieurs nucléoles plasmatiques.
cp : cordons du cytoplasme.
v : vacuoles interposées.

Fig. **137**. — Gr. : DD, **2**.
Chytridinée développée sur l'épiderme mis à macérer de l'*Hedychium Gartnerianum*.
a : jeune individu remplissant une cellule épidermique; on y voit déjà de nombreux noyaux.
b : individu un peu plus âgé, à noyaux plus nombreux et plus petits.
c : étape suivante : noyaux très nombreux et d'une extrême petitesse. Un sporange s'est formé en *sp*.
d, *e*, *f* : les étapes subséquentes du sporange jusqu'à sa déhiscence *f*.
y : amibes, à noyau unique, dérivant des zoospores *f*, lorsqu'elles cessent de nager. Ce sont ces amibes qui s'introduisent dans les cellules nourricières pour s'y développer comme en *a*, b, c, etc.

(1) On trouvera quelques-uns de ces noyaux figurés dans Baranetsky, Bot. Zeit., 1880 *(Tradescantia)*; dans Strasburger, Archiv f. mik. Anat., 1882 (liliacées); dans Guignard, Ann. des Sc. nat. Bot., 6e sér., tom. XVII, No 1. Etc., etc., etc.

la peine à les distinguer, fig. **137**. Les dicotylés, comme les vertébrés, tiennent le milieu dans la série organique, au point de vue du volume de leurs noyaux, fig. **136**.

II. *Dimensions des noyaux dans les divers tissus.*

Après avoir jeté ce coup d'œil général sur les deux règnes, examinons comment se comportent les divers tissus des êtres vivants, quant aux dimensions relatives de leurs noyaux.

1° Les cellules qui concourent à la reproduction sexuelle sont généralement munies d'un noyau volumineux : tels sont les œufs, fig. **80**, **81**, **82**, **98**, **99**, **104**, **110**, etc., et les sper-

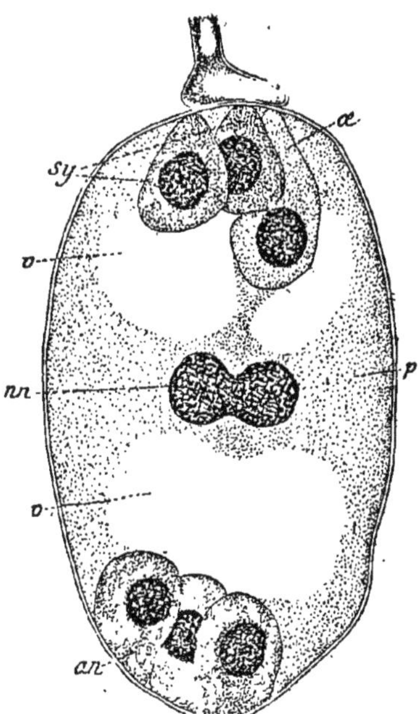

Fig. **138**. — Gr. : **G**, **2**.
Sac embryonnaire d'une *Clivia*.

p : prototoplasme restant du sac embryonnaire.
v : ses grandes vacuoles.
sy : les deux synergides ou vésicules embryonnaires stériles.
œ : œuf, oosphère ou vésicule embryonnaire fertile.
an : les trois cellules antipodes (globules polaires).
nn : deux des 8 noyaux primitifs, en fusion pour donner le nouveau noyau du sac embryonnaire, point de départ de l'endosperme. On remarquera le volume considérable des divers noyaux ainsi que leur boyau de nucléine.
On a vu deux fois *nn*
Dessiné sur 3 préparations fraîches, traitées par le vert de méthyle.

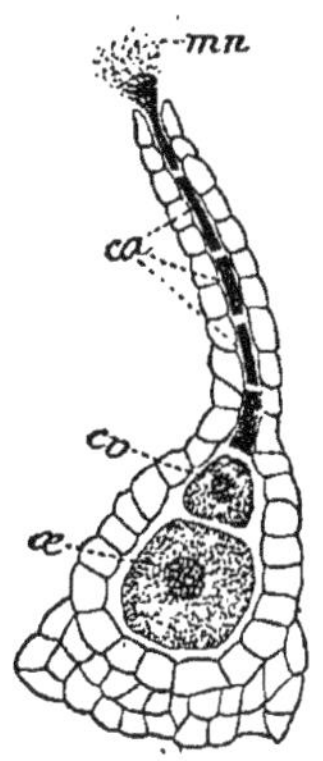

Fig. **139**. — Gr. : **DD**, **1**.
Archégone de *Targionia Michelii* (hépatique), au moment de la fécondation.

ca : les 5 cellules de canal, résultant de la division de la cellule de canal primitive, insinuées dans le col de l'archégone.
mn : mucilage provenant de ces cellules.
cv : cellule ventrale.
œ : oosphère, ou œuf qui sera fécondé. Son noyau est relativement volumineux et renferme un filament de nucléine. On peut considérer *ca* et *cv* comme les homologues du globule polaire des animaux.

matoblastes, fig. **57**, **67**, **86**, **87**, etc. des animaux; telles sont aussi les oosphères, fig. **138** et **139**, et les cellules anthéridiennes, fig. **85** et **64**, des végétaux; sans qu'on puisse affirmer toutefois, loin de là, que ces noyaux soient toujours les plus volumineux de l'être que l'on considère[1].

Le même fait se constate sur les organes de la reproduction agame chez les plantes : les sporanges des cryptogames vasculaires, fig. **28**, p. 187; l'anthère (microsporange) et le nucelle (macrosporange) des phanérogames. Les cellules-mères des spores et des grains de pollen, le sac embryonnaire, fig. **138**, et ses productions, son endosperme en particulier fig. **90**, ont frappé depuis longtemps tous les observateurs par les dimensions peu communes de leurs *nucleus*. Aussi ont-ils fourni aux travaux des cytologistes des matériaux prévilégiés. Les noyaux dont nous parlons sont du reste les plus volumineux des plantes.

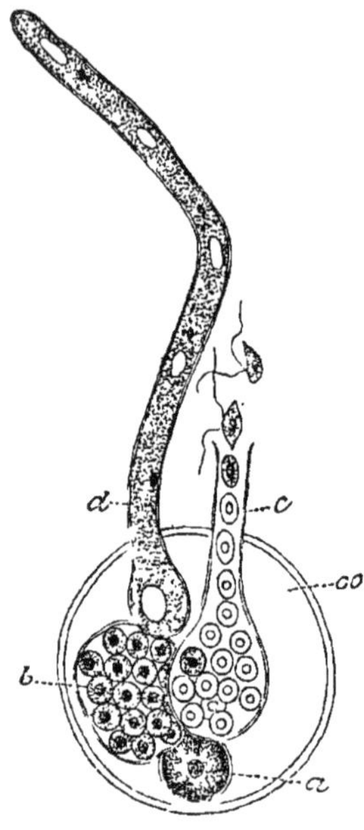

Fig. **140**. — Gr. : **DD, 2**.
oo : oogone d'une *Saprolégniée* dont les œufs germent sur place, après 6 semaines de séjour dans un flacon.
a : œuf non germé.
b : œuf développé en un zoosporange sphérique.
c : œuf ayant émis un tube de germination restreint qui s'est transformé en un zoosporange lagéniforme.
d : œuf dont le tube de germination se développe en un mycélium vigoureux. Le noyau primitif a fourni 4 noyaux dont le volume est dejà réduit.

2° Après les cellules reproductrices, nous devons signaler les cellules nerveuses ganglionnaires. En général ces éléments se font remarquer aussi par la grande taille de leur noyau. Les mollusques et les autres animaux qui ont de petits noyaux sont surtout frappants sous ce rapport, fig. **58** et **59**. Nous avons dit que nous parlions d'une manière générale. Les arthropodes constituent en effet une exception remarquable. Car les cellules de leurs ganglions nerveux ont des noyaux qui ne peuvent supporter la comparaison, au point de vue du volume, avec les noyaux gigantesques que nous avons rencontrés dans leurs épithéliums et plusieurs autres de leurs tissus.

3° On pourrait se demander si les tissus actifs ou archiblastiques : parenchymes, épithéliums, glandes, etc., n'ont pas le noyau plus volumineux que les tissus parablastiques : tissus conjonctifs, squelettiques, conducteurs, etc.

[1] Cela serait faux, par exemple, pour les insectes, si l'on tient compte de leur état larvaire.

En ce qui concerne les végétaux, on peut répondre affirmativement à cette question; en effet les noyaux de leurs cellules parenchymateuses ont, à tout prendre, un volume plus considérable que ceux des cellules stéréomateuses et conductrices. Il en ainsi également dans les arthropodes. Mais quant aux autres animaux la question est plus difficile à résoudre. Il semble cependant — à la condition toutefois de ne point s'arrêter aux détails, — qu'on y retrouve la vérification de la même règle générale.

4° Terminons par une remarque importante; elle a trait aux cellules qui possèdent plusieurs noyaux. Les noyaux de ces cellules diminuent généralement de volume à mesure qu'ils se multiplient, fig. **137**, **140** et **141**, et ils finissent par n'avoir plus que de très petites dimensions dans la plupart des *cellules multinucléées permanentes*. Les algues siphonées, les saprolégniées et autres champignons, certains radiolaires, plusieurs infusoires, etc., en sont la preuve convaincante. Le volume de leurs nombreux *nucleus* est parfois tellement minime, qu'il est nécessaire de recourir aux meilleurs réactifs et aux instruments les plus parfaits pour constater leurs présence avec certitude, fig. **137**, *c*. Aussi plusieurs de ces cellules ont-elles été considérées jusque dans ces dernières années comme étant dépourvues de noyau.

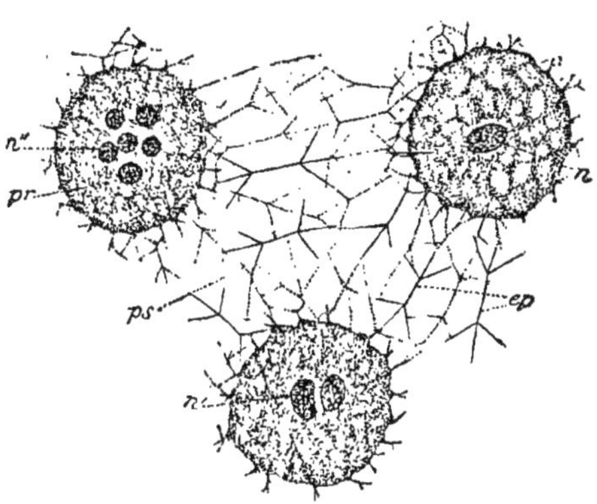

Fig. **141**. — Gr. : **DD, 1**.

Trois jeunes radiolaires (*Sphaerozoum punctatum*) [1] (comparer avec la fig. **61**, p. 213).

n : individu uninucléé.
n' : individu ou le noyau primitif s'est divisé.
n'' : la division du noyau a continué : les noyaux sont déjà plus petits.
pr : protoplasme central.
ps : pseudopodes plasmatiques des trois individus, anastomosés ensemble.
ep : épines siliceuses. Ces épines se forment par le dépôt de la silice dans les bras pseudopodiques dont elles conservent la forme. Elles seront rétractées plus tard à la périphérie de chaque individu (fig. **61**).

Nous pouvons tirer de ce qui précède quelques conclusions intéressantes.

1° Les plus gros noyaux se rencontrent parmi les animaux; ce sont en effet les *arthropodes* et les *radiolaires* uninucléés qui possèdent les noyaux les plus volumineux.

(1) Nous devons ces radiolaires à l'obligeance de Mr René Warlomont qui a bien voulu nous les envoyer de Villefranche.

2° Le volume du noyau est généralement plus considérable dans les végétaux monocotylés que dans les dicotylés.

3° Ce ne sont donc pas les êtres les plus parfaits, ou les plus élevés, qui sont les mieux partagés sous le rapport de la taille du noyau.

4° Il n'y aucun rapport proportionnel entre la taille des êtres et celle de leurs noyaux. A ne considérer qu'un groupe en particulier, ce sont même souvent les plus petits êtres qui ont les noyaux les plus volumineux : témoins les diptères parmi les insectes. Il en est du reste ainsi également en ce qui concerne les dimensions de la cellule.

Le tableau suivant est destiné à donner au lecteur une idée approximative des variations que subit le volume du noyau dans les deux règnes.

Volume du noyau.

Thalassicolla nucleata et Thal. pelagica (radiolaires), d'après R. Hertwig :	300	à	500	μ.
Grande *grégarine* de la *Nepa cinerea* :			165	»
Grégarine de la larve de phrygane :			30	»
Closterium (desmidiée) :			15	»
Pinnularia viridis (diatomée) :			13	»
Glande génitale larvaire de la *Masicera velox* (diptère) :	350	à	450	»
Grandes cellules testiculaires du cloporte (*Oniscus asellus*) :	60	à	100	»
Intestin de divers *asticots* :	60	à	80	»
Intestin d'*Armadillo asellus* :			72	»
Tubes de Malpighi d'une larve de *Bombus* :			70	»
Tubes de Malpighi d'un *hyménoptère* :			46	»
Cellules du testicule du *Lithobius forficatus* :	35	à	45	»
Cellules de l'embryon de l'*Hydrophilus piceus* :			22	»
Cellules nerveuses du *Palemon vulgare* :	30	à	45	»
Spermatoblastes de la *Tegenaria domestica* (araignée) :	6	à	10	»
Globules du sang de la *Cicindela campestris* :	5	à	6	»
Œuf d'*Armadillo asellus* :			40	»
Œuf de *carabe*, à moitié mûr :	60	à	70	»
Œuf d'une araignée, *Tegenaria domestica* :			60	»
Épiderme de la larve de la *Salamandra maculata* :	18	à	22	»
Cartilage de la corde dorsale du *Triton alpestre* :	20	à	25	»
Globules sanguins de l'*Alytes obstetricans* :			10	»
Œuf de l'ovaire du crapaud mâle, *Pelobates fuscus* :	60	à	70	»
Globules du sang de l'embryon du *lapin* (12 jours), après fixation :	5	à	6	»
Épithélium du canal de Wolff du même animal :	5	à	6	»
Ectoderme de l'embryon du *poulet* (46 heures) :	4	à	5	»
Cornes antérieures de la moelle du *bœuf* :	14	à	20	»
Œuf du *brochet*, à moitié mûr :			80	»

Corps de Bojanus de l'*Helix aspersa* :	4 à 6 μ.
Spermatoblastes jeunes de l'*Arion rufus* :	
a) noyaux mâles :	10 à 12 »
b) noyaux femelles ou stériles :	20 »
Cellules nerveuses glanglionnaires du même :	25 à 35 »
Œuf de l'*Anodonta cellensis* :	70 »
Épithélium intestinal d'un siponcle, *Phascolosoma elongatum* :	3 »
Globules sanguins du même :	5 à 6 »
Œuf de *Nephthys scolopendroïdes* :	70 »
Œuf d'oursin, *Toxopneustes lividus* (noyau ou *pronucleus* femelle) :	17 à 20 »
Œuf d'une *ascidie* :	47 »
Cellules de l'*hydre* verte :	4 à 5 »

Endosperme de la *Paris quadrifolia* :	30 »
Endosperme du *Lilium excelsum* :	20 »
Endosperme du *Majanthemum bifolium* :	16 »
Endosperme de la *Corydalis solida* :	12 »
Cellules parenchymateuses de la *Spermannia africana* :	10 »
Cellules parenchymateuses de l'ovule du *Phyteuma spicatum* :	8 »
Vésicules embryonnaires d'une *Clivia* :	22 »
Cellules antipodes de la même plante :	10 à 14 »
Cellules anthéridiennes d'un *Hymenophyllum* (fougère) :	10 »
Poils de la feuille de la *Pteris aquilina* (fougère) :	8 »
Thalle des *mousses* et des *hépatiques* :	1 à 3 »
Oïdium (champignon) d'une graminée :	1 »
Chytridinée de la fig. **137**, *c* :	immesurables.

www.ingramcontent.com/pod-product-compliance
Ingram Content Group UK Ltd.
Pitfield, Milton Keynes, MK11 3LW, UK
UKHW020131220726
13923UKWH00001B/114

9 782016 170229